国家"十二五"高等院校计算机应用型规划教材

# Dreamweaver CS5
# 网页设计基础与项目实训
# （最新版）

乔素娟 石 芳 朱庆文 编著

科学出版社

北京

## 内 容 简 介

  Dreamweaver 在网页设计方面高效便捷，是当前主流的网页设计与制作工具。本书从应用的角度，全面介绍 Dreamweaver 网页设计与制作的相关知识，是一本快速提高网页设计技能的优秀教程。全书共 16 章，涵盖静态网页和动态网页的相关知识。第 1 章为初识网页设计与 Dreamweaver；第 2～9 章结合实训重点讲解 Dreamweaver 网页设计的常用操作；第 10～13 章重点讲解网页设计的高级应用；第 14 章着重讲解动态 ASP 网页的制作入门；第 15～16 章重点讲解网站管理与常用的相关经验与技巧。

  随书光盘中包含所有实例的素材、源文件和与书中内容同步的实录视频（共 100 段，长达 160 分钟）。同时为方便教学，特别为用书教师提供易教易学的电子课件。

**图书在版编目（CIP）数据**

---

Dreamweaver CS5 网页设计基础与项目实训：最新版
/乔素娟，石芳，朱庆文编著.—北京：科学出版社，2013.8
 国家"十二五"高等院校计算机应用型规划教材
 ISBN 978-7-03-038185-9

 Ⅰ．①D… Ⅱ．①乔… ②石… ③朱… Ⅲ．①网页制作工具－高等学校－教材 Ⅳ．①TP393.092

 中国版本图书馆 CIP 数据核字（2013）第 165409 号

---

责任编辑：周晓娟 张延博 / 责任校对：刘雪连
责任印刷：华　程　　　　　 / 封面设计：彭　彭

科学出版社 出版

北京东黄城根北街 16 号
邮政编码：100717
http://www.sciencep.com

**北京市鑫山源印刷有限公司** 印刷
中国科技出版传媒股份有限公司新世纪书局发行　　各地新华书店经销

\*

2013 年 8 月 第 一 版　　　开本：787×1092 1/16
2013 年 8 月第一次印刷　　　印张：18
字数：438 000

**定价：49.80 元（含 1DVD 价格）**
（如有印装质量问题，我社负责调换）

# 前　言

Dreamweaver 可以用最快速的方式将 Fireworks、FreeHand、Flash 或 Photoshop 等元素移至网页上。

使用检色吸管工具选择荧幕上的颜色可设定最接近的网页安全色。

对于选单、快捷键与格式控制，都只要一个简单步骤便可完成。

使用网站地图可以快速制作网站雏形，设计、更新和重组网页。

改变网页位置或文档名称，Dreamweaver 会自动更新所有链接。使用支援文字、HTML 码、HTML 属性标签和一般语法的搜寻及置换功能使复杂的网站更新变得迅速又简单。

支持 CSS3/HTML5。

……

Dreamweaver 在网页设计方面如此高效，不愧是当前主流的网页设计与制作工具。

本书从应用的角度，全面介绍 Dreamweaver 网页设计与制作的相关知识，是一本快速提高网页设计技能的优秀教程。全书共 16 章，涵盖静态网页和动态网页的相关知识。

第 1 章为初识网页设计与 Dreamweaver，主要介绍 Dreamweaver 的设计环境和网页设计入门知识。

第 2～9 章结合实训重点讲解 Dreamweaver 网页设计的常用操作，主要包含创建本地站点、制作简单网页、超级链接、使用表格、善用色彩设计网页、制作表单页面、使用 CSS 样式等内容，通过制作网站首页强化各项操作，将知识点融会贯通。

第 10～13 章重点讲解网页设计的高级应用，主要包含使用库和模板、使用框架、使用行为和 AP 元素等内容。

第 14 章着重讲解动态 ASP 网页的制作入门，重点讲解连接数据库、创建动态登录页面和新闻页面，通过网站的创建将动态网页设计与制作的相关知识融会贯通。

第 15～16 章重点讲解网站管理与常用的相关经验与技巧，提供几种思路，启发读者灵活地管理和制作网站。

本书最大的特点是：采用项目教学法，注重工程应用，采用简单而有效的文字讲解 Dreamweaver 设计与制作静态网页和动态网页的相关知识。

随书光盘中包含所有实例的素材、源文件和与书中内容同步的实录视频（共 100 段，长达 160 分钟）。同时为方便教学，光盘的素材文件中还特别为用书教师提供了易教易学的电子课件。

本书适合作为应用型本科院校、示范性高职高专及相关培训学校的教材，也可供网页设计从业人员与爱好者学习参考。

编　者
2013 年 7 月

# 光盘使用说明

将光盘放入光驱后，一般情况下会自动弹出主界面。如果光盘没有自动运行，只需在"我的电脑"中双击光驱的盘符进入配套光盘，然后双击start.exe文件即可。

## 1. 多媒体光盘主界面

❶ 单击可以安装播放视频所需的解码程序
❷ 单击可以进入多媒体视频教学界面
❸ 单击可以打开素材的文件夹
❹ 单击可以打开电子课件的文件夹
❺ 单击可以浏览光盘内容

## 2. 多媒体教程讲解演示

❶ 单击播放相关视频
❷ 播放控制条
❸ 单击可查看当前视频文件的光盘路径和文件名
❹ 双击播放画面，可以进行全屏播放，再次双击可退出全屏

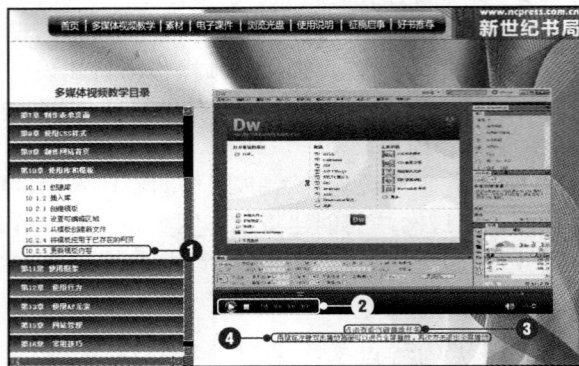

## 3. 光盘文件说明

光盘共包含以下3部分内容，其中"同步教学文件"为本书相关内容的配音视频演示录像，共包含100段视频，播放时间长达160分钟；"素材"为书中相关实例的素材和源文件；"电子课件"为与本书配套的PPT教学课件。

📁 同步教学文件　　📁 素材　　📁 电子课件

# 目　　录

# 第1章

# 初识网页设计与 Dreamweaver

在上网冲浪已经成为一种时尚的今天，面对千姿百态、丰富多彩的主页，大家是不是也希望自己可以制作出如此漂亮的网页？其实在 Internet 上只要你想做，就一定能成功。俗话说得好："知己知彼，百战不殆"。在学习制作漂亮的网页之前，让我们先来了解一下网页设计的理念以及网页制作的相关工具。

学习目标：学完本章后，应了解网页中的基本元素，能够启动网页设计工具，学会使用开始页；"如何获取帮助"等知识点可作为了解内容。

## 本章知识点

◎ 网页设计理念及工具

◎ 网站设计总体规划

◎ 网页中的基本元素

◎ 启动 Dreamweaver CS5

◎ 使用开始页

◎ Dreamweaver CS5 的窗口布局

◎ 网页编辑视图

◎ 如何获取帮助

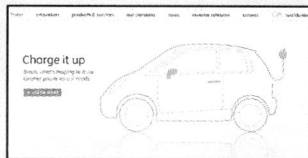

# 1.1　网页设计理念及工具

## 1.1.1　网页设计理念

主页的理念就是你对自己主页的定位。这与主题有些区别，理念不但约束现在的制作，同时也指引发展的方向。主页的理念一般表现在网页的风格和创意上：简洁明快的、精雕细琢的、活泼可爱的、成熟稳重的、黑白素雅的、色彩斑斓的。我们制作网页，大多都是希望在互联网上打造一个有着自己烙印的个性空间。一个能体现设计者理念的网页就是好的网页。对于网页设计，有句行话——"设计其次，理念为先"。一句话，就是让你的"网页"更加"人性化"。

## 1.1.2　网页设计工具

一般按工作方式可以将网页设计工具划分为两类。一类是所见即所得的编辑工具。用过这类工具的人都知道，它们提供了可视化的界面，通过拖曳鼠标就能在页面上自动显示需要的对话框、表格，相应的 HTML 代码会由工具自动生成，设计者可在 HTML 代码中插入各种音频、图像、视频之类的对象。所见即所得的网页编辑工具的代表有 Dreamweaver、Microsoft FrontPage 等。另一类是直接编写 HTML 源代码的软件，如 Hotdog、Editplus 等，使用这一类工具需要对 HTML 代码掌握纯熟才能得心应手，所以不太适合新手。这两类工具在功能上各有千秋，也都有各自所适用的范围。与前几年群雄纷争的时期不同，目前网页设计工具领域已经基本形成大统的格局——Dreamweaver 和 FrontPage 凭借其非凡的实力和强有力的后盾支持，已经成为大多数用户的首选。

Dreamweaver 提供了强大的设计工具，用于对 Web 站点、Web 页和 Web 应用程序进行设计、编码和开发。利用 Dreamweaver 中的可视化编辑功能，可以快速地创建页面而无须编写任何代码。Dreamweaver 还提供了许多与编写代码相关的工具和功能，还可以借助 Dreamweaver 使用服务器语言，如 ASP、ASP.NET、ColdFusion 标记语言（CFML）、JSP 和 PHP，生成支持动态数据库的 Web 应用程序。

# 1.2　网站设计总体规划

在设计一个网站之前，需要考虑的因素很多，从网站的定位、设定网站框架、整理资料，到具体制作中的设计，再到最后的调试、发布和宣传，是一个环环相扣的过程。在此，我们仅从设计者的角度来整体把握如何设计成功的网站。下面介绍设计网站最重要的两大部分：整体风格和创意设计。

## 1.2.1　确定网站的整体风格

网站的整体风格就是指站点的整体形象给浏览者的综合感受。这个"整体形象"包括站点的 CI（标志、色彩、字体和标语）、版面布局、浏览方式、交互性、文字、语气、内容价值、存在意义和站点荣誉等诸多因素。

下面给出的就是 4 种不同风格的页面，如图 1.1、图 1.2、图 1.3 和图 1.4 所示。

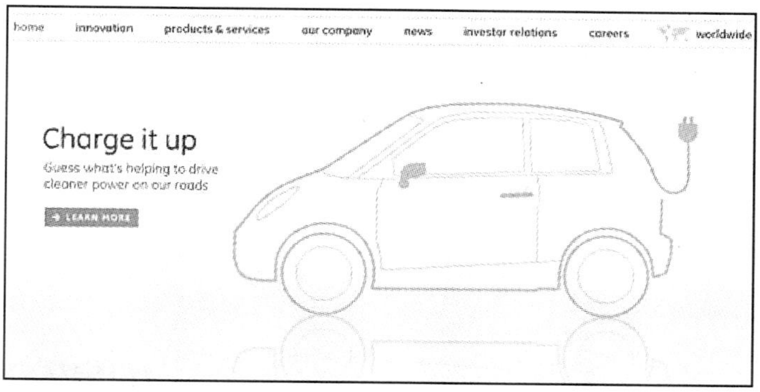

图 1.1　简洁明快

图 1.2　专业严肃

图 1.3　活泼可爱

图 1.4　精美个性

## 1.2.2　创意设计

俗话说"没有做不到，只有想不到"，可见网站创意设计的确很不容易。作为网页设计师，最苦恼的就是没有好的创意来源。创意是一个网站生存的关键。

图 1.5 所示的条纹是通过在表格中重复输入字母 vi 来实现的。这样很轻松地就做出了比图片还要好的效果，这就是一种创意。

图 1.5　创意小技巧

只要用心观察就可以发现，网络上大部分创意来自生活，比如在线书店、电子社区、在线拍卖等。创意的目的是更好地宣传、推广网站。如果创意很好，却对网站发展毫无意义，那么我们宁可放弃这个创意。

# 1.3　网页中的基本元素

阅读报纸杂志时，用户看到的主要是文字和图片；看电视时，看到更多的是视频、音频。每一种媒体都包含许多元素，网页也不例外。相比这些传统媒体，网页包含了更多的组成元素——除了文字、图像、音频、视频外，还有很多其他的对象也可以加入网页中，比如 Java Applet 小程序、Flash 动画、QuickTime 电影等。

### 1. 文字

文字是网页的主体，是传达信息最重要的方式。因为它占用的存储空间非常小（一个汉字只占用两个字节），所以很多大型的网站提供纯文字的版面以缩短浏览者的下载时间。文字在网页上的主要形式有标题、正文、文本链接等。

### 2. 图像

采用图像可以减少纯文字给人的枯燥感，巧妙的图像组合可以带给浏览者美的享受。图像在网页中有很多用途，可以用来做图标、标题、背景等，甚至可用它构成整个页面。

（1）图标

图 1.6 所示就是图标。

图 1.6　著名 IT 企业的图标

网站的标志是风格和主题的集中体现，其中可以包含文字、符号、图案等元素。设计师就是用这些元素进行巧妙组合来达到表现公司、网站形象的目的。

（2）标题

标题可以用文本，也可以用图像。显然，图像标题相对文本标题而言更为美观，表现力更强，如图 1.7 所示。

图 1.7　图像标题

有时页面中的标题需要使用特殊的字体，但可能很多浏览者的计算机上没有安装这种字体，那么浏览者看到的效果和设计师看到的效果是不同的。此时最好的解决方法就是将标题文字制作成图片，如图 1.8 所示。这样可以保证所有人看到的效果是一样的。

图 1.8　图片化的标题

（3）插图

通过照片和插图可以直观地表达效果和展现主题，但也有一些插图仅仅是为了装饰。图 1.9 所示的新闻列表上方的小图片就改变了整个页面的风格。

图 1.9　添加插图后的效果

使用图片，一方面使页面更加美观，另一方面也使网页下载的时间变得更长。因此，在保证浏览质量的前提下，必须将图像文件体积降至最低，以提高网页的下载速度。

**（4）广告条**

网络媒体和其他传统媒体一样，投放广告是获取商业利益的重要手段。网站中的广告通常有两种形式：一种是文字链接广告；一种是广告条。前者通过 HTML 语言即可实现，后者是把广告内容设计为吸引浏览者注意的图像或者动画，让浏览者通过单击来访问特定的宣传网页。图 1.10 所示就是一个比较经典的广告条。

图 1.10　96169.com 网站的宣传广告

**（5）背景**

使用背景是网站整体风格设计的重要方法之一。背景可通过 HTML 语言定义为单色或背景图像，背景图像可以采用 JPEG 和 GIF 两种格式。

背景不要妨碍浏览者浏览背景之上的页面内容，文件体积也不宜太大。

**（6）导航栏**

导航栏用来帮助浏览者熟悉网站结构，让浏览者可以很方便地访问自己想要的页面。导航栏的风格需要和页面保持一致。

导航栏主要有文字导航和图形导航两种形式。文字导航清楚易懂，下载迅速，适用于信息量大的网站；图形导航美观，表现力强，适用于一般商业网站或个人网站。

图 1.11 所示是 SOHU 网站的导航条，是典型的文字导航。

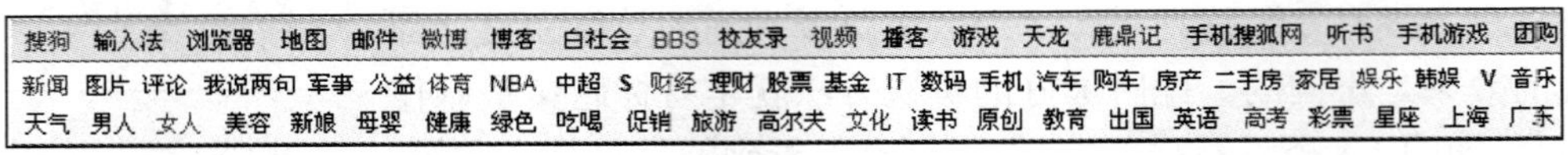

图 1.11　SOHU 网站的导航条

**3. 音频**

将多媒体引入网页，可以在很大程度上吸引浏览者的注意。利用多媒体文件可以制作出更有创造性、艺术性的作品，它的引入使网站成了一个有声有色、动静相宜的世界。

多媒体一般指音频、视频、动画等形式。

网上常见的音频格式有 MIDI、WAV、MP3 等。

- MIDI 音乐：每逢节日，人们都会到贺卡网站上收发电子贺卡。其中有些贺卡就有一种音色类似电子琴的背景音乐，这种背景音乐就是网上常见的一种多媒体格式——MIDI 音乐，其文件以.mid 为扩展名，特点是文件体积非常小，很快就可下载完毕，但音色很单调。

- WAV 音频：每次打开计算机时听到的进入系统的音乐实际上就是 WAV 音频。该音频是以.wav 为扩展名的声音文件，它的特点是表现力丰富，但文件体积很大。

- MP3 音乐：MP3 是人们非常熟悉的文件格式，现在互联网上的音乐大多都是 MP3 格式的。它的特点是在尽可能保证音质的情况下减小文件体积。通常长度为 3 分钟左右的 MP3 文件，其体积大概为 3MB。

### 4. 视频

视频在网页上出现的不多，但它有着其他媒体不可替代的优势。视频传达的信息形象生动，能给人深刻的印象。

常见的网上视频文件有 AVI、RM 等格式的。

- AVI 视频：AVI 是 Microsoft 公司开发的视频文件格式，其文件扩展名为.avi。它的特点是视频文件不失真，视觉效果好，但缺点是文件体积太大，短短几分钟的视频文件需要耗费几百兆字节的硬盘空间。
- RM 视频：喜欢在线看电影的朋友一定认识它，它是 Real Networks 公司开发的音视频文件格式，主要用于网上的电影文件传输，扩展名为.rm。它的特点是能一边下载一边播放，又称为流式媒体。
- QuickTime 电影：QuickTime 电影是由美国苹果公司开发的用于 Mac OS 的一种电影文件格式，在 PC 机上也可以使用，但需要安装 QuickTime 插件。这种媒体文件的扩展名是.mov。
- WMV 视频：这是 Microsoft 公司开发的新一代视频文件格式，特点是文件体积小而且视频效果较好，能够支持边下载边播放，目前已经在网上电影市场中站稳了脚跟。
- FLV 视频：FLV 是 Flash Video 的简称。FLV 串流媒体格式是一种新的网络视频格式，它的出现有效地解决了视频文件导入 Flash 后，使导出的 SWF 文件体积庞大，不能在网络上有效使用的缺点。随着网络视频网站的增多，此格式已经非常普及了。

### 5. 动画

动画是网页中最吸引眼球的地方，好的动画能够使页面显得活泼生动，达到“动静相宜”的效果。特别是 Flash 动画产生以来，动画成了网页设计中最热门的话题。

常见的动画格式有 GIF 动画、Flash 动画、Java Applet 等。

- GIF 动画：它是多媒体网页动画最早的动画格式，优点是文件体积小，但没有交互性，主要用于网站图标和广告条。
- Flash 动画：它是基于矢量图形的交互性流式动画文件格式，可以用 Adobe 公司开发的 Flash CS5 进行制作。使用其内置的 ActionScript 语言，还可以创建出各种复杂的应用程序，甚至是各种游戏。
- Java Applet：在网页中可以调用 Java Applet 来实现一些动画效果。

> 提示　要运行 Java Applet，首先需要在系统中安装 Java 虚拟机。Windows 2000 系列操作系统默认已经安装了该插件，但 Windows XP、Windows Vista 和 Windows 7 操作系统需要单独安装该插件。

### 6. 版式

版式设计是整个页面制作的关键。版式最常见的有海报型和表格型。

海报型版式给人的感觉是一气呵成，页面的整体感觉很好，形式自由，适合个性化页面的制作。但同时也有很多问题，首先是信息量很小；其次是因为页面中有大块的图像，文件体积必然会增大，因此一般用于个人网站或者企业形象页面，如图 1.12 所示。

图 1.12　采用海报型版式的页面效果

这类网页一般可以在 Fireworks 中将整个网页用图像的形式"画"出来，然后将整个图像切片并输出成 HTML 文档和图片。最终每个切片都会被输出为一个图片文件，而且图片将自动被插入到输出的 HTML 文档中，并且用表格进行了布局的设定。

制作这种版式的网页需要完成以下 5 项工作。

- 网页的标志设计。
- 网页静态、动画广告条的设计。
- 制作网页效果图。
- 切片输出。
- 在 Dreamweaver 中做细微调整。

表格型版式多见于商业网站，信息量大，结构清晰，但是艺术性较差，很容易千篇一律，如图 1.13 所示。

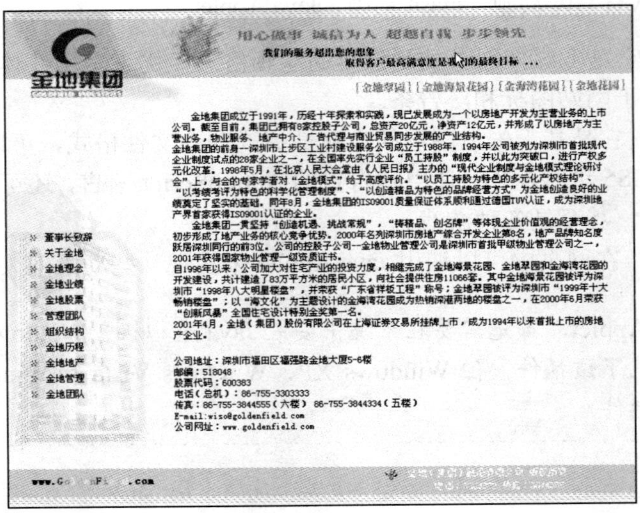

图 1.13　采用表格型版式的页面效果

这类网页不需要在 Fireworks 中把所有的对象都做出来，一般只需制作网站图标和广告条，然后在 Dreamweaver 中利用表格确定布局，在单元格中插入图像、文字、动画等对象。制作这种版式的网页需要完成以下 5 项工作。

- 网页的标志设计。
- 网页静态、动画广告条的设计。
- 装饰性图片设计。
- 在 Dreamweaver 中设计制作版式结构。
- 将图片等对象插入页面。

### 7. 色彩

色彩是一种奇怪的东西，它美丽而丰富，能唤起人类的心灵感知。一般来说，红色是火的颜色，代表着热情、奔放，同时也是血的颜色，可以象征生命；黄色显得华贵、明快；绿色是大自然草木的颜色，意味着自然和生长，象征安宁、和平与安全；紫色是高贵的象征，有庄重感；白色能给人以纯洁与清白的感觉，表示和平与圣洁……

颜色的使用并没有一定的法则，原则上可先确定一种能表现主题的主体色，然后根据具体的需要，用颜色的近似和对比来完成整个页面的配色方案。整个页面在视觉上应是一个整体，以达到和谐、悦目的视觉效果。

### 8. 链接和路径

当用鼠标单击网页上的一段文本（或一张图片）时，如果可以打开网络上一个新的页面，就代表该文本（或图片）上有链接，如图 1.14 所示。

图 1.14 文本链接

路径，简而言之就是文件的存放位置，如图 1.15 所示。对于网站而言，就是指网站中文件的 URL 地址，如 http://www.pku.edu.cn/index.htm。

图 1.15 URL 地址

> **提示** 网页实际上可以包含很多元素，而且随着浏览器的升级，越来越多的媒体格式可以出现在浏览器上。但上面这些元素是网页中最为常见的，也是网页设计师必须要熟悉的。

## 1.4 启动 Dreamweaver CS5

启动网页设计工具的具体操作步骤如下。

**Step 01** 单击 Windows 任务栏中的"开始"按钮，选择"程序"| Adobe Dreamweaver CS5 命令，将打开 Adobe Dreamweaver CS5 窗口，如图 1.16 所示。

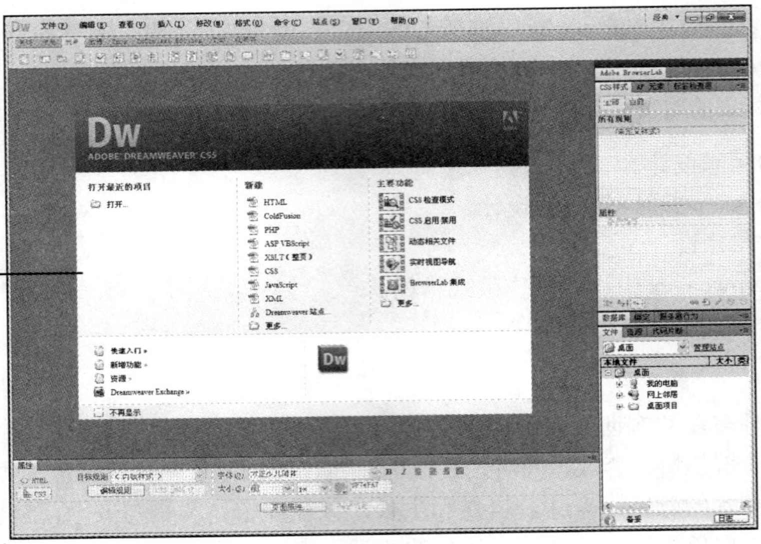

开始页

图 1.16　Adobe Dreamweaver CS5 窗口

**Step 02** 如果此时需要重新选择工作区，可以在菜单命令"窗口" | "工作区布局"的级联菜单中进行选择，如图 1.17 所示。

- 如果用户的主要工作是使用 Dreamweaver CS5 中的可视化工具制作静态网页，那么最好选择"设计人员（紧凑）"工作区。该工作区中，全部"文档"窗口和各种面板被集成在一个更大的应用程序窗口中，并将面板组停靠在右侧。这种布局方式留出了很大的屏幕空间，用来显示网页内容，让网页设计者工作起来更加舒心。
- 如果用户的主要工作是编写网页中的代码（如 HTML、CSS、ASP、JSP、PHP 等），那么最好选择"编码人员（高级）"工作区。该工作区针对代码编写者的习惯进行了优化，将大量的屏幕空间用来显示网页中的代码，极大地方便了程序员的工作。

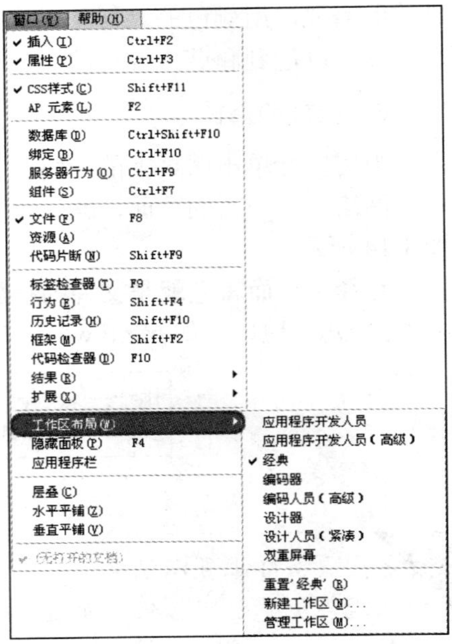

图 1.17　"工作区布局"级联菜单

**注意** 更改后需要重新启动 Dreamweaver CS5，窗口才会使用新的工作区。

# 1.5　使用开始页

与 Dreamweaver 以往版本不同的是，当用户打开 Dreamweaver CS5 窗口后，没有立即显示编辑窗口，而是在其中显示一个开始页。

开始页分为 5 个部分，分别是"打开最近的项目"、"新建"、"主要功能"、"扩展"以及"帮助"，下面逐一进行介绍。

### 1. 打开最近的项目

**Step 01** 在"打开最近的项目"选项组中单击"打开"超链接，将打开"打开"对话框，如图 1.18 所示。

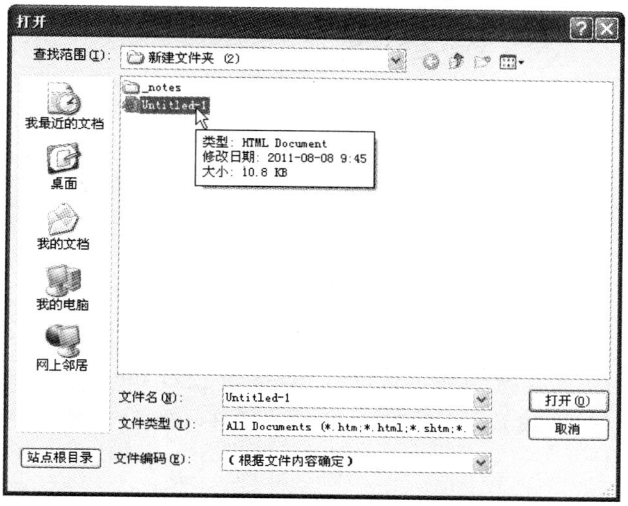

图 1.18 "打开"对话框

**Step 02** 在"打开"对话框中找到已经存在的文件，然后单击"打开"按钮即可。

最近使用过的文件将会列在"打开最近的项目"选项组中，最新的文件放在最顶部，如图 1.19 所示。如果用户要打开其中的某个文件，直接单击该文件名即可。

打开最近的项目
MyWebsite/index.html
MyWebsite/index_exer.html

图 1.19 打开过的文件列表

### 2. 新建

Dreamweaver 可以创建 HTML、ColdFusion、PHP、ASP JavaScript、ASP VBScript、ASP.NET C#、ASP.NET、VB、JSP、CSS 等多种文件。也就是说，当前流行的各种网页程序都可以在 Dreamweaver 中编写。

（1）创建新站点

要创建新站点，可单击开始页中的"Dreamweaver 站点"超链接。关于建站的内容将在第 2 章中进行详细介绍。

（2）选择其他类型文件

单击"更多"超链接，在打开的"新建文档"对话框中选择要创建的文件类型，如图 1.20 所示。

### 3. 主要功能

"主要功能"选项组中列出了 Dreamweaver CS5 更新的主要功能，包括 CSS 检查模式、CSS 启用/禁用、动态相关文件、实时视图导航等。单击其中的某一个超链接，就可以链接到 Adobe 网站进行学习。

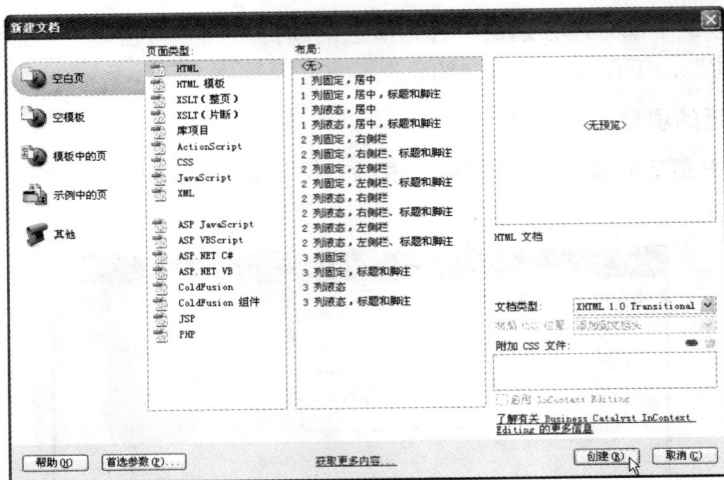

图 1.20　"新建文档"对话框

### 4. 扩展

"扩展"选项组用来连接到 Adobe Dreamweaver Exchange 网站，用户可以从该网站下载 Dreamweaver 方面的插件，如图 1.21 所示。

图 1.21　"扩展"选项组

### 5. 帮助

通过开始页还可以快速访问能够帮助用户学习 Dreamweaver 的资源，包括各种教程和课程等。单击窗口左下方的"快速入门"超链接，将打开在线帮助系统，如图 1.22 所示。

图 1.22　Adobe 在线帮助系统

在该窗口中可以查找或浏览用户所需要的帮助信息。

### 6. 隐藏/显示开始页

（1）隐藏开始页

在开始页上选中"不再显示"复选框，下次启动软件时将隐藏开始页。

（2）显示开始页

选择菜单命令"编辑"|"首选参数"，打开"首选参数"对话框，在"常规"参数设置中选中"显示欢迎屏幕"复选框即可。

# 1.6 Dreamweaver CS5 的窗口布局

在开始页中单击"新建"选项组中的 HTML 超链接，将会自动关闭开始页，并打开一个新的文档编辑窗口，如图 1.23 所示。

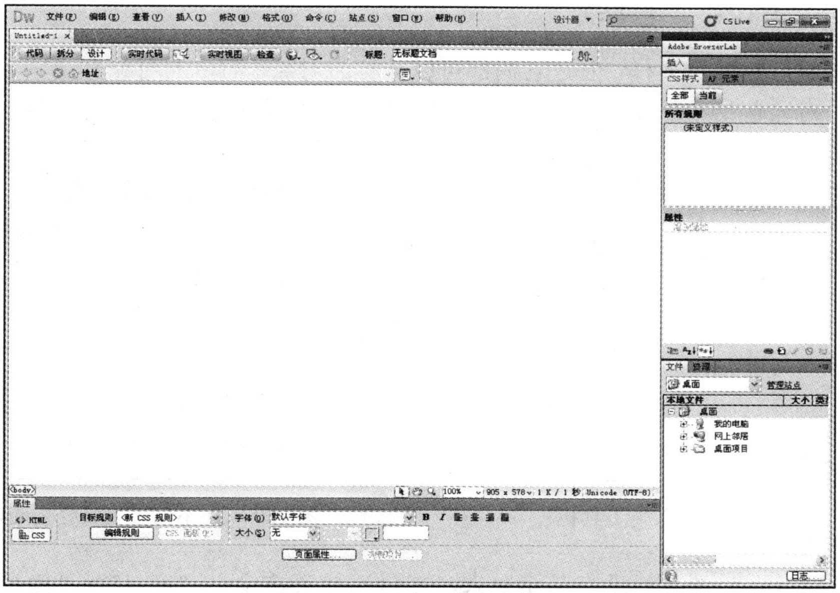

图 1.23 文档编辑窗口

## 1.6.1 菜单栏

在编辑窗口的顶部是菜单栏，几乎所有的功能都可以通过这些菜单来实现。

- "文件"菜单：该菜单除了包含"新建"、"打开"、"保存"、"保存全部"等常用命令外，还包含各种其他命令，用于查看当前文档或对当前文档执行操作，比如"在浏览器中预览"等命令。

- "编辑"菜单：该菜单除了包含"剪切"、"复制"、"粘贴"、"撤销"和"重做"等常见编辑命令外，还包含选择和搜索命令，比如"选择父标签"和"查找和替换"等命令。

- "查看"菜单：使用户可以看到文档的各种视图，比如"设计"视图和"代码"视图等，并且可以显示和隐藏不同类型的页面元素以及工具栏。

- "插入"菜单：用于将各种网页元素插入到文档中。

- "修改"菜单：使用户可以更改选定页面元素的属性。使用此菜单，用户可以编辑标签属性、更改表格和表格元素，并且可以对"库"和"模板"执行不同的操作。

- "格式"菜单：使用户可以设置文本的格式。
- "命令"菜单：提供对各种命令的访问，其中包括"应用源格式"、"创建网站相册"等命令。
- "站点"菜单：提供用于管理站点，以及上传和下载文件的命令。
- "窗口"菜单：提供对 Dreamweaver CS5 中的所有面板、检查器和窗口的访问命令。
- "帮助"菜单：提供对 Dreamweaver CS5 帮助文档的访问命令，包括关于使用 Dreamweaver CS5 以及创建 Dreamweaver CS5 扩展功能的帮助系统，还包括各种编程语言的参考材料。

## 1.6.2 "插入"工具栏

网页元素虽然多种多样，但是它们都可以被称为对象。简单的对象有文字、图像、表格等，复杂的对象包括导航条、程序等。大部分对象都可以通过"插入"工具栏插入到文档中，如图 1.24 所示。

单击"插入"工具栏的标签，可以切换到其他子工具栏，如图 1.25 所示。

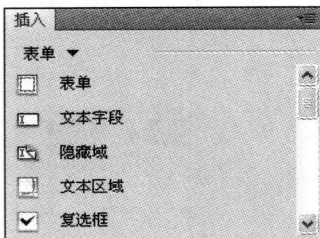

| 图 1.24 "插入"工具栏 | 图 1.25 在不同子工具栏之间切换 |

> **提示** 如果"插入"工具栏没有显示出来，可以选择菜单命令"窗口"|"插入"，将其打开。

## 1.6.3 面板与面板组

在 Dreamweaver CS5 窗口中还有很多可以展开和折叠的面板。根据位置的不同，这些面板分为两大部分：一部分是窗口底部的"属性"面板；另一部分是窗口右侧的"CSS 样式"、"应用程序"、"标签检查器"、"文件"等面板组。

面板是网页设计软件中的亮点，利用它能很方便地完成大多数的属性设定。用户可以将面板摆放到任何位置，也可以在不需要的时候将其关闭，甚至可以根据习惯随意组合常用的面板。

### 1. 打开与关闭面板

打开与关闭面板的具体操作步骤如下。

**Step 01** 选择"窗口"菜单下的命令可以打开或关闭这些面板，这里选择菜单命令"窗口"|"CSS 样式"，如图 1.26 所示。此时将打开"CSS 样式"面板，如图 1.27 所示。

**Step 02** 如果要关闭该面板，可以再次选择菜单命令"窗口"|"CSS 样式"。

图 1.26 "窗口"菜单中的命令

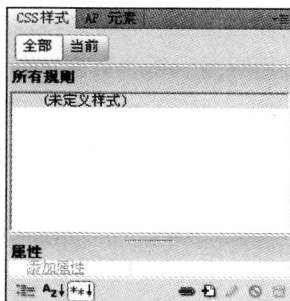

图 1.27 展开的 "CSS 样式" 面板

### 2. 展开与折叠面板组

展开与折叠面板组的具体操作步骤如下。

**Step 01** 初始窗口中的面板组大多数都还没有展开(如"文件"面板组),要展开该面板组,可以单击该面板组名称,如图 1.28 所示。展开面板组后,如图 1.29 所示。

图 1.28 展开"文件"面板组

图 1.29 展开后的"文件"面板组

**Step 02** 再次单击该面板组名称,又可以重新折叠该面板组。

### 3. 移动面板组

移动面板组的具体操作步骤如下。

**Step 01** 光标移到某个面板组的名称前(这里以"CSS 样式"面板组为例),然后按住鼠标左键不放,将其拖动到文档编辑窗口中,如图 1.30 所示。

**Step 02** 松开鼠标后,面板组就从窗口右侧分离出来,变成了独立的面板组,如图 1.31 所示。

图 1.30 移动面板组

图 1.31 分离后的 "CSS 样式" 面板组

**Step 03** 再次在面板组名称前按住鼠标左键，然后拖动到右侧的面板组中，就可以将分离出来的面板组重新放到窗口右侧了。

#### 4. 开启与关闭全部面板

开启与关闭全部面板的具体操作步骤如下。

**Step 01** 当需要更大的编辑窗口时，按下键盘上的 F4 快捷键，所有的面板就会隐藏起来。

**Step 02** 再按一下 F4 快捷键，隐藏的面板又会在原来的位置上出现。

> **提示**
>
> 与快捷键 F4 对应的菜单命令是"查看"|"显示面板"（或"隐藏面板"）。

## 1.7 网页编辑视图

新建文件后，在编辑窗口上方将出现一个工具栏，如图 1.32 所示。

图 1.32 编辑窗口上方的工具栏

其中，左侧的 3 个按钮可以用来切换 Dreamweaver CS5 的编辑视图。

#### 1. 可视化视图

默认情况下，网页将以可视化视图进行显示。在这种视图下，看到的网页外观和浏览器中看到的基本上是一致的。

#### 2. 源代码视图

如果想查看或编辑源代码，可以单击工具栏上的"代码"按钮，进入源代码视图，如图 1.33 所示。

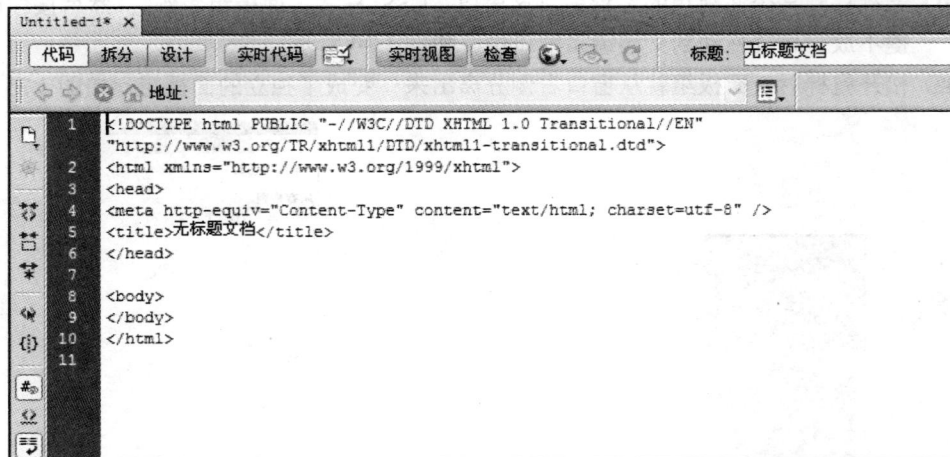

图 1.33 源代码视图下的编辑窗口

### 3. 拆分视图

单击工具栏上的"拆分"按钮,可以进入拆分视图。在该视图下,编辑窗口被分割成左右两部分。左边显示的是源代码,右边显示的是可视化编辑窗口,这样在编辑源代码时可以同时查看编辑区中的效果,如图 1.34 所示。

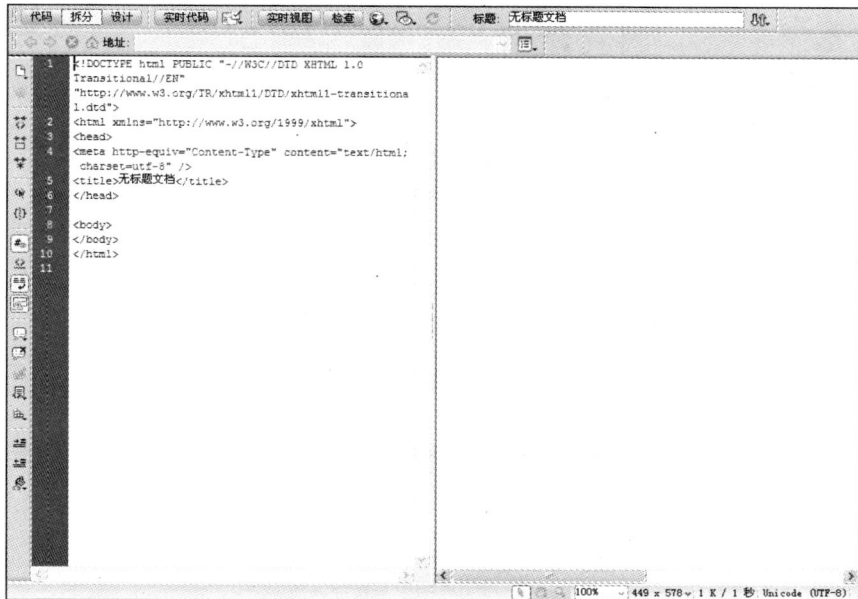

图 1.34　拆分视图

# 1.8　如何获取帮助

Dreamweaver CS5 提供了非常详细的帮助系统,无论是软件的使用还是语法参考,甚至是有关案例的制作方法,用户都可以从帮助系统中找到解答。

Dreamweaver CS5 的帮助系统主要由两部分组成:"帮助"窗口、"参考"面板。

## 1.8.1　使用"帮助"窗口

在 Dreamweaver CS5 窗口中选择菜单命令"帮助"|"Dreamweaver 帮助",打开"帮助"窗口。

在"帮助"窗口中提供了最简洁的查看形式,用户可以展开各级目录查看需要的资料,如图 1.35 所示。

如果希望能像查字典一样通过关键字查找相关的内容,可以单击"索引"链接,此时"索引"列表中按照字母顺序列出了关键字,单击其中的关键字将在右侧出现相关的内容。

如果希望能通过搜索的方式查找包含搜索关键字的页面,可以在"搜索"文本框中输入自己要查找的内容。回车后将在帮助文档中找到包含该关键字的主题列表,然后在列表中双击一个主题,将在右侧显示该主题的详细内容。

图 1.35　"帮助"窗口

## 1.8.2　使用"参考"面板

"参考"面板提供了和各种源代码相关的语法参考。在编辑窗口中选择菜单命令"窗口"|
"参考"，打开的面板如图 1.36 所示。

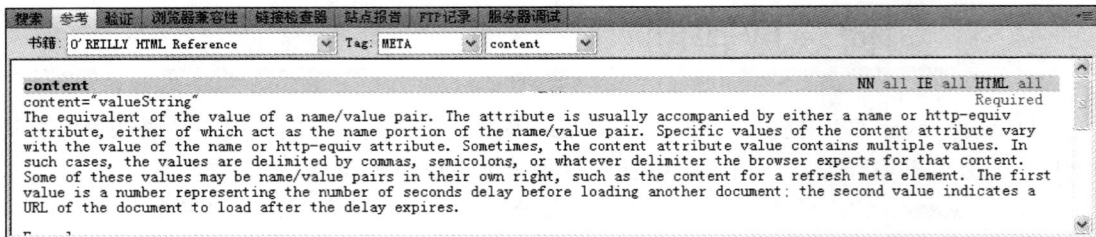

图 1.36　"参考"面板

展开"书籍"下拉列表，其中包括 CSS、HTML、
JavaScript、ASP、ASP.NET、PHP、JSP 等参考信息，如
图 1.37 所示。

这里选择初学者比较常用的 O'REILLY HTML
Reference，此时将在窗口下出现HTML 的英文简介。如果想
查看某个 HTML 标签的使用方法，具体操作步骤如下。

图 1.37　"书籍"下拉列表

**Step 01**　在 Tag 下拉列表框中选中要查看的标签名称（这里
选择 FONT）。

**Step 02**　在右侧的下拉列表框中选择和该标签相关的属性或描述（这里选择 color），此时面板
下部将出现和 FONT 标签 color 属性相关的内容，如图 1.38 所示。

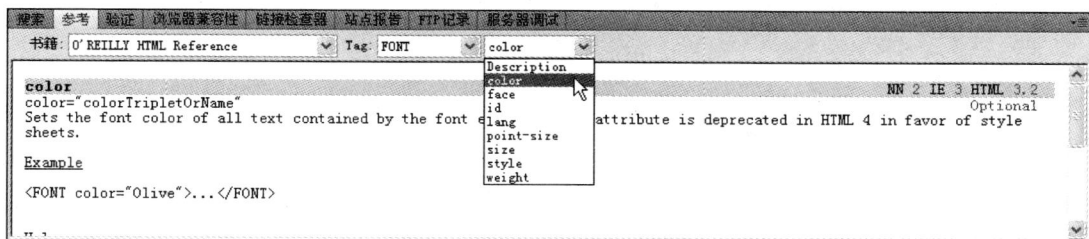

图 1.38　查看 HTML 资料

# 1.9　上机实训——深入认识"网页设计"

（1）访问一些大型的门户网站，归纳这些网站使用的网页元素有哪些，分别有什么特点。推荐访问的网站如下。

- 微软 MSN 网站（http://www.msn.com）。
- Adobe 官方网站（http://www.adobe.com）。
- 大型中文门户网站（http://www.sina.com.cn）。

（2）从 Adobe 官方网站上下载并安装 Dreamweaver CS5 的试用版。

（3）启动 Dreamweaver CS5，熟悉窗口界面的各个组成部分。

（4）选择菜单命令"窗口"|"文件"，打开"文件"面板组。将该面板组移动出来，打开其中的"文件"面板，观察其中包含的文件列表与 Windows 资源管理器有何区别。

（5）在编辑窗口中输入若干行文字，然后单击工具栏上的"代码"按钮，进入源代码视图，观察源代码。

# 第2章

# 创建本地站点

通过对第 1 章的学习，我们对 Dreamweaver CS5 有了一个初步的认识。从本章起，我们开始制作一个完整的网站。在制作网站中的具体页面前，首先需要创建一个本地站点。

学习目标：学完本章后，应能够熟练地建立站点，修改站点信息，按照文件目录命名规范、目录结构规范创建站点目录结构，并能对多站点进行管理。

## 本章知识点

- ◎ 定义站点
- ◎ 修改站点信息
- ◎ 多站点管理
- ◎ 创建站点目录结构
- ◎ 文件目录的命名规范
- ◎ 目录结构规范
- ◎ mysamplesite 站点

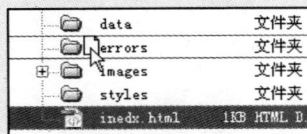

# 2.1 定义站点

---

**课堂实训 2.1　定义站点**

| 同步视频文件 | 同步教学文件\第 2 章\课堂实训 2.1 定义站点.avi |
|---|---|

　　首先在硬盘的 D 盘上创建文件夹 mywebsite，本书涉及的网站将创建在该文件夹中，如图 2.1 所示。

　　新建站点可以通过"文件"面板来完成。

**Step 01** 展开"文件"面板组，单击"文件"面板中的"管理站点"超链接，如图 2.2 所示。

图 2.1　创建的文件夹　　　　　　　图 2.2　"文件"面板组

> **提示**
> 也可以在 Dreamweaver CS5 窗口中，选择菜单命令"站点"|"管理站点"。

**Step 02** 此时将打开"管理站点"对话框，在其中单击"新建"按钮，如图 2.3 所示。

有两种设置 Dreamweaver CS5 站点的方法，一种是使用"站点设置对象"对话框，它可以带领用户逐步完成设置站点的操作；另一种是使用"站点设置对象"对话框中的"高级设置"选项卡，根据需要来设置本地信息、遮盖和设计备注等选项。"站点设置对象"对话框如图 2.4 所示。

建议不熟悉 Dreamweaver CS5 的用户使用"站点设置对象"对话框；有经验的 Dreamweaver CS5 用户可以根据自己的喜好使用"高级设置"选项卡有选择地进行设置。

图 2.3　在"管理站点"对话框中单击"新建"按钮

**Step 03** 这里在"站点名称"文本框中输入新建站点的名称 mywebsite，该名称可以任意取，和网站本身内容无关。在"本地站点文件夹"文本框中输入要保存到的位置，也可以单击该文本框右侧的 📁（浏览文件夹）按钮，打开如图 2.5 所示的"选择根文件夹"对话框，在该对话框中选择要保存到的位置，选择完后单击"打开"按钮即可。

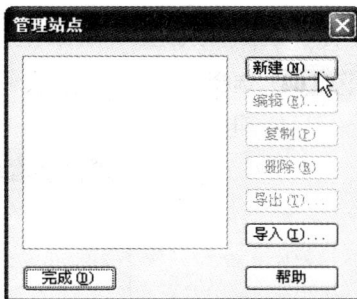

图 2.4 "站点设置对象"对话框

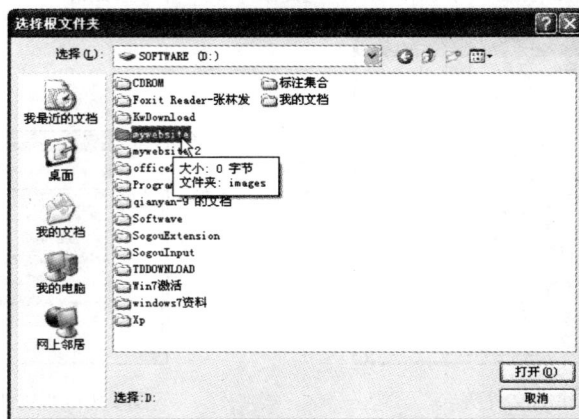

图 2.5 "选择根文件夹"对话框

> **提示**　站点名称是站点的标识，它可由几乎所有字符组成，除了"\"、"/"、
> "："、"*"、"?"、"<"、">"、"|"字符。

**Step 04** 选择"服务器"选项卡，用户可以根据"注意"提示进行操作，在这里不做任何设置，
如图 2.6 所示。

图 2.6 设置"服务器"选项卡

**Step 05** 选择"版本控制"选项卡，将"访问"设置为"无"，如图 2.7 所示。

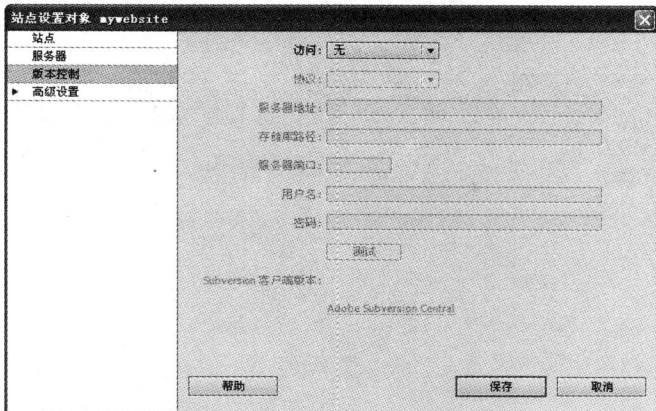

图 2.7　设置"版本控制"选项卡

**Step 06** 完成本地站点的创建后单击"保存"按钮。

**Step 07** 单击"管理站点"对话框中的"完成"按钮，结束站点的定义，如图 2.8 所示。此时"文件"面板将会显示出本地站点的名称和存储路径，如图 2.9 所示。

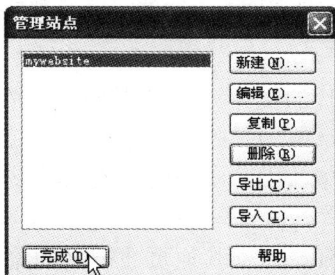

图 2.8　"管理站点"对话框

图 2.9　显示出本地站点的名称和存储路径

由于站点目录下目前还没有任何文件和文件夹，因此，"文件"面板中只有"站点"一个项目。

## 2.2　修改站点信息

如果用户对站点的设置不满意，还可以继续修改。

### 2.2.1　打开站点定义对话框

| 同步视频文件 | 同步教学文件\第 2 章\2.2.1 打开站点定义对话框.avi |
| --- | --- |

打开站点定义对话框的具体操作步骤如下。

**Step 01** 选择菜单命令"站点"|"管理站点"，在打开的"管理站点"对话框中单击"编辑"按钮，此时将重新打开"站点设置对象 mywebsite"对话框。

**Step 02** 选择其中的"高级设置"选项卡，切换到"本地信息"选项，如图 2.10 所示。

23

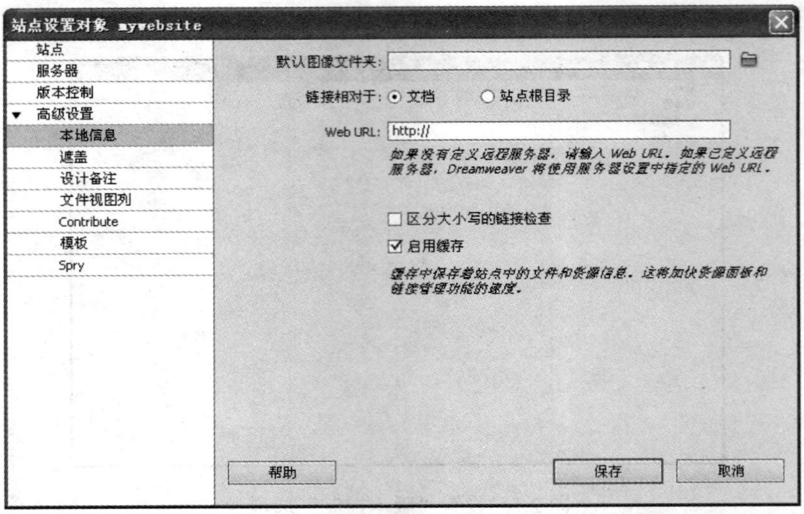

图 2.10　选择"高级设置"选项卡中的"本地信息"选项

## 2.2.2　设置本地信息

默认情况下，"高级设置"选项卡显示的是"本地信息"的参数设置，其具体含义和作用如下。

- 默认图像文件夹：用来设定默认的存放网站图片的文件夹，文件夹的位置可以直接输入，也可以单击右侧的 █ 按钮，在打开的对话框中寻找正确的目录。对于比较复杂的网站，图片往往不只是存放在一个文件夹中，因此实用价值不大。默认的图像文件夹路径为 D:\mywebsite\images\。

- 链接相对于：该选项用来更改用户创建的链接到站点中其他页面链接的路径表达方式，更改此设置不会转换现有链接的路径。默认情况下，Dreamweaver CS5 使用相对文档的路径创建链接；如果选中"站点根目录"单选按钮，则采用相对站点根目录的路径描述链接。

- Web URL：没有定义远程服务器时，在这里输入 Web URL，当在"服务器"选项卡中定义过一个远程服务器以后，将使用已定义过的服务器设置。

- 启用缓存：如果选中了此复选框，当用户在站点中创建文件夹时，将会自动在该目录下生成一个名为_notes 的缓存文件夹，该文件夹默认是隐藏的。每当用户添加一个文件，Dreamweaver CS5 就会在该缓存文件中添加一个体积很小的文件，专门记录该文件中的链接信息。当用户修改某个文件中的链接时，Dreamweaver CS5 也会自动修改缓存文件中的链接信息。这样当修改某个文件的名称时，软件将不需要读取每个文件中的代码，而只要读取缓存文件中的链接信息即可，可以大大节省更新站点链接的时间。

这里设定默认的图像文件夹路径为 D:\mywebsite\images\，设定 Web URL 地址为 http://localhost，如图 2.11 所示。

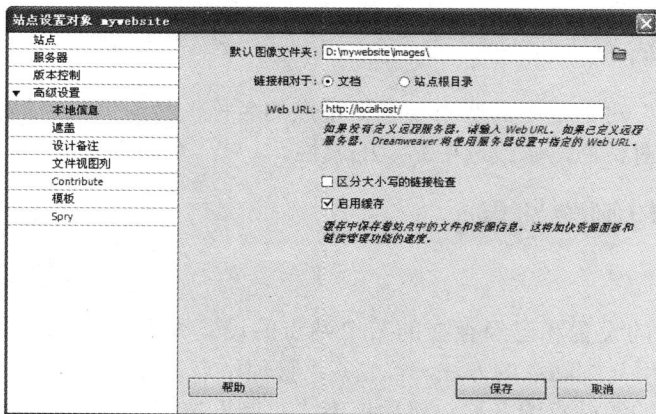

图 2.11　设置"本地信息"参数

# 2.3 多站点管理

有时不可避免地要同时管理多个网站，因此，多站点的管理也是我们要掌握的内容。Dreamweaver CS5 的"管理站点"对话框中就提供了这些功能，通过它可以实现站点的切换、添加、删除等操作。

选择菜单命令"站点"|"管理站点"，在打开的"管理站点"对话框中，包括"新建"、"编辑"、"复制"、"删除"、"导出"、"导入"等按钮，这些按钮都是进行多站点管理的工具。

## 2.3.1 新建站点

在"管理站点"对话框中单击"新建"按钮，就可以打开站点定义对话框创建一个新站点，新建站点的名称将出现在"管理站点"对话框中。

这里单击"新建"按钮创建另外一个站点 mywebsite 2，如图 2.12 所示。

由于新建站点在前面已经做了详细介绍，这里不再赘述。

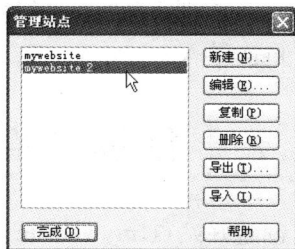

图 2.12　创建的新站点 mywebsite 2

## 2.3.2 站点之间的切换

如果要在"文件"面板中显示其他站点的名称，可以先在"管理站点"对话框中选中要显示的站点，然后单击"完成"按钮。

另外，在"文件"面板顶部的下拉列表框中，选择要切换到的站点，也可以在站点之间进行切换，如图 2.13 所示。

图 2.13　在下拉列表框中选择要切换到的站点

25

### 2.3.3 编辑站点

在"管理站点"对话框中，选中要编辑站点的名称，然后单击"编辑"按钮，就可以重新打开站点定义对话框，修改选中站点的属性。

### 2.3.4 复制与删除站点

#### 1. 复制站点

如果新建站点的设置和已经存在的某个站点的设置大部分相似，就可以使用复制站点的方法。首先在"管理站点"对话框中选中要复制的源站点的名称，然后单击"复制"按钮，就可以产生一个新的站点，如图 2.14 所示。

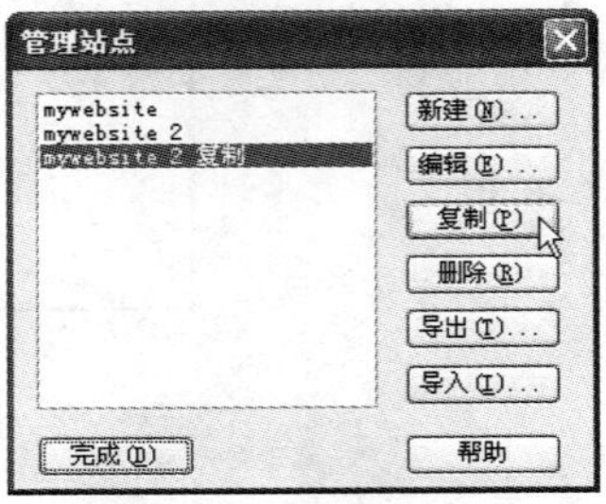

由于复制出的站点的设置和被复制的源站点相同，因此还需要修改站点的某些设置，如站点的存放目录等。

图 2.14 复制出的站点

#### 2. 删除站点

如果只是想从 Dreamweaver CS5 的"管理站点"对话框中删除站点，可以先选中要删除的站点名称，然后单击"管理站点"对话框中的"删除"按钮。

删除站点时只是删除 Dreamweaver CS5 中的站点定义信息，并不会删除硬盘中的站点文件。

### 2.3.5 导出与导入站点

在"管理站点"对话框中单击"导出"按钮，可以把选中站点的设置导出为一个 XML 文件。

在"管理站点"对话框中单击"导入"按钮，可以把导出的包含站点设置信息的 XML 文件再次导入。

## *2.4* 创建站点目录结构

创建好站点 mywebsite 后，我们的站点还只有一个"空壳"，要成为站点，还必须添加文件和文件夹，也就是要确定网站的文件目录结构。

一般情况下，用户应当根据项目策划确定的内容，确定一级目录和二级目录的名称，以及主要文件的文件名。这样做的好处有两个：一是在制作网页时方便制作链接，不至于没有文件可以链接；二是可以让制作者保持很清晰的设计制作思路。

创建目录结构可以在"文件"面板的站点窗口中进行，但是因为窗口很小，看起来很不舒服，因此一般切换到站点管理器中进行。单击"文件"面板中的"展开以显示本地和远端站点"按钮，将打开站点管理器，如图 2.15 所示。

站点管理器左侧显示的是和远程站点相关的提示信息，右侧显示的是本地站点中的文件目录，由于还没有创建任何文件夹和文件，因此只显示站点的根目录。

下面，我们就要在本地站点信息窗口中创建站点的文件目录结构，首先创建一级目录。

图 2.15　站点管理器

### 课堂实训 2.2　创建一级目录

| 同步视频文件 | 同步教学文件\第 2 章\课堂实训 2.2 创建一级目录.avi |

**Step 01** 在站点管理器的根目录上单击鼠标右键，在打开的快捷菜单中选择"新建文件夹"命令，如图 2.16 所示。

**Step 02** 此时将在站点管理器中创建一个空的文件夹，默认的名称是 untitled，这里将其修改为 images，以后将用它来存放站点中公用的图片文件，如图 2.17 所示。

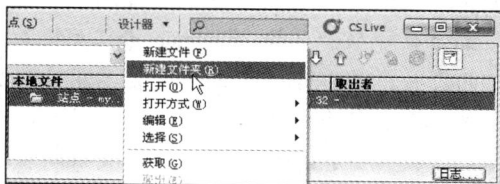

图 2.16　创建文件夹

> **提示** 通过上面的操作可以看出，在 Dreamweaver CS5 中创建文件夹的方式和在 Windows 资源管理器中是类似的。

**Step 03** 使用同样的方法，在站点根目录中创建出另外一些文件夹，构成一级目录，如图 2.18 所示。

图 2.17　创建新的文件夹 images

图 2.18　创建出的一级目录

建好一级目录后，就可以在该目录中继续创建二级目录了。

### 课堂实训 2.3　创建二级目录

| 同步视频文件 | 同步教学文件\第 2 章\课堂实训 2.3 创建二级目录.avi |

由于 images 文件夹中保存的是整个网站中都可以使用的图片文件，因此可以按照图片的内容来分类，这里主要分为按钮图片、背景图片、箭头、网站图标等，每一类占用一个子目录，具体的目录名称和用途如表 2.1 所示。

表2.1　images中的子目录名称与用途

| 子目录名称 | 用途 | 子目录名称 | 用途 |
| --- | --- | --- | --- |
| Arrows | 存放各种小箭头 | Buttons | 存放按钮图片 |
| Logos | 存放网站标志 | Icons | 存放图标图片 |

（续表）

| 子目录名称 | 用途 | 子目录名称 | 用途 |
| --- | --- | --- | --- |
| banners | 存放广告条 | index | 存放首页中的图片 |
| chartset | 存放与版本相关的图片 | swf | 存放网页中的动画文件 |

最终建好的子目录如图 2.19 所示。

styles 和 scripts 文件夹分别用来存放样式表单文件和脚本程序文件，由于这样的文件不会太多，因此不需要创建子目录。

> **提示** 我们很难一次性确定所有的文件夹，但一般每个栏目中都会有一个子目录 images，专门用来存放这个栏目中使用到的图片，例如 news 文件夹主要用来存放新闻方面的网页文件。除了将来添加其他网页外，没有必要加入很多子目录，只需放一个 images 文件夹来存放新闻方面的图片就可以了。

图 2.19 images 中的子目录

建立文件夹的过程实际上就是构思网站结构的过程，很多情况下，文件夹代表网站的子栏目，每个子栏目都要有自己对应的文件夹。

> **注意** 文件和文件夹的命名最好不要使用中文。

## 2.4.1 新建网页文件

有了文件夹就可以开始添加文件了。首先要添加的是首页，首页是指浏览者在浏览器中输入网址时，服务器默认发送给浏览者的该网站的第一个网页。Dreamweaver CS5 中默认的首页文件名为 index.htm。

在站点管理器中的根目录上单击鼠标右键，然后选择菜单命令"文件"|"新建"，此时将在站点的根目录下生成文件名为 untitled.htm 的网页文件，如图 2.20 所示。

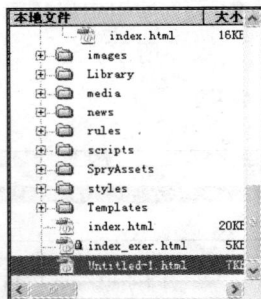

图 2.20 新建的文件

## 2.4.2 修改文件名和文件夹名

若现在的文件名不合适，需要修改文件名，具体操作步骤如下。

**Step 01** 选中该文件，然后按下键盘上的 F2 快捷键，或者在右键菜单中选择"编辑"|"重命名"命令，此时文件名变为可修改状态，如图 2.21 所示。

**Step 02** 修改文件的文件名为 index.htm，注意文件名结尾的.htm 不能省略，最后按 Enter 键确认文件的名称。

结合使用"新建"命令和"重命名"命令，可以继续创建其他网页文件。

**Step 03** 如果有其他文件链接到该文件，就会打开"更新文件"对话框，左侧列表框中显示了与重命名文件有链接的文件，如图 2.22 所示。

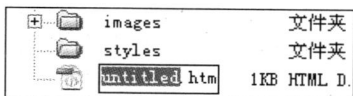

图 2.21 修改状态下的文件

图 2.22 "更新文件"对话框

**Step 04** 单击其中的"更新"按钮，系统将会自动更改与该文件相关的所有链接。

## 2.4.3 移动文件和文件夹

移动文件和文件夹的操作与 Windows 资源管理器中的操作一样，只要拖动文件或文件夹到相应的位置就可以了。

### 课堂实训 2.4 移动文件

将文件 index.htm 移动到 errors 目录下。

**Step 01** 可以在选中文件 index.htm 后，按住鼠标左键拖动文件到 errors 文件夹上，如图 2.23 所示。

**Step 02** 松开鼠标后，如果文件 index.htm 没有在任何页面中被链接过，文件就会被直接移动到 errors 文件夹中。如果文件曾被链接，此时将打开"更新文件"对话框。

图 2.23 移动文件

**Step 03** 单击"更新"按钮，Dreamweaver CS5 就会自动更新文件中的链接。如果单击"不更新"按钮，就会出现断链。

> **提示** 由于站点管理器具有动态更新链接的功能，因此，无论是改名还是移动，都应在站点管理器中进行，这样可以确保站点内部不会出现断链。

## 2.4.4 删除文件和文件夹

进入站点管理器后，用户还可以删除不再需要的文件。

**Step 01** 在站点管理器中选中要删除的文件，然后按下 Delete 键，Dreamweaver CS5 将开始自动检查站点缓存文件中的链接信息，检查完毕后，Dreamweaver CS5 将打开一个警告对话框，告诉用户有无文件与要删除的文件有关联，询问是否无论如何也要删除，如图 2.24 所示。

图 2.24 警告对话框

**Step 02** 如果警告对话框提示没有文件指向要删除的文件，就可以安全地将其删除，以减少站点中的垃圾文件。

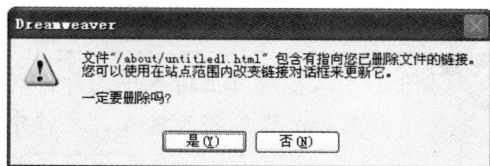

如果有一个或多个文件指向要删除的文件，就需要慎重对待了。此时，如果单击"是"按钮，文件就会被删除，同时会出现多个断链；如果觉得还有必要保留，可以单击"否"按钮，取消删除操作。

> **提示** 千万不要在 Windows 资源管理器中重命名、删除或移动文件，否则会造成很多问题，如断链、图片不能显示等。

### 2.4.5 复制文件到站点内

到此为止，我们的站点结构已经构建好了，下面的事情就是将素材图片等复制到站点中相应的文件夹中去。这些操作不能在 Dreamweaver CS5 中进行，而应在 Windows 的资源管理器中进行。

例如，要将网站图标文件放到站点目录中去，可以先找到素材 mywebsite\images\Logos 下的文件 bdzcb.gif，然后将它复制到站点目录 images\Logos 中，如图 2.25 所示。

也就是说，原来在 images 目录中的文件，还应该被放到站点中的 images 目录中。

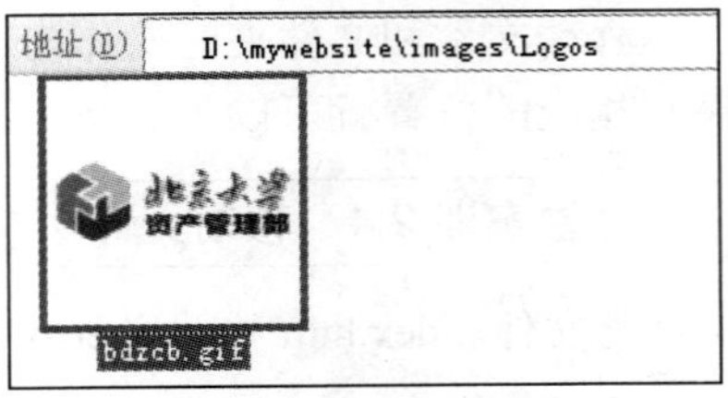

图 2.25　在站点目录中粘贴文件

采用同样的方式，将素材目录 mywebsite 中的所有图片、SWF 动画文件复制到站点中对应的目录中去。

## 2.5　文件目录的命名规范

由于网页是给全世界的人浏览的，因此必须保证使用不同操作系统、不同浏览器的用户都可以访问页面，因此我们的网页必须符合一定的规范。

### 2.5.1 文件和文件夹的命名

给文件和文件夹命名时需要注意以下 5 点。

#### 1. 最好不使用中文命名

所有的操作系统中，只有英文字符和数字的编码是完全一致的。也就是说，采用其他的字符（如中文字符），就可能导致许多人无法正常浏览用户的网站。

> **提示** 除了可以在网页上输入中文外，其他地方都应该尽量使用英文，如框架的命名、脚本变量命名等，否则将可能在源文件中导致乱码。

#### 2. 最好使用小写

因为有些操作系统（如 UNIX 等）对大小写敏感。因此对它们而言，http://www.pku.edu.cn/index.htm 和 http://www.pku.edu.cn/INDEX.htm 是两个不同的地址。为了让浏览者能顺利访问用户的页面，最好将所有的文件名和文件夹名小写。

### 3. 不能使用特殊字符

文件名和文件夹名不能使用特殊符号、空格，以及"~"、"!"、"@"、"#"、"$"、"%"、"^"、"&"、"*"等符号，但是下划线"_"可以用来命名。

例如，如果用户需要将两个单词分开，千万不要命名为 about us.htm，而应当使用名称 about_us.htm。

### 4. 不推荐使用拼音命名

用户经常由于一时想不到合适的英文名字，就用拼音来给文件或文件夹命名。例如，将"关于我们"栏目所在的文件夹命名为 gywm。这样的名字只有一个还好，如果有其他的拼音首字母缩写相同的文件夹要命名就非常麻烦了。

### 5. 合理使用下划线

下划线"_"在命名时主要有两个方面的作用：一是将两个单词分开；另外一个是给同类文件批量命名。

对于第 1 种情况，除了上面提到的 about_us.htm，更多的是给文件分类。这种名称分为头尾两部分，用下划线隔开。头部表示此文件的大类性质，尾部用来表示文件的具体含义，如 banner_sohu.gif、menu_job.gif、title_news.gif、logo_police.gif、pic_people.jpg 等。表 2.2 中列出的是常见文件名的头部。

表2.2　常见文件名的头部

| 头部名称 | 文件用途 |
| --- | --- |
| Banner | 放置在页面顶部的广告 |
| Logo | 标志性的图片 |
| Button | 在页面上位置不固定并且带有链接的小图片 |
| Menu | 在页面上某一个位置连续出现，性质相同的链接栏目的图片 |
| Pic | 装饰用的照片 |
| Title | 不带链接表示标题的图片 |

对于第 2 种情况，同类型文件使用英文加数字命名，英文和数字之间用"_"分隔。例如，news_001.htm 表示新闻页面中的第 1 个文件。

## 2.5.2　网站首页的命名

当用户在浏览新浪网时，只要在地址栏中输入 http://www.sina.com.cn，并回车确认，就能打开新浪网的首页，并不需要输入首页的文件名。这是因为网站发布服务器中设置了默认文档的缘故。一般的默认文档包括 default.htm 和 index.htm，但由于很多网站使用 Active Server Pages（动态服务页面，简称 ASP）文件发布数据，这种文件的扩展名为.asp 或.aspx，因此，首页的文件名也可以是 default.asp、index.asp 或 default.aspx、index.aspx。

但如果用户的网站中只是设计静态网页，并没有涉及动态网页，最好将网站首页的文件名设为 index.htm。这样在网站发布后，只需在浏览器中输入网站的域名就可以访问首页了。

## *2.6* 目录结构规范

建立目录的原则就是层次最少，结构最清晰，访问最容易。具体而言，需要注意以下一些原则。

- 站点根目录一般只存放 index.htm 以及其他必需的系统文件，不要将所有网页都放在根目录下。
- 每个一级栏目创建一个独立的目录。
- 根目录下的 images 用于存放各页面都要使用的公用图片，子目录下的 images 目录存放本栏目页面使用的私有图片。
- 所有 JavaScript 等脚本文件存放在根目录下的 scripts 文件夹中。
- 所有 CSS 文件存放在根目录下的 styles 文件夹中。
- 如果有多个语言版本，最好分别位于不同的服务器上或存放于不同的目录中。
- 多媒体文件存放在根目录下的 media 文件夹中。
- 目录层次不要太深，建议不要超过 3 层。
- 如果链接目录结构不能控制在 3 层以内，建议在页面里添加明确的导航信息，这样可以帮助浏览者明确自己所处的位置。
- 不要使用过长的目录名。

当然，这里提到的规范只是行业中大家的一种共识，用户也可以提出更加合理的命名方案，只要能保证提高效率就可以。养成一个好习惯，将会给浏览者和自己带来更多方便。

## *2.7* 上机实训——mysamplesite 站点

（1）在本地硬盘上创建一个文件夹 mysamplesite，然后使用 Dreamweaver CS5 将其定义为一个本地站点。

（2）在 mysamplesite 站点中创建以下一级目录：best、design、fashion、form、images。

（3）将素材目录 mysamplesite 中各目录的图片，复制到本地硬盘站点内对应的目录中。

# 第3章

# 制作简单网页

本章重点介绍如何在网页中插入各种常见的对象，并对这些对象的属性进行设置。这些对象主要包括文本、图像、Flash 动画、背景音乐、RealPlayer 视频、QuickTime 电影、Java Applet 程序等。

学习目标：通过对本章的学习，应能独立完成常见媒体的插入和修改，并能独立完成简单网页的制作。

## 本章知识点

◎ 网页的基本操作

◎ 设置网页的文件头

◎ 使用文本

◎ 使用图像

◎ 插入 Flash 对象

◎ 添加背景音乐

◎ 插入 Real 视频

◎ 插入 QuickTime 电影

◎ 插入 Java Applet

◎ 用 CSS 样式设定网页属性

◎ 用 CSS 样式表定义网页

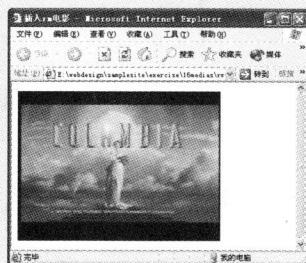

# 3.1 网页的基本操作

| 同步视频文件 | 同步教学文件\第 3 章\3.1 网页的基本操作.avi |
|---|---|

## 3.1.1 新建常规文档

前面已经学习了如何在站点管理器中新建网页文件，这里重点介绍如何通过菜单命令创建网页，这种方式的最大好处是可以选择预设的网页类型以及预设的网页外观。

在 Dreamweaver CS5 编辑窗口中，选择菜单命令“文件”|“新建”，将打开“新建文档”对话框，如图 3.1 所示。

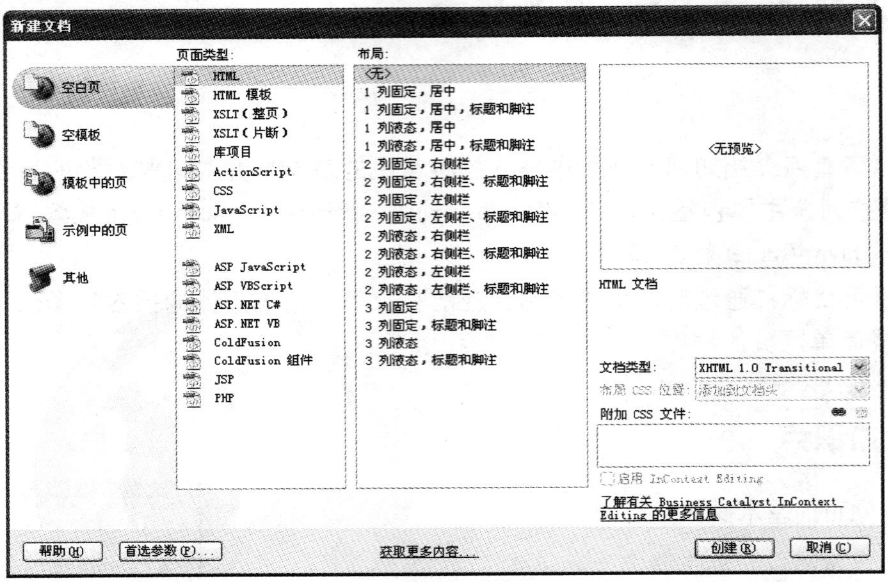

图 3.1 “新建文档”对话框

“新建文档”对话框中包含 5 个选项卡：空白页、空模板、模板中的页、示例中的页和其他。

### 1. 空白页

“空白页”选项卡中的选项用来创建常见的网页。单击“空白页”标签切换到“空白页”选项卡，其右侧将出现创建静态网页所涉及的一些文件类型，如 HTML、HTML 模板、库项目、CSS、JavaScript、PHP、XML 等，如图 3.1 所示。

### 2. 空模板

“空模板”选项卡中的选项主要用来创建模板。单击“空模板”标签切换到“空模板”选项卡，其右侧将出现创建动态网页所涉及的一些文件类型，包括 ASP JavaScript 模板、ASP VBScript 模板、ASP.NET C#模板、ASP.NET VB 模板、ColdFusion 模板、HTML 模板、JSP 模板、PHP 模板等，如图 3.2 所示。

图 3.2　"空模板"选项卡

### 3．模板中的页

"模板中的页"选项卡中的选项用来根据某个站点内的模板文件创建文件。单击"模板中的页"标签切换到"模板中的页"选项卡，当在左侧选中一个站点的名称时，将在中部出现该站点中已经创建好的模板文件，同时将在右侧出现模板的预览图像。

### 4．示例中的页

"示例中的页"选项卡中的选项用来根据示例创建文件。单击"示例中的页"标签切换到"示例中的页"选项卡，将在其右侧出现各种系统默认的示例，这些示例分为 CSS 样式表、框架页两类，如图 3.3 所示。

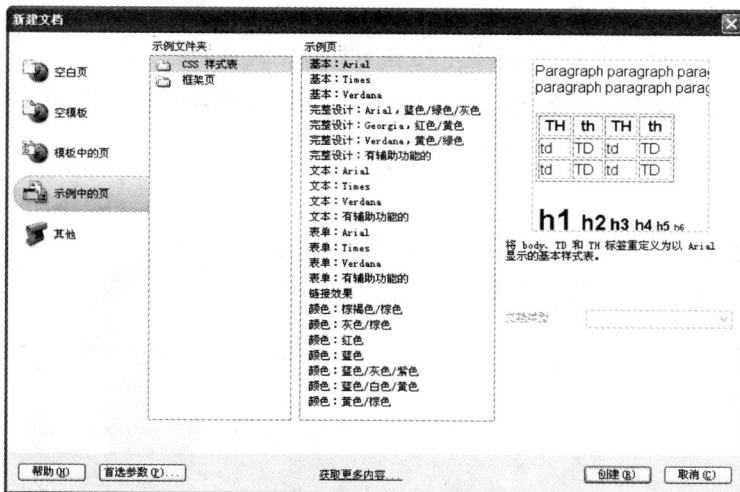

图 3.3　"示例中的页"选项卡

选中"CSS 样式表"分类，将在"示例页"列表框中出现各种预设的示例，选中某一个示例后将在右侧出现缩略图。使用示例中的 CSS，可以一次性设定好网页中涉及的所有样式，大大减少了用户的工作量。

**5. 其他**

"其他"选项卡中的选项主要用来创建各类程序代码。单击"其他"标签切换到"其他"选项卡，将在其右侧出现与各种编程脚本、源文件相关的文件类型。也就是说，用户完全可以在 Dreamweaver CS5 中编写各种程序的源代码，如图 3.4 所示。

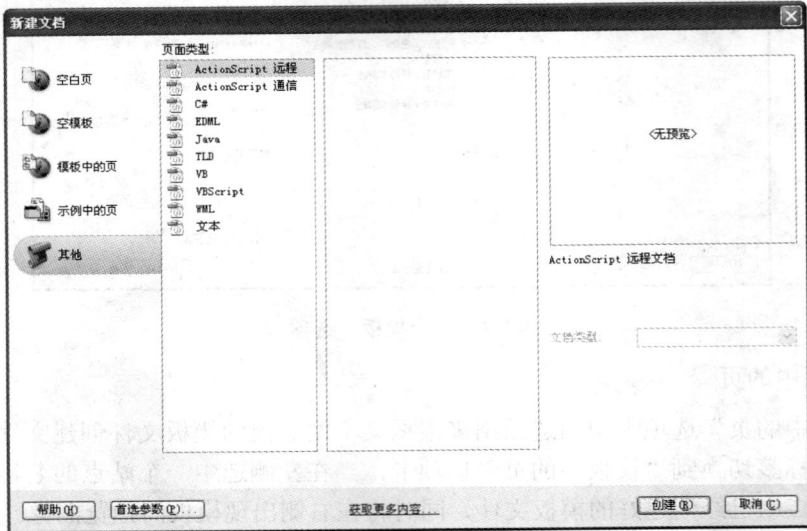

图 3.4 "其他"选项卡

## 3.1.2 新建网页文件

**Step 01** 选择"文件"|"新建"命令，打开"新建文档"对话框。单击"空白页"标签，界面效果如图 3.1 所示。

**Step 02** 在中间的"页面类型"列表框中选择 HTML，选择合适的样式，如图 3.5 所示。

图 3.5 新建文件

**Step 03** 单击 "创建" 按钮后将打开一个网页编辑窗口，如图 3.6 所示。

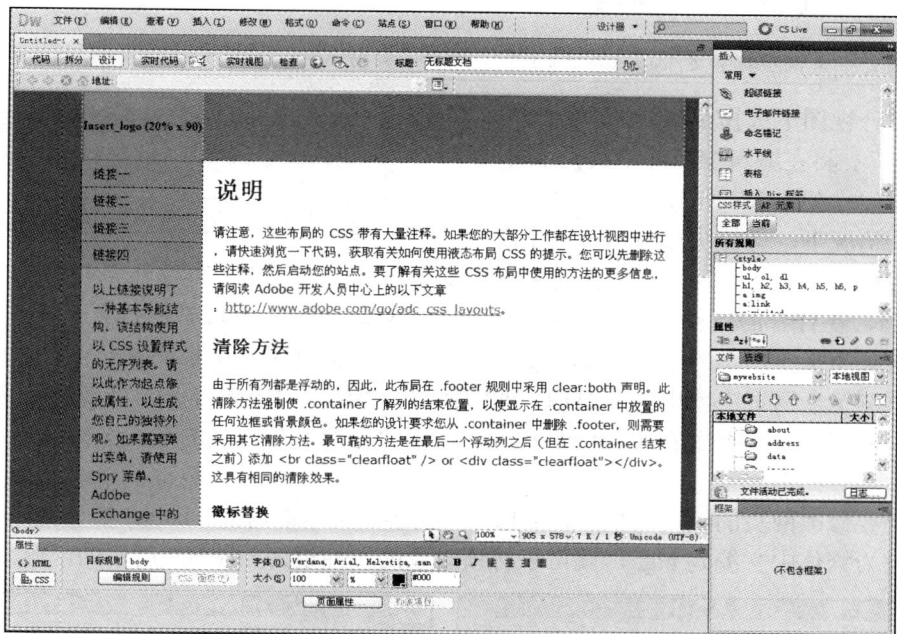

图 3.6　网页编辑窗口

### 3.1.3　保存网页文件

由于新建的网页还没有保存，因此不会出现在站点管理器中，下面将该网页保存起来。

**Step 01** 选择菜单命令 "文件" | "保存"，将打开 "另存为" 对话框。

**Step 02** 在该对话框中找到保存文件的目录 news，并将文件名修改为 index.htm，然后单击 "保存" 按钮将文件保存在站点中。

### 3.1.4　关闭网页文件

保存文件后选择菜单命令 "文件" | "退出"，就可以关闭网页编辑窗口了。

### 3.1.5　打开网页文件

**Step 01** 选择菜单命令 "文件" | "打开"，将打开 "打开" 对话框。

**Step 02** 在站点根目录 mywebsite 下找到并选中已经存在的文件 index.htm，然后单击 "打开" 按钮，将其在编辑窗口中打开。或者，直接拖曳网页文件至 Dreamweaver CS5 窗口。

## 3.2　设置网页的文件头

文件头在浏览器中是不可见的，但却包含网页的重要属性信息（如关键字、描述文字等）。文件头里还可以包含能实现一些非常重要的功能（如自动刷新）的代码，下面将重点介绍与文件头相关的内容。

## 3.2.1 设置网页的编码

| 同步视频文件 | 同步教学文件\第 3 章\3.2.1 设置网页的编码.avi |
|---|---|

在设计视图下选择菜单命令"查看"|"文件头内容"，将在编辑窗口的工具栏下方显示文件头窗口，如图 3.7 所示。

默认情况下，文件头窗口中有两个图标，每个图标代表一个头部对象。选择其中的第 1 个图标，在打开的"属性"面板中可以查看该对象的属性，如图 3.8 所示。

图 3.7 文件头窗口

该对象定义了网页的编码类型为 gb2312，也就是简体中文国标码。其中，"属性"项用来告诉浏览器网页中使用的是 HTTP 通信协议；"值"项用来告诉浏览器下面的"内容"项的定义内容是与网页内容 Content 相关的；而"内容"项定义的是网页的编码方式和字符集。

如果要修改网页的编码类型，只需修改"内容"文本框内的 Charset 值。例如，如果要将编码设为繁体中文编码 big5，就可以将该对象的属性设为如图 3.9 所示的内容。

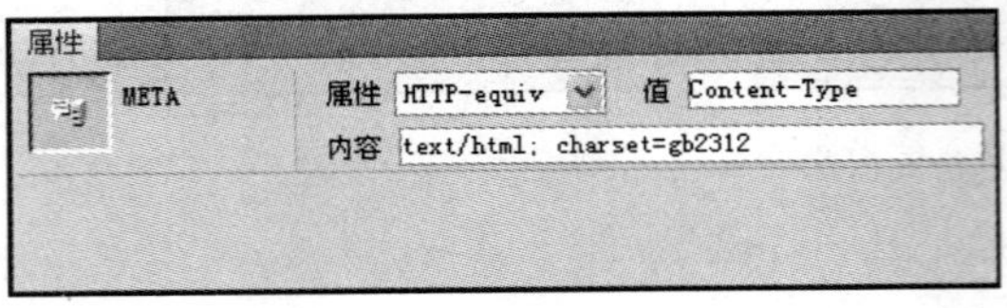

图 3.8 "属性"面板

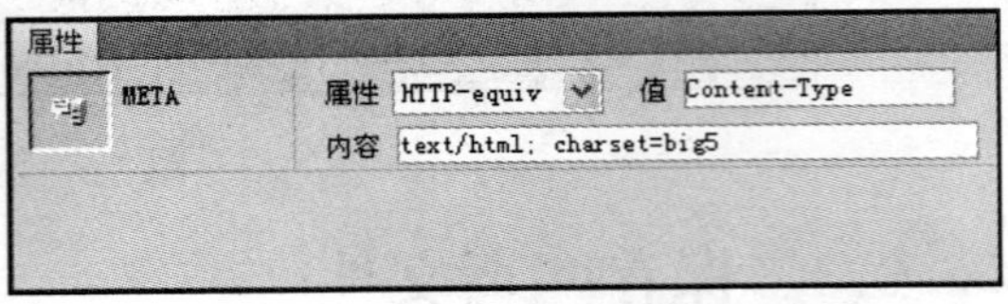

图 3.9 修改后的"属性"面板

设定编码的好处在于，不论访问者使用何种浏览器，也不论是中文版还是西文版，都不必对浏览器进行任何语言设置（比如把文件编码设置为简体中文），浏览器打开该网页时就会根据该对象中的设定自动找到合适的字符集，从而解决不同语种间的网页不能正确显示的问题。

## 3.2.2 设置文档标题

| 同步视频文件 | 同步教学文件\第 3 章\3.2.2 设置文档标题.avi |
|---|---|

图 3.7 中的第 2 个图标可以用来指定网页的标题文本。网页标题就是打开网页时，在浏览器标题栏位置上显示的文字。在默认情况下，Dreamweaver CS5 中新建文件的标题为"无标题文档"，如图 3.10 所示。

单击该图标打开对应的"属性"面板，在其中可以输入新的网页标题，如图 3.11 所示。

图 3.10 网页标题

图 3.11 修改网页标题

## 3.2.3 定义关键字

同步视频文件 同步教学文件\第 3 章\3.2.3 添加关键字和说明.avi

文件头中除了定义字符集、文档标题外，还可以为当前文档定义关键字，关键字用来协助网络上的搜索引擎寻找网页。由于很多来访者都是通过搜索引擎找到相关网页的，因此最好填好关键字。要定义关键字，可通过"插入"菜单中的"关键字"命令完成。

**课堂实训 3.1 添加关键字**

**Step 01** 选择"插入"|HTML|"文件头标签"|"关键字"命令，打开"关键字"对话框。

**Step 02** 在"关键字"文本框中输入和网站相关的关键字。如果有多个关键字，可以用逗号将关键字分隔开，如图 3.12 所示。

图 3.12 "关键字"对话框

通过以上设置后，当有浏览者通过网络上的搜索引擎搜索上面设定的关键字时，该网页的网址就可能会被搜索到。

> **注意** 大多数搜索引擎搜索时都会限制关键字的数量，过多的关键字会在搜索中被忽略，因此，关键字的输入不宜太多，一般应不超过 5 个。

## 3.2.4 设置说明文字

**Step 01** 选择"插入"|HTML|"文件头标签"|"说明"命令，打开"说明"对话框。

**Step 02** 在"说明"文本框中输入描述性文字，如图 3.13 所示。

描述性文字和关键字一样，可供搜索引擎寻找网页，只不过是提供了更加详细的网页描述性信息。

图 3.13 "说明"对话框

> **注意** 搜索引擎同样会限制描述文字的字数，所以内容尽量简明扼要。

## 3.2.5 设置网页的刷新

同步视频文件 同步教学文件\第 3 章\3.2.5 设置网页的刷新.avi

网页刷新通常用于两种情况：第 1 种情况是在打开某个网页后的若干秒内，让浏览器自动跳转到一个新网页；第 2 种情况是用于需要经常刷新的网页（如聊天室内显示留言的页面），可以让浏览器每隔一段时间自动刷新自身网页。

**Step 01** 选择"插入"|HTML|"文件头标签"|"刷新"命令，打开"刷新"对话框。

**Step 02** 如果希望隔 10 秒钟后让网页自动跳转到新网页中去，就应该在"延迟"文本框中设置刷新间隔的时间为 10 秒，然后在"转到 URL"文本框中输入要跳转到的网页路径，如图 3.14 所示。

如果要自动刷新当前网页，在填写延迟时间后应在"操作"选项组中选中"刷新此文档"单选按钮。网上聊天室中就用到了自动刷新，可以不断更新聊天内容。

图 3.14  "刷新"对话框

## 3.2.6  查看代码

| 同步视频文件 | 同步教学文件\第 3 章\3.2.6 查看代码.avi |
|---|---|

当添加了上面这些对象后，将在文件头窗口中显示出一系列的相应的图标，如图 3.15 所示。

如果要修改某个对象，可以在文件头窗口中单击相应的图标，然后在"属性"面板中进行修改。

图 3.15  文件头窗口

那么，这些对象是通过什么代码进行控制的呢？

切换到代码视图后，可以看到在<head>和</head>之间新添了几个<meta>标记，它们分别用来定义关键字、说明以及刷新，如图 3.16 所示。

```
<meta name="Description" content="北京大学资产管理部的网站，主要用来发布办公信息" />
<meta name="Keywords" content="北京大学，pku，资产管理部" />
<meta http-equiv="Refresh" content="10;URL=http://www.pku.edu.cn" />
```

图 3.16  代码视图中的代码

通过这段代码可以看出，关键字、说明、刷新、字符集等都是通过<meta>标签来定义的。这些对象可以分为两类：一类用来记录当前网页的相关信息，如编码、作者、版权等，定义这类对象的代码中包含有 name 属性；另一类用来给服务器提供信息，比如刷新的间隔等，定义这类对象的代码中包含有 http-equiv 属性。

也就是说，name 属性和 http-equiv 属性确定了<meta>标签的性质，它们与其他属性配合在一起就可以定义出许多对象。

## 3.2.7  删除头对象

在文件头窗口中选中要删除的头对象，如图 3.17 所示，然后按下键盘上的 Delete 键即可。当然，用户也可以选中头对象的代码直接将其删除。

图 3.17  选中头对象

当所有的头对象设定好后，可以选择菜单命令"查看"|"文件头内容"，将文件头窗口隐藏起来。

到这里，网站首页的头部就设定好了。按快捷键 Ctrl+S 保存网页，然后单击编辑窗口右上角的"关闭"按钮。

# *3.3* 使用文本

| 同步视频文件 | 同步教学文件\第 3 章\3.3 使用文本.avi |
|---|---|

## 3.3.1 输入文本

输入文本的具体操作步骤如下。

**Step 01** 在站点目录 mywebsite\exercise\simple 下新建文件 01.htm，双击该文件将其在编辑窗口中打开。

**Step 02** 在要插入文字的位置单击鼠标，此时将出现闪动的光标，该光标标示着输入文字的起始位置。在编辑窗口中输入需要的文本。

## 3.3.2 设置文本格式

### 1. 设置样式

设置样式的具体操作步骤如下。

**Step 01** 在文字左端单击鼠标将光标移到文字左侧，然后按住鼠标并向右拖动选中所有的文本，如图 3.18 所示。

图 3.18 选中所有的文本

**Step 02** 展开"属性"面板，其中显示的是当前文字的属性，如图 3.19 所示。

图 3.19 选中文本时的"属性"面板

**Step 03** 右键单击选中的文本，选择段落格式，如图 3.20 所示。每个选项都代表一种已经预设好的样式，其中的"标题 1"～"标题 6"分别表示各级标题。将光标移到"标题 1"上单击，此时编辑区中的文本就以一级标题的格式进行显示了，如图 3.21 所示。

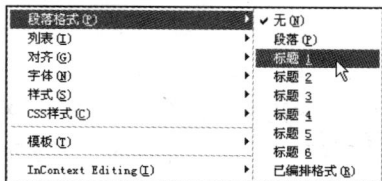

图 3.20 "段落格式"级联菜单

图 3.21 选择"标题 1"后的文本

若选择"段落"格式，则文本以段落格式显示。

### 2. 选择字体

选择字体的具体操作步骤如下。

**Step 01** 选中要修改的文本，然后在"属性"面板上单击"字体"后的下三角按钮，打开下拉列表框，如图 3.22 所示。

用户会发现，"默认字体"的下面每行都至少有 3 种字体，中间以逗号分隔，如 Times New Roman, Times, serif。

这种字体列表有什么作用呢？它是为了防止出现选择的字体在系统中不存在的情况。如果应用了字体列表 Times New Roman, Times, serif，浏览器将会首先在字体安装目录下寻找列表中的第一个字体 Times New Roman，如果有就会用这种字体显示文本；如果没有，就会继续寻找下一个字体 Times；如果再没有，就再找下一个字体 serif。如果列表中的所有字体都不存在，将会使用浏览器中的默认字体来显示。

**Step 02** 如果想为文本定义中文字体，就要重新编辑字体列表。从"字体"下拉列表中选择"编辑字体列表"选项，将打开"编辑字体列表"对话框，如图 3.23 所示。

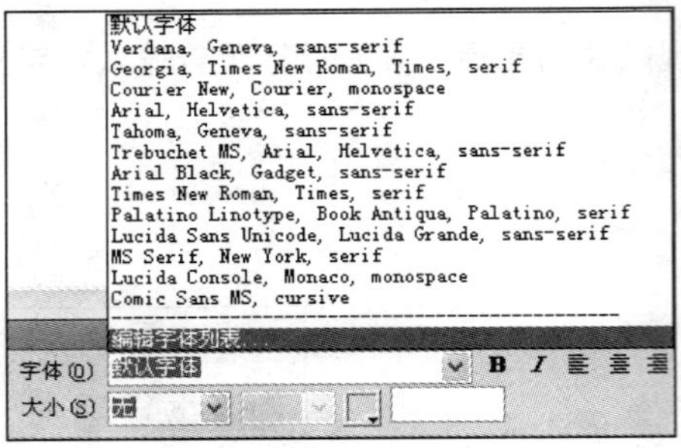

图 3.22　"字体"下拉列表 　　　　图 3.23　"编辑字体列表"对话框

**Step 03** 在"可用字体"列表框中双击需要加入的字体，将会把它加入到左侧的"选择的字体"列表中。继续双击其他的字体，可以不断添加新的字体到列表中，如图 3.24 所示。如果觉得"选择的字体"列表中的字体不合适，可以双击不合适的字体，将其从左侧的列表中删除。

**Step 04** 当"选择的字体"列表中的所有字体都添加完成后，单击对话框中的"确定"按钮关闭对话框。此时再展开"字体"下拉列表框，就会出现一个新添字体后的字体列表，如图 3.25 所示。单击该字体列表中的字体，就为选中的文本设定了相应的字体。

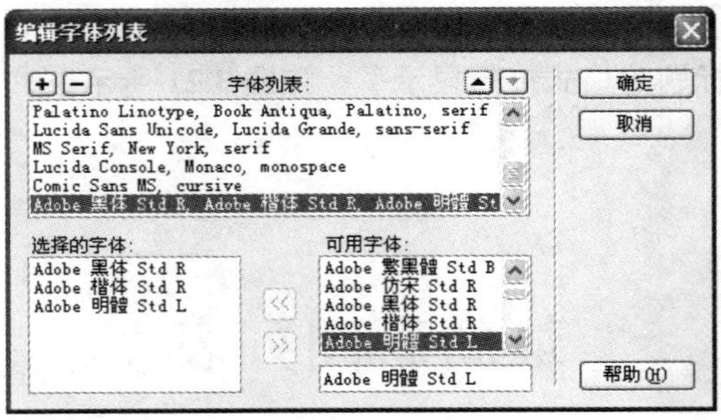

图 3.24　添加字体 　　　　　　　图 3.25　出现新添的字体

注意：用户计算机上安装的字体往往是不一样的，如果我们在网页中使用了用户计算机中没有的字体，文字效果可能会不太一样，弄不好还会出现乱码。正因为如此，我们应尽可能地使用系统中默认安装的字体，如黑体、楷体、幼圆、宋体、隶书、仿宋等。如果确实需要使用比较有特色的字体，最好先把文字制作成图像，然后再插入网页。

### 3. 设置文字大小

设置文字大小的具体操作步骤如下。

**Step 01** 选中要修改大小的文本，然后在"属性"面板中展开"大小"下拉列表，会发现文字大小可以用两种方法进行定义，一种是用数值，另一种是通过文字选项。

一般选择用数值定义大小。文字大小的数值默认单位是"像素（px）"，用户可以通过后面的"单位"下拉列表选择新的单位。

**Step 02** 此处选择单位为"点数（pt）"，因为用点数定义的文本大小不会随分辨率的改变而发生改变，而像素恰好相反。

**提示** 一般网页中的正文使用 9pt 就可以了，而一般的标题文本使用 12pt、16pt、18pt 即可。

### 4. 设置粗体/斜体

文本样式中比较常见的有粗体、斜体等。要给文本添加样式，首先应选中文字，然后在"属性"面板中单击"粗体"按钮 **B** 或者"斜体"按钮 *I* 即可。

## 3.3.3 设置对齐方式

### 1. 居中

如果要让文本在文档中居中，选中要居中的文本段落，然后在"属性"面板中单击"居中对齐"按钮，如图 3.26 所示。

图 3.26 单击"居中对齐"按钮

### 2. 居右

如果要让文本在文档中居右，选中要居右的文本段落，然后在"属性"面板中单击"右对齐"按钮 。

### 3. 居左

如果要让文本在文档中居左，选中要居左的文本段落，然后在"属性"面板中单击"左对齐"按钮 。

## 3.3.4 设置缩进与凸出

如果要让段落整体向中间缩进，可以右键单击选中的文本，在弹出的快捷菜单中选择"列表"|"缩进"选项；如果要让段落整体向两侧展开，可以单击"列表"菜单中的"凸出"选项。

每单击一次"缩进"选项，缩进量就增加两个中文字符。

## 3.3.5 设置颜色

下面为文字设定颜色。

**Step 01** 选中文档窗口中的文本，然后单击"属性"面板中的"文本颜色"按钮，将打开拾色器。

**Step 02** 在拾色器上单击红色色块，如图 3.27 所示。此时，文本的颜色将变成红色，如图 3.28 所示。

选取颜色时，可以从拾色器顶部看到选中颜色的代码#FF0000，如图 3.29 所示。

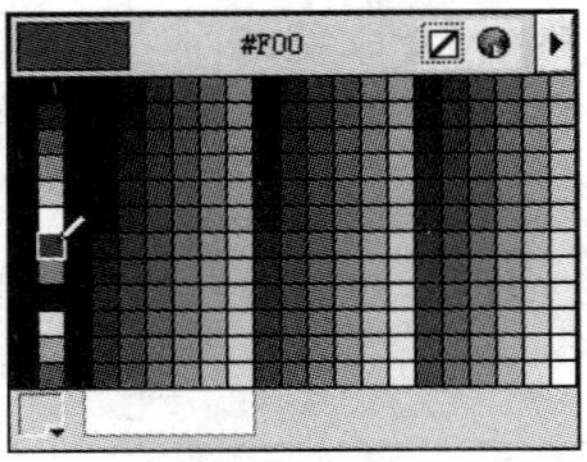

最新新闻列表

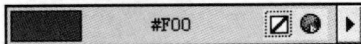

图 3.27　拾色器 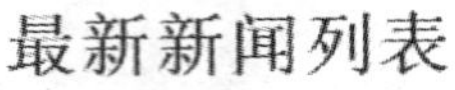　　　　　　图 3.28　修改颜色后的文本　　　　　图 3.29　拾色器顶部代码

> **注意** 拾色器顶部的颜色代码把成对出现的颜色代码简写为 3 位的代码，如#EE00CC 就会简写为#E0C。

这段颜色代码前的"#"是颜色标志符，是为了让这个代码区别于一般的文本。后面的 FF0000 是一个十六进制的数值。其中，FF0000 前两位代表红色通道的亮度，中间两位代表绿色通道的亮度，最后两位代表蓝色通道的亮度，最终的颜色由红、绿、蓝 3 个颜色通道按不同的亮度比例混合而成。

根据以上的定义，可以得到以下几个结论。

- 前两位的数值越大，红色就越亮；中间两位的数值越大，绿色就越亮；后面两位的数值越大，蓝色就越亮。
- 由于两位的十六进制数值最小为 00，数值最大为 FF。因此，颜色#000000 的 3 个颜色通道的亮度都是最低，也就是说它代表黑色；反之，颜色#FFFFFF 代表白色。
- 代码#FF0000 的前两位颜色数值为 FF，而后四位数值为 0000，因此代表的是纯红色；同样的道理，代码#00FF00 代表纯绿色，代码#0000FF 代表纯蓝色。

### 3.3.6　设置换行

在网页文字排版时，经常需要用到换行。在网页中，换行往往不外乎 3 种情况：自动换行、段落换行、换行符换行。

**1. 自动换行**

如果在网页中一直不停地输入文字，当文字到达编辑窗口的另一边时会自动换行。保存网页并在浏览器中查看网页时，文字也会自动换行，而且当浏览器缩放时，换行也会随之改变。

打开素材 mywebsite\exercise\simple 中的文件 02.htm，不断改变浏览器窗口的大小，会发现其中的文本在浏览器中自动换行。

**2. 段落换行**

自动换行的位置会随着浏览器窗口的宽度发生改变。如果用户需要在固定的位置让文本换行，就可以使用段落换行。

在 Dreamweaver CS5 中打开素材 mywebsite\exercise\simple 中的文件 02.htm，将光标放在要换行的文本之间，然后按下键盘上的 Enter 键，就会让换行位置前后的文本分别成为一个段落，两个段落之间会出现一个空行，如图 3.30 所示。换行后的代码如图 3.31 所示。

图 3.30　段落换行后的文本

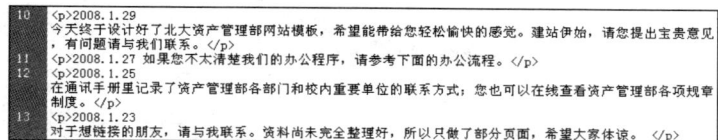

图 3.31　换行后的代码

若要删除这些换行，可以将光标放在后一段落首位，然后按下键盘上的 Delete 键或 BackSpace 键。用相同的方法，可以将所有的换行删除。

### 3. 换行符换行

段落换行时，两个段落之间会空行。如果不希望出现这个空行，可以在按住 Shift 键的同时按下 Enter 键，这样就可以在文本中换行，并且行间不会出现空行，如图 3.32 所示。使用换行符换行后的代码中加入了 <br> 标记，如图 3.33 所示。

图 3.32　换行符换行后的文本

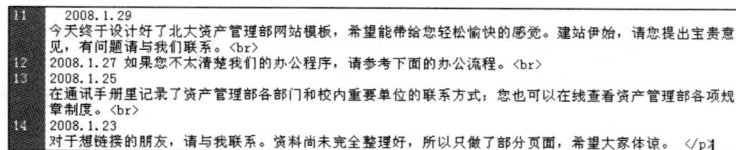

图 3.33　代码中加入 <br> 标记

这种换行方式在网页中出现的频率最高。

### 4. 显示换行符

默认情况下，换行符 在 Dreamweaver CS5 中是不可见的，但可以通过"首选参数"对话框让它显示在编辑窗口中。

Step 01　选择"编辑"|"首选参数"命令，在打开的"首选参数"对话框中，切换到"不可见元素"参数选项。

**Step 02** 在右侧选中"显示"选项组中的"换行符"复选框，如图 3.34 所示。

图 3.34 "不可见元素"参数选项

**Step 03** 单击"确定"按钮关闭对话框。此后，如果网页中使用了换行符，就会在网页编辑窗口中出现换行符图标 ，如图 3.35 所示。

如果在网页中一直不停地输入文字，当文字到达编辑窗口的另一边时会自动换行。会自动换行，而且当浏览器缩放时换行也会随之改变。
自动换行的位置会随着浏览器窗口的宽度发生改变。
如果用户需要在固定的位置让文本换行，就可以使用段落换行。

图 3.35 换行符图标

如果要隐藏换行符，再次打开"首选参数"对话框后，取消选中"换行符"复选框即可。

### 3.3.7 设置首行缩进

在中文网页中，经常要让段落的首行缩进两个字符，如图 3.36 所示。

要实现首行缩进，可以使用"插入"工具栏来插入空格符。

**Step 01** 在"插入"工具栏中切换到"文本"插入工具栏，如图 3.37 所示。

如果在网页中一直不停地输入文字，当文字到达编辑窗字也会自动换行，而且当浏览器缩放时换行也会随之改变。

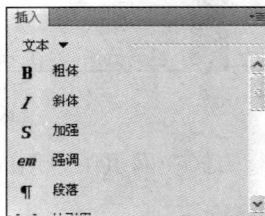

图 3.36 首行缩进后的效果

图 3.37 "文本"插入工具栏

**Step 02** 在工具栏中单击"字符"按钮 后的下三角按钮，在展开的下拉列表中选择"不换行空格"选项，如图 3.38 所示。

此时将会打开警告对话框，提示由于文档中使用的不是西欧字符，有些浏览器可能不会正常显示特殊字符，如图 3.39 所示。

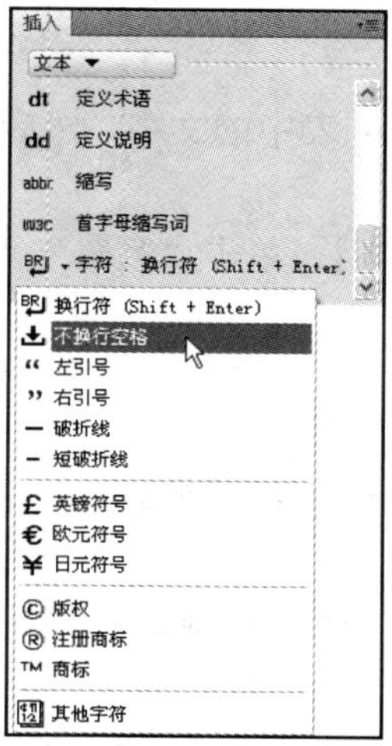

图 3.38　选择"不换行空格"选项

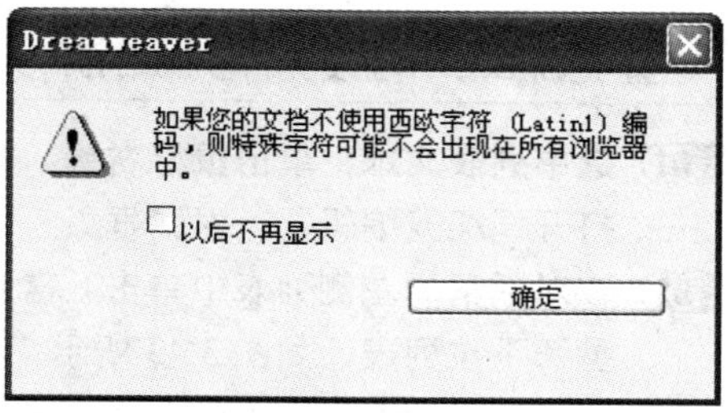

图 3.39　警告对话框

**Step 03** 选中"以后不再显示"复选框，然后单击"确定"按钮。单击 4 次"不换行空格"按钮 ⊥ ▾ ，将在段落文本前出现两个字符的空格。

> **提示** 我们之所以不直接在文字前按空格键，是因为浏览器将会忽略代码中的空格。

### 3.3.8　使用列表

列表包括无序列表和有序列表两种。无序列表是没有标明序号的，每一项前都以同样的符号显示，而有序列表每一项前都有序号。

**1. 创建无序列表**

**Step 01** 新建文档后，首先在编辑窗口中输入一段文本，如图 3.40 所示。

**Step 02** 选择文本，然后右击，在弹出的快捷菜单中选择"列表"|"项目列表"选项，此时这段文本将变成如图 3.41 所示。

日常行政工作[综合办公室]

图 3.40　输入的文本

• 日常行政工作[综合办公室]

图 3.41　无序列表文本

**Step 03** 将光标放在文本的末尾，然后按下 Enter 键，此时将出现列表的第 2 项，这时可以在后面输入文字。依此类推，就可以将所有列表项中的文本填写完整。

**Step 04** 在输完最后一项后，连续按下两次键盘上的 Enter 键，项目符号就会自动消失，结束列表的制作。

**2. 创建有序列表**

如果要创建有序列表，只要在"列表"菜单中单击"编号列表"选项即可。创建出的列表如图 3.42 所示。

```
1.  日常行政工作 [综合办公室]
2.  全校房地产产权管理 [综合办公室]
3.  公用房(教学、科研、办公)分配与管理 [房地产管理办公室]
4.  家属用房(非售房)分配与管理 [房地产管理办公室]
5.  教工集体宿舍分配与管理 [房地产管理办公室]
6.  已出售家属房的交易及产权管理 [房改办公室]
```

图 3.42　创建出的有序列表

### 3. 转换列表类型

如果要将无序列表转换为有序列表，可以先选中所有列表中的文字，然后单击"列表"菜单中的"编号列表"选项。

如果要将有序列表转换为无序列表，可以在选中文字后，单击"列表"菜单中的"项目列表"选项。

---

### 课堂实训 3.2 修改无序列表的外观

**Step 01** 选中列表文本，单击鼠标右键，在打开的快捷菜单中选择"编辑标签"命令，此时将打开"标签编辑器"对话框。

**Step 02** 在对话框的左侧列表中单击"常规"标签切换到"常规"参数选项，展开其中的"类型"下拉列表，如图 3.43 所示。

图 3.43 "标签编辑器"对话框

**Step 03** 当选中"圆形"选项时，列表文本前的列表符号就变成了圆圈，如图 3.44 所示。

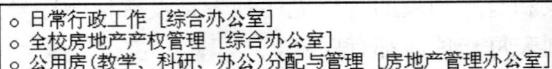

○ 日常行政工作［综合办公室］
○ 全校房地产产权管理［综合办公室］
○ 公用房（教学、科研、办公）分配与管理［房地产管理办公室］

图 3.44 修改后的圆形项目符号

---

### 课堂实训 3.3 修改有序列表的外观

**Step 01** 选中列表文本，单击鼠标右键，在打开的快捷菜单中选择"编辑标签"命令，在打开的"标签编辑器"对话框中，单击"常规"标签切换到"常规"参数选项。

**Step 02** 展开其中的"类型"下拉列表，如图 3.45 所示。

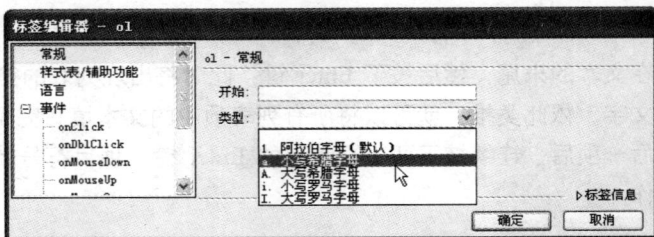

图 3.45 "类型"下拉列表

**Step 03** 默认情况下，有序列表是用阿拉伯数字进行排序的。如果在"类型"下拉列表中选择"小写希腊字母"选项，列表文本前的项目列表符号就会变成小写的英文字母，如图 3.46 所示。

**Step 04** 如果希望编号不是从默认的数字1开始，就可以在"开始"文本框中输入数字列表的起始数字，这里输入数字 5。

```
a.  日常行政工作 [综合办公室]
b.  全校房地产产权管理 [综合办公室]
c.  公用房(教学、科研、办公)分配与管理 [房地产管理办公室]
```

图 3.46 修改为小写英文字母后的列表符号

# 3.4 使用图像

目前的网页几乎没有不使用图像的，图像对于丰富网页的外观变得越来越重要，因此合理地使用图像是网页制作中的重点。

## 3.4.1 插入图像

| 同步视频文件 | 同步教学文件\第 3 章\3.4.1 插入图像.avi |
|---|---|

插入图像的具体操作步骤如下。

**Step 01** 新建文件，将其保存在站点目录 exercise\simple 下，命名为 03.htm。

**Step 02** 在 Dreamweaver CS5 中打开该文件，然后将"插入"工具栏切换到"常用"插入工具栏，并单击其中的"图像"按钮，如图 3.47 所示。

图 3.47 单击"图像"按钮

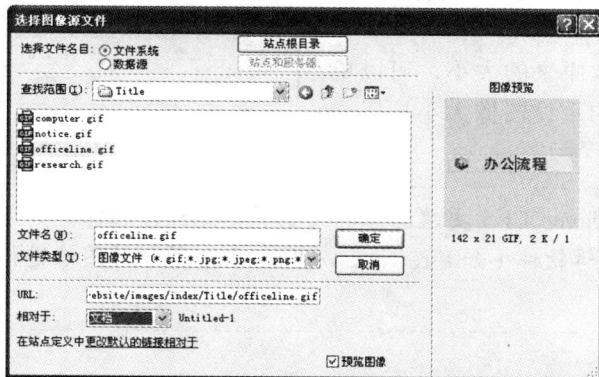

**Step 03** 在打开的"选择图像源文件"对话框中找到要插入的图像，在对话框的右侧可以预览该图像，也可以查看图像文件的大小以及图像的长度、宽度等，如图 3.48 所示。

图 3.48 "选择图像源文件"对话框

**Step 04** 单击"确定"按钮，将该图像插入到文档中。

**注意** 如果图像文件在站点外，Dreamweaver 会提醒是否要将该文件保存在站点内。此时应单击"是"按钮，然后在"复制文件为"对话框中为图像在站点内寻找一个文件夹。然后单击其中的"保存"按钮将图像保存起来。此时，站点外的图像就被复制到站点内，而且被插入到网页中。

## 3.4.2　设置图像属性

| 同步视频文件 | 同步教学文件\第 3 章\3.4.2 设置图像属性.avi |
|---|---|

选中刚才插入的图像，"属性"面板上显示的是该图像的各项属性，如图 3.49 所示。

图 3.49　选中图像时的"属性"面板

### 1. 设置图像名称

图像的名称一般用在程序代码中（如 JavaScript 脚本等）。如果要为图像指定名称，只需在图像名称文本框中输入名称即可。

但由于程序代码中往往不支持中文，因此该名称的命名应和变量的命名一样，只允许使用英文字母、数字以及"_"。

### 2. 设置图像大小

（1）方法 1

选中图像，然后在"属性"面板上的"宽"或"高"文本框中，输入新的图像大小。

（2）方法 2

将光标移到文档编辑窗口中的图像上，然后通过拖动图像上的控制句柄调整图像的大小。拖动右侧的句柄可以将图像拉宽，拖动下方的句柄可以将图像拉高。

一旦图像大小发生变化，"属性"面板上的"宽"或"高"文本框中的数字也会相应发生变化，并且以粗体显示。

如果要恢复图像原来的大小，可以单击"属性"面板上的重设图像大小按钮，如图 3.50 所示。

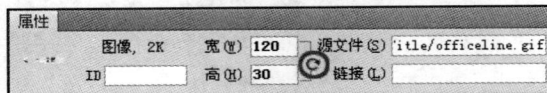

图 3.50　恢复图像的大小

> **注意**　使用 Dreamweaver CS5 更改图像的大小并不是最佳选择，如果要修改图像，最好使用专门的图像编辑软件（如 Fireworks、Photoshop 等）对图像进行缩放，然后再重新插入。

### 3. 设置替代文本

有时在浏览网页时，将鼠标指针放在某些图像上，鼠标指针旁边会出现一些文本，这些文本就是替代文本，如图 3.51 所示。

加入替代文本的好处是，在图像没有被下载完成时，在图像的位置上就会显示替代文本，这样浏览者就可以事先知道该图像所代表的内容。

图 3.51　替代文本

### 4. 设置边框宽度

选中图像后，通过在"属性"面板上的"边框"文本框中输入数值来定义边框的宽度。

当图像上没有超链接时，边框颜色默认为黑色；当图像上添加超链接时，边框的颜色将和链接文字颜色一致，默认为深蓝色。

如果要删除边框，可以在"边框"文本框中将边框宽度修改为 0。

### 5. 设置对齐方式

在"属性"面板上的"对齐"下拉列表框中共包括 9 种对齐方式，它们定义了图像与附近文字之间的相对位置。

- 左对齐：是指图像左端与文字的左端对齐。
- 右对齐：是指图像右端与文字的右端对齐。
- 基线、底部、绝对底部：效果一样，是指图像底端与文字的底端对齐。
- 顶端、文本上方：是指图像顶端和文字行最高字符的顶端对齐。
- 居中：是指图像的中间线和文字的底端对齐。
- 绝对居中：是指图像的中间线和文字的中间线对齐。

这些对齐方式也适用于其他多媒体文件。

**课堂实训 3.4　文字与图片的对齐**

为了方便查看效果，这里在文档中加入一些文本，并插入素材 mywebsite\images\index\title 下的图像 computer.gif，如图 3.52 所示。

**Step 01** 将图像移到第 1 行中，选中图像后按住鼠标不放，将光标拖动到文本开始的位置上，如图 3.53 所示。

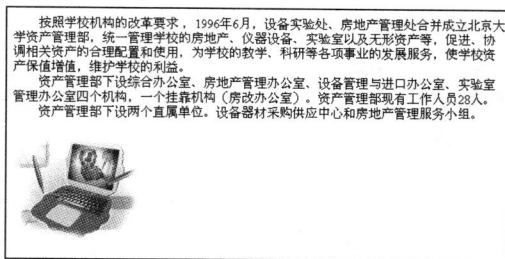

图 3.52　插入的文本和图像　　　　图 3.53　拖动图像

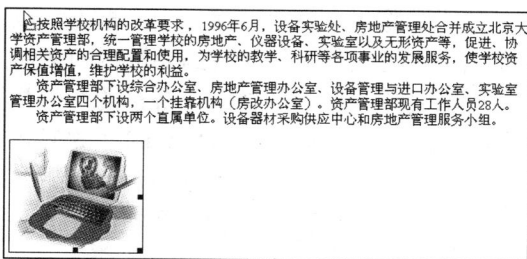

**Step 02** 松开鼠标后图像将位于文本开始的位置上，如图 3.54 所示。

**Step 03** 选中图像，在"属性"面板上的"对齐"下拉列表框中选择"左对齐"选项，如图 3.55 所示。

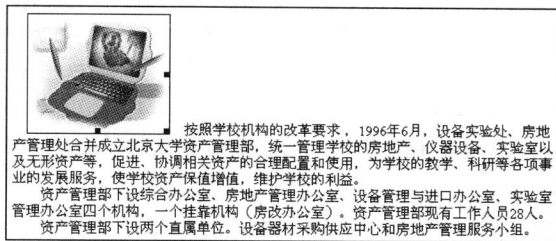

图 3.54　拖动后的图像　　　　图 3.55　"对齐"下拉列表框

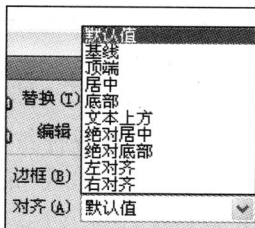

此时，文本和图像的相对位置就变成了如图 3.56 所示。

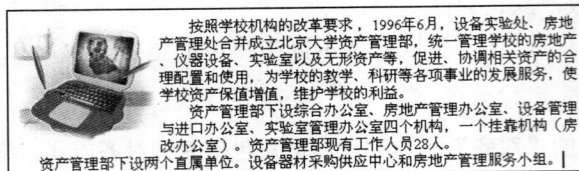

按照学校机构的改革要求，1996年6月，设备实验处、房地产管理处合并成立北京大学资产管理部，统一管理学校的房地产、仪器设备、实验室以及无形资产等，促进相关资产的合理配置和使用，为学校的教学、科研等各项事业的发展服务，使学校资产保值增值，维护学校的利益。
资产管理部下设综合办公室、房地产管理办公室、设备管理与进口办公室、实验室管理办公室四个机构，一个挂靠机构（房改办公室）。资产管理部现有工作人员28人。
资产管理部下设两个直属单位：设备器材采购供应中心和房地产管理服务小组。

图 3.56　图像左对齐后的效果

### 6. 设置边距

边距分为"垂直边距"和"水平边距"两部分，可以分别设定在水平或垂直方向上若干像素内为空白区域。设置的方法是，选中图像后，在"垂直边距"和"水平边距"文本框中输入边距数值，如图 3.57 所示。

此时，图像的上、下、左、右都出现了 20 像素的空白区域，如图 3.58 所示。

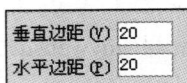

| 垂直边距 (V) | 20 |
| 水平边距 (P) | 20 |

图 3.57　修改边距

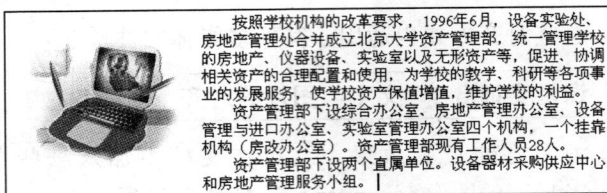

图 3.58　修改后的图像

### 7. 设置链接

选中图像后，在"链接"文本框中可以直接输入要链接对象（如网页等）的路径，或者单击"浏览文件"按钮找到要链接的文件，如图 3.59 所示。

如果希望在单击图像时，链接的文件是在新窗口中打开的，可以在"属性"面板上的"目标"下拉列表框中选择"_blank"选项，如图 3.60 所示。

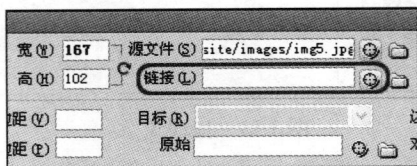

图 3.59　添加链接

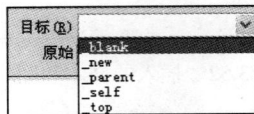

图 3.60　设置链接目标框架

## *3.5*　插入 Flash 对象

| 同步视频文件 | 同步教学文件\第 3 章\3.5 插入 Flash 对象.avi |

网页中可以包含各种各样的对象，多媒体是其中最为耀眼的部分。下面将介绍在页面中插入各种常见多媒体对象的方法。

Flash 动画文件体积小、效果好而且具有交互功能，让网页更吸引人。如果制作好了一个 Flash 动画，怎样将它显示在网页上呢？

**Step 01** 在 Dreamweaver CS5 窗口中新建文档，将光标放在要插入动画的位置上。

**Step 02** 将"插入"工具栏切换到"常用"插入工具栏，在其中单击"媒体"按钮旁的下三角按钮，在下拉列表中选择 SWF 命令，如图 3.61 所示。此时将打开"选择 SWF"对话框，如图 3.62 所示。

图 3.61 选择 SWF 命令

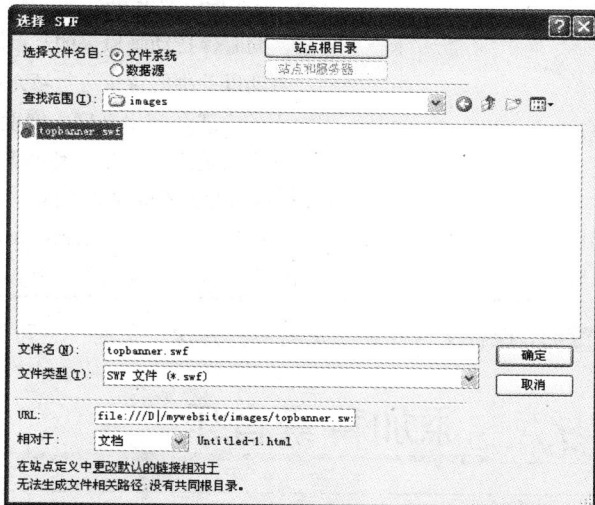

图 3.62 "选择 SWF"对话框

**Step 03** 在其中找到素材 mywebsite\images\swf 下的文件 topbanner.swf，然后单击"确定"按钮插入 SWF 文件。此时它在页面中显示为一个灰色的方框，里面有一个 Flash 标志，如图 3.63 所示。

图 3.63 插入的 Flash 动画

**Step 04** 选中此对象，可以在"属性"面板中设置它的高度和宽度，如图 3.64 所示。如果想预览一下效果，可以单击"属性"面板上的"播放"按钮。

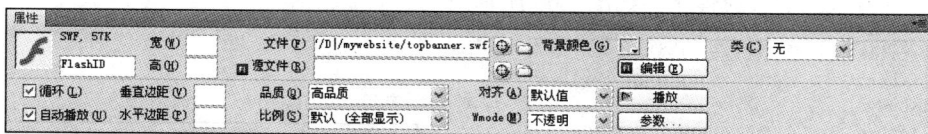

图 3.64 Flash 动画的"属性"面板

"属性"面板中的参数及其含义如表 3.1 所示。

表3.1 Flash "属性"面板中的参数及其含义

| 参数 | 含义 |
| --- | --- |
| 宽和高 | 设定 Flash 动画的宽度和高度 |
| 文件 | 显示 Flash 动画的路径，单击后面的"浏览文件"按钮可以指定新的动画文件 |
| 重设大小 | 如果曾经修改过 Flash 动画的宽度和高度，单击该按钮可以恢复到默认尺寸 |
| 自动播放 | 选中后动画会自动播放 |
| 垂直边距 | 设定 Flash 动画垂直方向上的空白区域 |

（续表）

| 参数 | 含义 |
|------|------|
| 水平边距 | 设定 Flash 动画水平方向上的空白区域 |
| 品质 | 设定动画的质量，一般都选择"高品质"选项 |
| 比例 | 设定 Flash 动画在指定宽度和高度后如何显示，共有 3 项设置。"默认"设定下会显示整个动画，同时保持动画原来的高度和宽度比，但采用缩小的方法，动画周围会出现空白，自动以动画的背景进行填充；"无边框"也是保持动画的高度和宽度比，但是采用放大的方式，超出高度、宽度的区域会被裁掉；"严格匹配"会改变动画的宽度和高度为设定的值，但会因此使动画发生变形 |
| 对齐 | 设定 Flash 动画相对文本的对齐方式 |
| 播放 | 单击"播放"按钮，可以在 Dreamweaver CS5 编辑窗口下预览动画 |
| 参数 | 可设定 ActiveX 参数，这些参数用于 ActiveX 控件之间的数据交换 |

**Step 05** 保存文件并在浏览器中打开这个页面，就可以看到 Flash 动画效果了。

## 3.6 添加背景音乐

**同步视频文件** 同步教学文件\第 3 章\3.6 添加背景音乐.avi

如果想在页面中加入背景音乐，可以在代码中使用<embed>标记，具体操作步骤如下。

**Step 01** 首先准备好一首 MIDI 音乐，它的扩展名为*.mid 或*.rmi。这里使用素材 mywebsite\media\mid 下的文件 bgsound.mid。

**Step 02** 新建文档，将它保存到和音乐文件相同的目录中，文件名为 mid.htm。

**Step 03** 切换到源代码视图，在代码<body>和</body>之间添加<embed>标记，<embed>标记可以放在这两个标记之间的任何地方，如图 3.65 所示。

**Step 04** 保存文件并在浏览器中打开，此时浏览器窗口就会出现一个播放控制器，可以用来控制音乐的播放或停止，如图 3.66 所示。

```
6  <title>无标题文档</title>
7  </head>
8  <body>
9  <embed src="bgsound.mid"></embed>
10 </body>
11 </html>
```

图 3.65 插入的代码

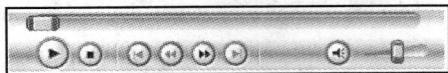

图 3.66 播放控制器

**Step 05** 但现在我们希望把音乐当做背景音乐来用，也就是要把这个控制器隐藏起来，而且一进入画面就开始自动播放，然后一直重复。此时就需要修改代码了，修改后的代码如下。

```
<embed src="bgsound.mid" hidden=true autostart=true loop=true>
```

其中，hidden 用来控制播放控制器是否隐藏，如果后面的值为 true，表示隐藏播放控制器。

autostart=true 表示让音乐在打开页面时就自动开始播放。

loop=true 表示让背景音乐不停地循环，而 loop=3 则表示循环 3 次。

# 3.7 插入 Real 视频

| 同步视频文件 | 同步教学文件\第 3 章\3.7 插入 Real 视频.avi |
|---|---|

插入 Real 视频的具体操作步骤如下。

**Step 01** 新建文档，将文件保存在站点目录 media\rm 下，将文件名设为 rm.htm。

**Step 02** 在"常用"插入工具栏中，单击"媒体"按钮旁的下三角按钮，在打开的下拉列表中选择 ActiveX 选项，如图 3.67 所示。

**Step 03** 此时将在页面上添加一个控件，拖动控件上的句柄可以调整大小，如图 3.68 所示。

图 3.67 选择 ActiveX 选项

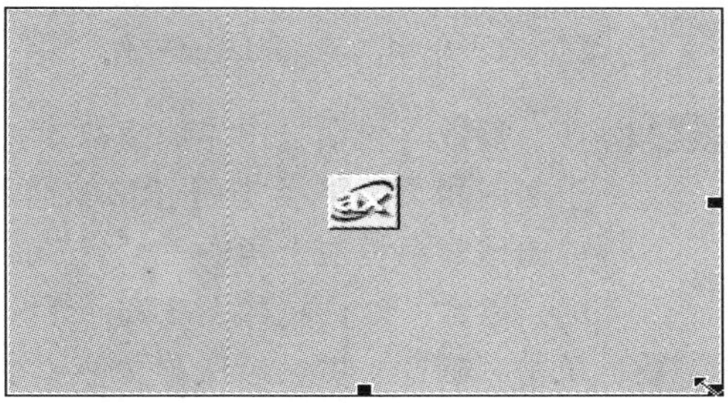

图 3.68 添加的控件

**Step 04** 选中该控件，此时的"属性"面板如图 3.69 所示。

图 3.69 ActiveX 控件"属性"面板

**Step 05** 从 ClassID 下拉列表框中，选择 RealPlayer/clsid:CFCDAA03-8BE4-11cf-B84B-0020AFBBCCFA 选项，然后选中"源文件"前的复选框，并单击其后的"浏览文件"按钮，在打开的"选择 Netscape 插件文件"对话框中，找到素材 mywebsite\media\rm 下的文件 final.rm，如图 3.70 所示，单击"确定"按钮。

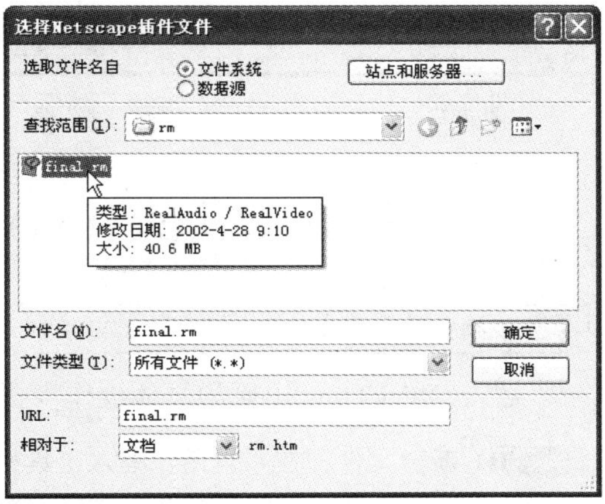

> **注意** "选择 Netscape 插件文件"对话框中的"文件类型"必须选择为"所有文件"，否则在该对话框中看不到文件 final.rm。

图 3.70 "选择 Netscape 插件文件"对话框

**Step 06** 将网页保存在和文件 final.rm 相同的目录中，然后打开该文件，此时浏览器窗口中只出现一个 RealPlayer 控件，同时给出提示信息，如图 3.71 所示。

> **注意**
>
> 如果没有出现该控件，可能是因为没有安装 RealPlayer 插件。

**Step 07** 接下来继续添加一些参数。单击"属性"面板中的"参数"按钮，将会打开"参数"对话框，如图 3.72 所示。

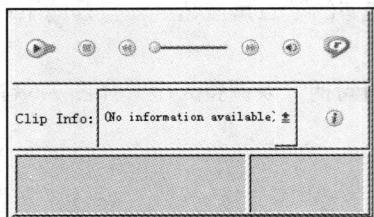

图 3.71　出现的 RealPlayer 控件　　　　　　图 3.72　"参数"对话框

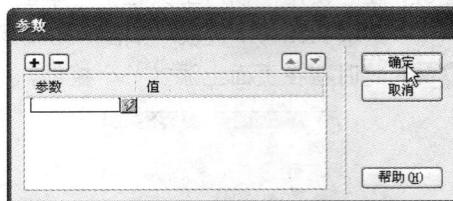

**Step 08** 在"参数"对话框中添加参数 src，然后在右侧的"值"文本框中输入 RM 文件相对于当前网页的路径，由于 RM 文件和网页位于同一个目录中，因此相对路径为 final.rm。单击该对话框左上角的"＋"按钮，添加参数 controls，设定值为 imagewindow，此时的"参数"对话框如图 3.73 所示。

**Step 09** 单击"确定"按钮后保存文件，在浏览器中就可以观看视频了，如图 3.74 所示。

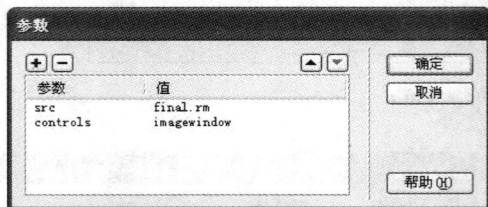

图 3.73　添加参数后的"参数"对话框　　　　图 3.74　浏览视频效果

# 3.8 　插入 QuickTime 电影

| 同步视频文件 | 同步教学文件\第 3 章\3.8 插入 QuickTime 电影.avi |
| --- | --- |

插入 QuickTime 电影的具体操作步骤如下。

**Step 01** 新建文件，在"常用"插入工具栏中，单击"媒体"按钮旁的下三角按钮，在打开的下拉列表中选择"插件"选项，将打开"选择文件"对话框。

**Step 02** 在该对话框中找到素材 mywebsite\media\mov 下的文件 mike.mov，如图 3.75 所示。

**Step 03** 单击"确定"按钮关闭该对话框。

**Step 04** 在"属性"面板中调整好插件的宽度和高度后，在"插件 URL"文本框中，输入路径 http://www. apple.com/quicktime/download/。

**Step 05** 最后保存文件并在浏览器中浏览电影，如图 3.76 所示。

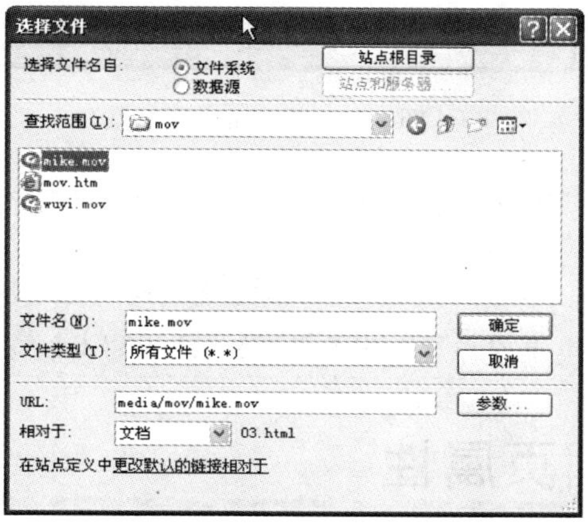

图 3.75　"选择文件"对话框

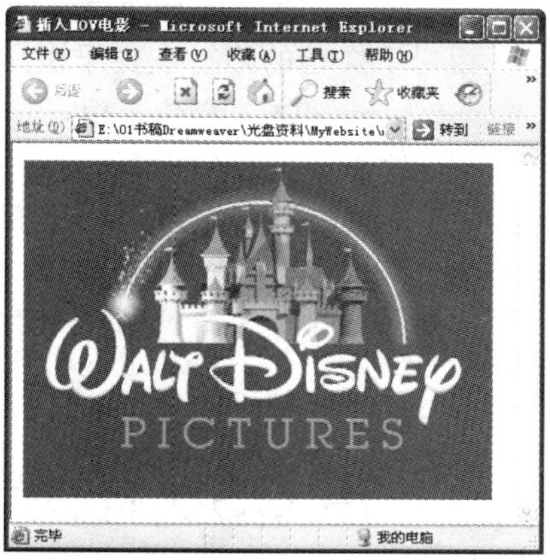

图 3.76　浏览效果

> **提示**　要浏览 MOV 电影，必须安装 QuickTime 插件。

# 3.9　插入 Java Applet

| 同步视频文件 | 同步教学文件\第 3 章\3.9 插入 Java Applet.avi |
| --- | --- |

Java 可以用来开发嵌入网页的小程序，这就是常说的 Java Applet。这里介绍使用 Dreamweaver CS5 引入 Applet 的方法。

在素材 mywebsite\media\javaapplet 中有一个 Applet 程序文件 Lake.class，它的作用是让图像产生倒影效果，如图 3.77 所示。

**Step 01** 新建文件并将其保存到 media\javaapplet 下，命名为 javaapplet.htm。

**Step 02** 在文档窗口中，将插入点放在要插入 Applet 的地方，然后在"常用"插入工具栏中，单击"媒体"按钮旁的下三角按钮，在打开的下拉列表中选择 APPLET 选项。

**Step 03** 此时将打开"选择文件"对话框，在该对话框中找到素材 mywebsite\media\javaapplet 下的文件 Lake.class。选中后单击"确定"按钮，此时页面中出现一个 Applet 小图标，如图 3.78 所示。

**Step 04** 选中后在"属性"面板上修改其宽度为 300，高度为 400（该数值由 Applet 程序引用的图像的宽度来确定）。

图 3.77　倒影效果

图 3.78　出现的 Applet 图标

**Step 05** 将图片引入 Applet 中。单击"属性"面板中的"参数"按钮，在打开的"参数"对话框中设置 image 参数，如图 3.79 所示。在左侧的文本框中输入参数 image，在右侧的文本框中输入要加入的图片相对于文档的路径，由于引用的图片 scence.jpg 和本文档位于相同的目录中，因此这里只需输入 scence.jpg。

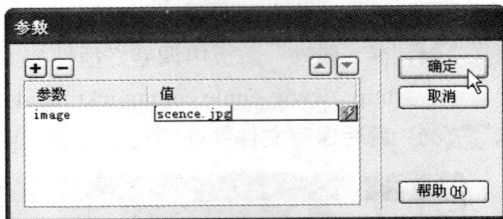

图 3.79　设置 image 参数

**Step 06** 单击"确定"按钮完成设定。保存文件后，在浏览器中打开文件就可以看到效果了。

> **提示** 如果用户使用的是 Windows XP 操作系统，默认情况下是不能正常观察到效果的，必须安装 Java 虚拟机。Java 虚拟机可以登录 Sun 官方网站（http://www.sun.com/）下载。

## *3.10*　用 CSS 样式设定网页属性

　　网页具有许多属性，如网页的标题、网页颜色、背景图片等，本节将重点介绍如何设置这些属性。

### 3.10.1　打开"页面属性"对话框

| 同步视频文件 | 同步教学文件\第 3 章\3.10.1 打开"页面属性"对话框.avi |
|---|---|

　　打开"页面属性"对话框的具体操作步骤如下。

**Step 01** 新建文档，将文件保存在站点目录 exercise\simple 中，命名为 08.htm。

**Step 02** 选择"修改"｜"页面属性"命令，或单击文本的"属性"面板中的"页面属性"按钮 ［页面属性...］，打开"页面属性"对话框，如图 3.80 所示。

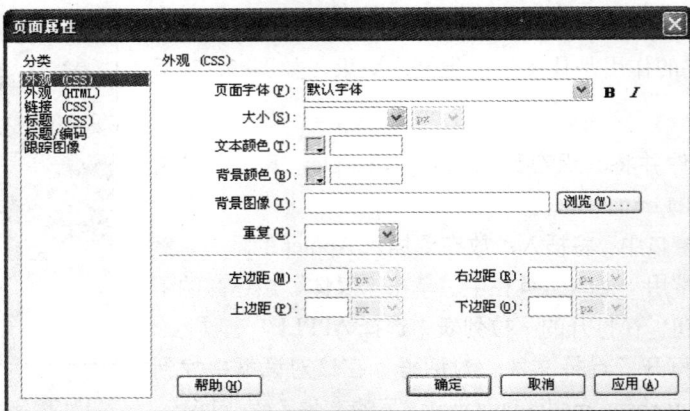

图 3.80　"页面属性"对话框

　　在该对话框中，用户可以指定页面的默认字体和字体大小、背景颜色、边距、链接样式等。

## 3.10.2 外观

在"页面属性"对话框左侧的列表中选择"外观"选项,切换到"外观"面板。

- 页面字体:用来指定网页中使用的默认字体。一旦指定了该选项,网页中的文本将以该字体进行显示,除非用户给文本专门指定了另一种字体。
- 大小:用来指定网页中默认文字的大小。
- 文本颜色:用来指定网页中默认的文本颜色。单击"文本颜色"选项后的"拾色器"按钮,在打开的拾色器中选择合适的颜色。
- 背景颜色:用来指定页面使用的背景颜色。单击"背景颜色"选项后的拾色器按钮,在打开的拾色器中选择合适的颜色。
- 背景图像:用来设置背景图像。单击"浏览"按钮,然后浏览到图像并将其选中。或者在"背景图像"文本框中输入背景图像的路径。与浏览器一样,如果图像不能填满整个窗口,Dreamweaver CS5 会平铺(重复)背景图像。若要禁止背景图像以平铺方式显示,可使用层叠样式禁止图像平铺。
- 重复:用来指定背景图像在页面上的显示方式。

  - 选择"非重复"选项将仅显示背景图像一次。
  - 选择"重复"选项可横向和纵向重复或平铺图像。
  - 选择"横向重复"选项可横向平铺图像。
  - 选择"纵向重复"选项可纵向平铺图像。

- 页边距:接下来的4个文本框可以用来调整网页内容和浏览器边框之间的空白区域。其中,"左边距"和"右边距"分别定义网页内容左侧和右侧与浏览器边框之间的空白距离,"上边距"和"下边距"分别定义网页内容顶部和底部与浏览器边框之间的空白距离。这4项默认的单位都是像素,只要在各项中填入阿拉伯数字即可。不填时,上下左右的边距默认为 10 个像素。

HTML 外观样式只影响应用它的文本和使用所选 HTML 样式创建的文本,如:

```
<Font size="+3"> <p>这里是内容</p></font>
<p>这里是第二段内容</p>
```

这里就是只能影响使用所选 HTML 样式创建的文本,而 CSS 外观不仅能使这些选择器所对应的内容生效,而且还有继承性,如:

```
<style>
P{font-size:3px}
</style>
<p>这里是内容</p>
<p>这里是第二段内容</p>
```

HTML 外观只能设置第一个套用字体的大小,而 CSS 外观两段都可以设置。

> **提示**
> 为了保证在 Internet Explorer 和 Netscape Navigator 两种浏览器中都取得一致的外观,这4项最好都要进行设置。

## 3.10.3 链接

下面给网页中的文本链接定义各种相关的属性。在"页面属性"对话框左侧的列表中选择"链接"选项，切换到"链接"面板，如图 3.81 所示。在其中可以定义的属性如下。

图 3.81 "链接"面板

- 链接字体：用来指定链接文本使用的默认字体。
- 大小：用来指定链接文本使用的默认字体大小。
- 链接颜色：用来指定应用于链接文本的颜色。
- 已访问链接：用来指定应用于访问过的链接的颜色。
- 变换图像链接：用来指定当鼠标指针位于链接上时应用的颜色。
- 活动链接：用来指定单击链接时显示的颜色。
- 下划线样式：用来指定是否在链接上增加下划线。

这里在面板上设置各选项如图 3.81 所示。

以上设置可以让网页中链接文字的颜色互相区别开，对于浏览网页会有很大帮助。比如，通过不同的链接颜色，浏览者就能把已访问过的和未访问过的链接区分开，节省了浏览者的时间。

## 3.10.4 标题

在"页面属性"对话框左侧的列表中选择"标题"选项，切换到"标题"面板，在其中可以为标题（这里指用<h1>等定义的标题文本）定义更细致的格式，如图 3.82 所示。

由于标题共有 6 级，因此需要给每级标题单独设置格式。

这些样式是分别为<h1>～<h6>标签定义的。例如，网页中的<h1>标签会自动应用名为 h1 的样式，而<h6>标签会自动应用名为 h6 的样式，依此类推。

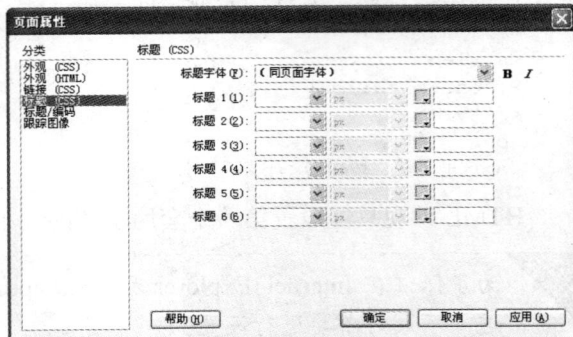

图 3.82 "标题"面板

### 3.10.5 标题/编码

在"页面属性"对话框左侧的列表中选择"标题/编码"选项，切换到"标题/编码"面板，在其中可以设置网页的字符编码。如果制作的是简体中文的网页，就应该选择"简体中文（GB2312）"，如图3.83所示。

图3.83 "标题/编码"面板

### 3.10.6 跟踪图像

在"页面属性"对话框左侧的列表中选择"跟踪图像"选项，切换到"跟踪图像"面板，如图3.84所示，它可以为当前制作的网页添加跟踪图像。在专业网站建设中，往往会由美术设计人员首先制作出网页外观的图片，这样的图像在Dreamweaver CS5中被称为"跟踪图像"。跟踪图像要和网页的大小一样，这样制作网页时就可以按照跟踪图像规划网页的布局。

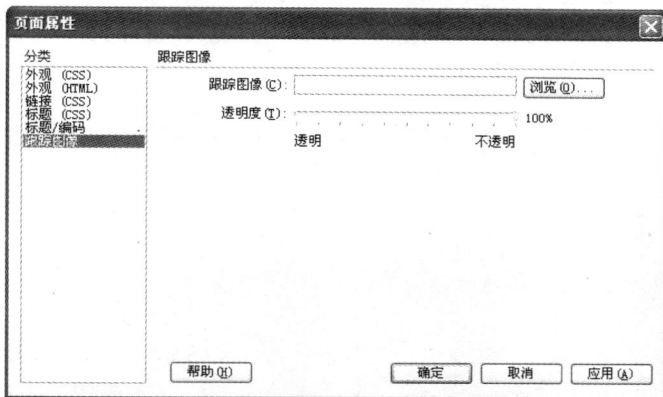

图3.84 "跟踪图像"面板

在"跟踪图像"文本框中输入跟踪图像的路径，跟踪图像就会出现在编辑窗口中。如果觉得"跟踪图像"太亮，可以拖动"透明度"上的滑块来调节跟踪图像的透明度。

> **提示** 跟踪图像不是网页的背景，并不会显示在浏览器中，因此不必专门删除它。

## 3.11 用 CSS 样式表定义网页

### 3.11.1 创建样式表

如果希望整个站点中的网页使用统一的格式，可以创建一个层叠样式表（cascading style sheet，简称 CSS），以便将创建的样式应用到整个站点中。

**Step 01** 选择"文件"|"新建"命令，打开"新建文档"对话框。在左侧列表框中选择"示例中的页"选项，然后在中间的"示例文件夹"列表框中选择"CSS 样式表"选项，再在"示例页"列表框中选择一种样式，可以通过预览框查看效果，如图 3.85 所示。

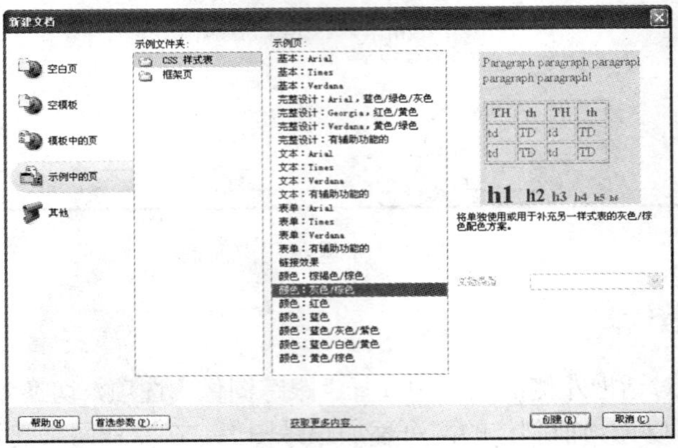

图 3.85 选择 CSS 样式表

**Step 02** 单击"创建"按钮，Dreamweaver CS5 将打开一个样式表编辑页面，如图 3.86 所示，注意其扩展名为".CSS"，而不是一般的".HTM"。当此页面被激活时，许多用于操作网页的菜单项均以灰色显示。

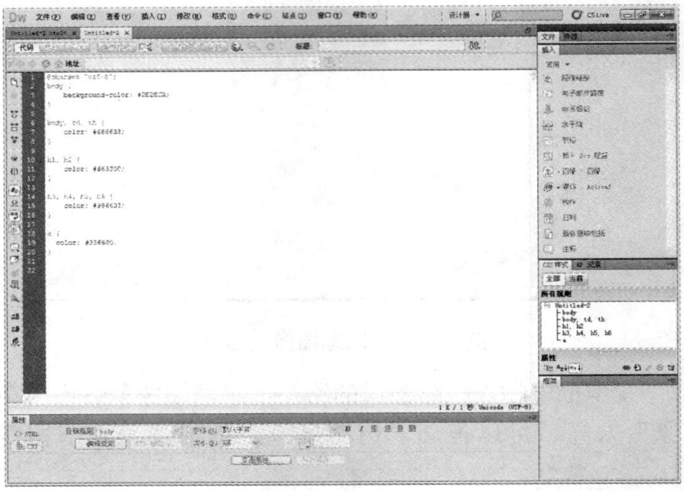

图 3.86 利用样式 CSS 表模板创建的样式表

**Step 03** 选择"文件"|"保存"命令，弹出如图 3.87 所示的"另存为"对话框。

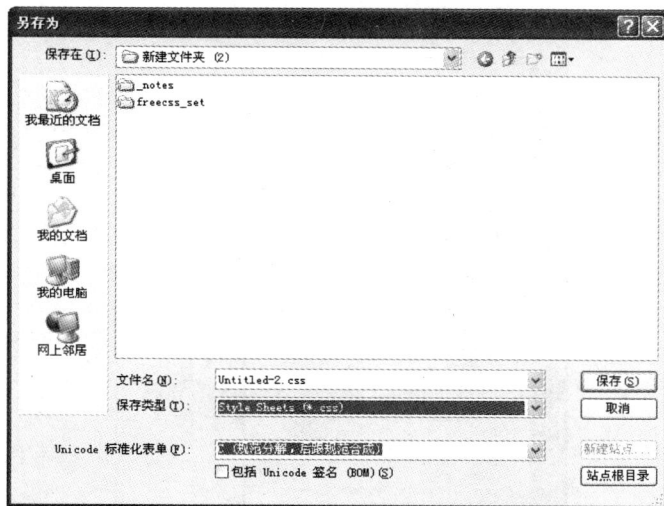

图 3.87　保存样式表文件

**Step 04** 单击"保存"按钮。如果要向样式表中添加新样式，可以选择"格式"|"CSS样式"|"新建"命令，弹出如图 3.88 所示的"新建 CSS 规则"对话框。

**Step 05** 在"选择器名称"文本框中输入新样式名，这里输入 BT1，然后在"规则定义"下拉列表框中选择"仅限该文档"选项。在"选择器类型"下拉列表框中提供了 4 种类型，这里选择第一项。

**Step 06** 单击"确定"按钮，弹出如图 3.89 所示的".BT1 的 CSS 规则定义"对话框，

图 3.88　"新建 CSS 规则"对话框

可以定义样式的属性。Dreamweaver CS5 把这些属性分成了 8 类，在该对话框左侧的"分类"列表框中选择某一类属性，然后在右侧对该类属性进行设置。

设置样式的字体、字号等属性

设置文本的颜色

设置修饰属性

**Step 07** 设置完成样式的格式后，单击"确定"按钮。此时，该样式会出现在样式表文件的编辑页面中，如图 3.90 所示。选择"文件"|"保存"命令，保存添加新样式表后的样

式表文件。

```
1   @charset "utf-8";
2   body {
3       background-color: #DEDECA;
4   }
5
6   body, td, th {
7       color: #666633;
8   }
9
10  h1, h2 {
11      color: #663300;
12  }
13
14  h3, h4, h5, h6 {
15      color: #996633;
16  }
17
18  a {
19      color: #336600;
20  }
21
22  .BT1 {
23      font-size: 10px;
24      font-style: italic;
25      line-height: normal;
26      font-weight: bold;
27      font-variant: normal;
28      text-transform: uppercase;
29      color: #069;
30      text-decoration: underline overline;
31  }
32
```

图 3.90　创建的样式出现在样式表文件的编辑页面中

## 3.11.2　应用样式表

**Step 01** 打开要应用样式表的网页，如图 3.91 所示。

图 3.91　打开要应用样式表的网页

**Step 02** 选择 "格式" | "CSS 样式" | "附加样式表" 命令，弹出如图 3.92 所示的对话框。单击 "浏览" 按钮，在弹出的对话框中选择一个样式表。

**Step 03** 单击 "确定" 按钮，会发现网页的样式已经发生改变，如图 3.93 所示。

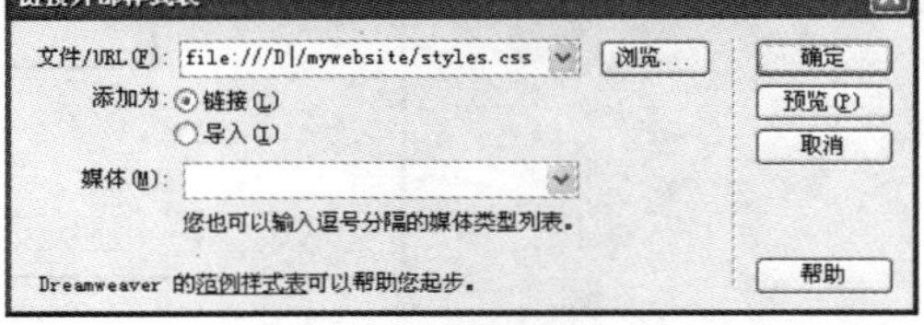

图 3.92　"链接外部样式表" 对话框

图 3.93 加入样式表后的网页效果

# 3.12 上机实训——设计"艺术展"首页

（1）在站点目录 mysamplesite\best 中，新建网页文件 index.htm。

（2）分别练习用 CSS 样式和 HTML 来设定网页的属性。

（3）在文档中添加文本和图像（图像在素材目录 mysamplesite\images 文件夹中），效果如图 3.94 所示（最终效果请参见素材目录 mysamplesite\best 下的文件 index.htm）。

图 3.94 在文档中添加文本和图像

（4）在站点 mysamplesite 的各个一级目录下，新建网页文件 index.htm；在一级目录 best 中新建文件 best1.htm、best2.htm、best3.htm、best4.htm；在一级目录 fashion 下新建文件 fashion01.htm、fashion02.htm、fashion03.htm、fashion04.htm。

# 第4章

# 超级链接

超级链接是网站的灵魂，因此掌握超级链接的基本概念和创建方法，是学习网页制作非常重要的一步。在前面的章节中，我们对超级链接已经有所了解，本章将会进行更加详细的介绍。

学习目标：学完本章后，应理解绝对地址与相对地址的区别，能够熟练地添加链接，创建锚记链接，还应会建立热点链接。

## 本章知识点

◎  文件地址

◎  添加链接

◎  锚记链接

◎  热点链接

◎  为"艺术展"首页添加链接

| | |
|---|---|
| 源文件 (S) | site/images/img5.jpg  替换 (T) |
| 链接 (L) | 编辑 |
| 目标 (R) | 浏览文件 |
| 原始 | 对齐 (A) |

**创建静态页**

本教程介绍如何在 macromedia dreamweaver CS5 中创建和保存页，然后向页添加文本、图像和颜色。开始学习本教程之前，请遵循快速设置站点中的文字说明设置站点。

本教程包含以下l课程。
· l打开并保存新页
· 设置页标题
· 添加具有样式的文本
· 添加图像
· 设置背景颜色

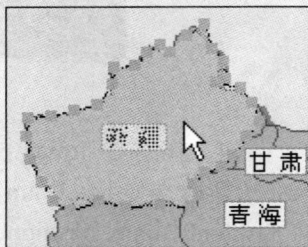

甘肃

青海

## *4.1* 文件地址

### 1. 绝对地址

如果要创建一个外部链接，就不可避免地要使用一个绝对 URL 地址。

绝对 URL 是指某个文件在网络上的完整路径，包括协议、Web 服务器、路径和文件名等。简单地说，如果是在浏览器地址栏中直接输入就能访问的文件地址，就可以看做是绝对地址。例如，http://www.pku.edu.cn/地址就是绝对地址。

当然，用户可以在内部链接上使用绝对地址，但这样做有可能出现的问题是，一旦网站所采用的域名发生改变，这些绝对地址必须逐个进行修改。因此，在站点内部不推荐使用绝对地址，而应该选择更加灵活的相对地址。

### 2. 相对地址

相对地址可以分为两类：文件相对地址和根目录相对地址。

**（1）文件相对地址**

文件相对地址是描述某个文件（或文件夹）相对于另一个文件（或文件夹）的相对位置。即使站点根目录位置发生了改变，这种形式的地址也不会受到任何影响。也就是说，当站点的域名或网站的根目录发生改变时，站点内所有使用文件相对地址的链接都不会出现问题。

除此之外，还有一点也是非常重要的。当在站点管理器内进行文件的重命名、文件和文件夹的移动等操作时，用文件相对地址创建的链接都会动态地进行更新。

图 4.1 中所示的是某个站点的目录结构，下面以这个站点中的文件为例，说明文件相对地址的书写方法。

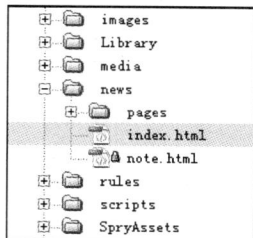

图 4.1　站点目录结构

- 如果要创建从站点根目录的 index.htm 到 top.htm 的链接，链接地址应是链接目标的文件名 top.htm。
- 如果要创建从 top.htm 到 news 目录中的 index.htm 的链接，链接地址应是 news/index.htm。
- 如果要创建从 news 目录下的 index.htm 到站点根目录下的 top.htm 的链接，链接地址应是../top.htm。类似地，如果要创建从 pages 目录下的 news001.htm 到 top.htm 的链接，链接地址应是../../top.htm。
- 如果要创建从 news001.htm 到 about 目录下的 index.htm 的链接，链接地址应是../../about/index.htm，也就是要先向上后退两级目录，再向下一级目录找到要链接的网页。

**（2）根目录相对地址**

如果要创建的是内部链接，用户还可以选择根目录相对地址，这种地址在动态网页编写时用得比较多，但如果只是静态的网页，不推荐使用这种地址形式。

根目录相对地址的书写形式比较简单，首先以一个向右的斜杠开头，用它代表根目录，然后再书写文件夹名，最后书写文件名。例如，要创建到 news001.htm 的链接，任何文件中的链接地址都可以书写为/news/pages/new001.htm。

根目录相对地址与文件相对地址不同，文件相对地址利用的是文件之间的相对关系，而根目录相对地址利用的是文件与根目录的关系。也就是说，在链接/news/pages/news001.htm 中，根目录相对地址和链接目标文件 top.htm 的位置是没有关系的。

但是根目录相对地址只能由网站服务器软件来解释，所以在硬盘目录中打开一个带有根目录相对地址链接的网页时，上面的所有链接将是无效的。这是因为在硬盘目录中不存在站点根目录，而只有文件夹。要想正确查看网页中的链接，就需要将网页上传到服务器上或将网页用网站服务器软件发布出来，然后用浏览器访问该页面。

## *4.2* 添加链接

| 同步视频文件 | 同步教学文件\第 4 章\4.2 添加链接.avi |
| --- | --- |

当站点访问者单击超级链接时，目标将显示在 Web 浏览器中，并根据目标的类型来运行或打开。这个目标通常是另一个 Web 页，但也可以是一幅图片、一个多媒体文件、一个 Microsoft Office 文档、一个电子邮件地址或者一个程序。

超级链接分为内部链接与外部链接，它们是相对站点目录而言的。如果单击链接后访问的是站点目录内的文件，这样的链接就是内部链接；相反，如果单击后访问的是站点目录之外的文件，这样的链接就被称为外部链接。

### 4.2.1 添加外部链接

链接的载体一般为文字或图片，首先看看如何在文本上添加链接。

**Step 01** 在首页中输入文本"北京大学"，然后选中文本。

**Step 02** 在"属性"面板的"链接"文本框中输入北大的网址 http://www.pku.edu.cn，如图 4.2 所示。

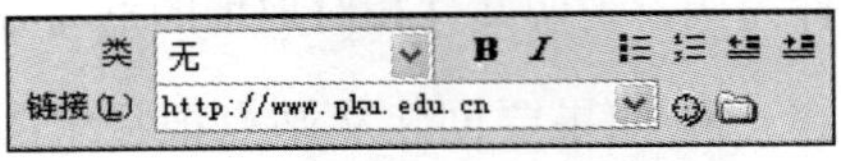

图 4.2 "属性"面板的"链接"文本框

> 注意 http://不可以省略，否则浏览器会把此 URL 地址当做本地连接。

此时将在选中的文字上添加链接，如图 4.3 所示。

**Step 03** 保存文件后单击该链接，将会打开浏览器访问北大网站的首页。

**Step 04** 如果希望在单击链接后，能够打开一个新窗口来显示北大网站首页，就需要给链接添加"目标"属性。选中链接文本，在"属性"面板的"目标"下拉列表框中选择"_blank"选项，如图 4.4 所示。

北京大学

图 4.3 添加链接后的文本

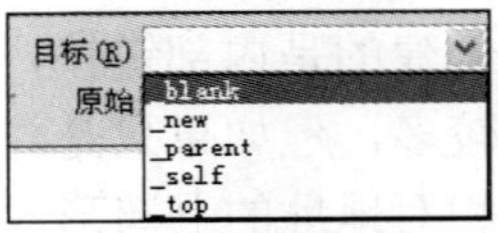

图 4.4 "目标"下拉列表框

对应代码如下：

```
<a href="http://www.pku.edu.cn" target="_blank">北京大学</a>
```

"目标"下拉列表框中共有 5 个选项可供选择，这 5 个选项的作用分别如下。

- 如果选择"_blank"选项，表示单击链接后，将在新的浏览器窗口中打开链接的网页。
- 如果选择"_new"选项，表示单击链接后，将始终在同一新浏览器窗口中打开链接的网页。
- 如果链接文本所在的网页是嵌套框架中的一部分，选择"_parent"选项后，链接的网页将会在父框架中打开；如果不是在嵌套框架中，就会在整个浏览器窗口中显示链接的网页。
- 如果选择"_self"选项，将在当前网页所在的窗口或框架中打开链接的网页。该选项是浏览器的默认值。
- 如果选择"_top"选项，将在浏览器窗口中打开网页。

同样，如果要在图片上创建链接，可以先选中图像，然后在"属性"面板的"链接"文本框中输入链接的地址。

## 4.2.2 添加内部链接

在 Dreamweaver CS5 中创建内部链接的方法主要有两种：一种是通过选择文件的方式，另一种是通过拖放定位图标的方式。

### 课堂实训 4.1 以选择文件方式添加内部链接

**Step 01** 选中要添加链接的文本或图像，如图 4.5 所示。在"属性"面板上单击"链接"文本框后的"浏览文件"按钮，如图 4.6 所示。

新闻内容

图 4.5 选中要添加链接的文本

图 4.6 单击"浏览文件"按钮

**Step 02** 此时将打开"选择文件"对话框，在其中找到要链接的网页文件。这里选择素材 mywebsite\news 下的文件 index.htm，如图 4.7 所示。

**Step 03** 在添加链接时，可以选择文件地址的类型。如果想使用文件相对地址创建链接，可以在"选择文件"对话框的"相对于"下拉列表框中选择"文档"选项；如果想使用根目录相对地址，可以在"相对于"下拉列表框中选择"根目录"选项。

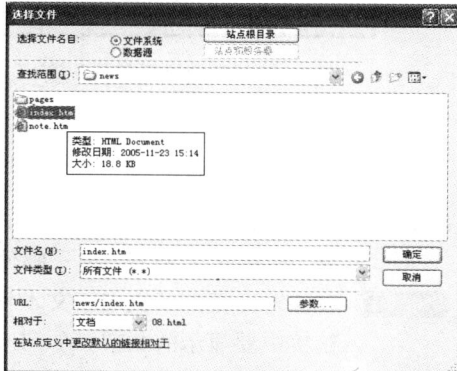

图 4.7 "选择文件"对话框

注意

链接的网页或文件必须位于本地站点中，不可以在硬盘中随意选取。

### 课堂实训 4.2　以拖放定位图标方式添加内部链接

**Step 01** 首先在 Dreamweaver CS5 中打开要添加链接的网页，并选中要添加链接的文字或图像。同时，在"文件"面板上展开要链接的文件所在的目录。

**Step 02** 在"属性"面板上按住链接定位图标🔘不放，然后将其拖动到要链接的网页文件图标上，如图 4.8 所示。

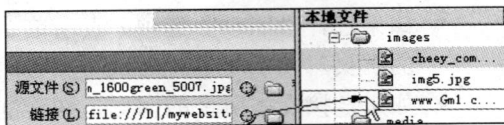

图 4.8　拖动链接定位图标

**Step 03** 松开鼠标后，要链接网页的地址就会出现在"属性"面板的"链接"文本框中。

## 4.2.3　添加 E-mail 链接

E-mail 链接是连接到 E-mail 地址的链接。如果用户设置了邮件软件，如 Outlook、Outlook Express 等，在浏览器中单击 E-mail 链接会自动打开"新邮件"窗口，如图 4.9 所示。

**方法 1**

添加 E-mail 链接最直接的方法是，在选中文本或图像后，在"属性"面板的"链接"文本框中输入以下形式的链接地址 mailto:feedback@pku.edu.cn，其中 feedback@pku.edu.cn 是 E-mail 的接收地址，如图 4.10 所示。

图 4.9　打开的"新邮件"窗口

图 4.10　输入邮件链接地址

**方法 2**

通过"插入"工具栏也可以插入 E-mail 链接。

**Step 01** 在"常用"插入工具栏中单击"电子邮件链接"按钮 🔲，打开"电子邮件链接"对话框。

**Step 02** 在该对话框的"文本"文本框中填写 E-mail 链接中要显示的文字，在"E-mail"文本框中填写相应的 E-mail 地址，如图 4.11 所示。

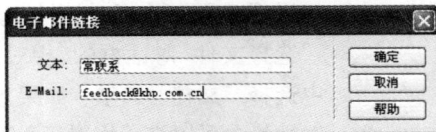

图 4.11　设定 E-mail 链接

# *4.3* 锚记链接

| 同步视频文件 | 同步教学文件\第4章\4.3 锚记链接.avi |
|---|---|

如果某个网页中的内容很多，页面就会变得很长，这样在浏览时就需要不停地拖拉滚动条，使浏览者看起来很不方便。如果此时能在该网页中（或其他网页中）创建一个目录，浏览者只需单击目录上的项目，就能跳到网页相应的位置上，如图4.12所示，这样就会很方便。而要实现这样的效果，就需要用到锚记链接。

**创建静态页**

本教程介绍如何在 macromedia dreamweaver CS5 中创建和保存页，然后向页添加文本、图像和颜色。开始学习本教程之前，请遵循快速设置站点。

本教程包含以下课程

· 打开并保存新页
· 设置页标题
· 添加具有样式的文本
· 添加图像
· 设置背景颜色

图4.12　锚记链接

## 4.3.1 网页内部的锚记链接

**课堂实训 4.3　创建网页内部锚记链接**

**Step 01** 添加命名锚记。打开素材目录 mywebsite\exercise\links\02.htm 文件，将光标放在第 1 部分的标题文本（即"一、打开并保存新页"）前，然后在"常用"插入工具栏中单击"命名锚记"按钮⚓，打开"命名锚记"对话框，在其中输入命名锚记的名称，这里输入 open，如图4.13所示。

**Step 02** 单击"确定"按钮后，在光标所在的位置上就会出现一个命名锚记图标，如图4.14所示。

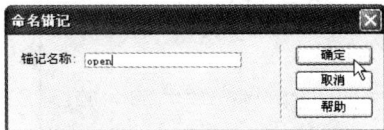

图4.13　"命名锚记"对话框

# 一、打开并保存新页

图4.14　插入的命名锚记

**Step 03** 修改命名锚记。选中该图标，在"属性"面板上就会显示出该锚记的名称。如果要修改该名称，可以直接在"名称"文本框中输入新的名称，如图4.15所示。

图4.15　命名锚记的属性

**Step 04** 创建到命名锚记的链接。选中目录列表中的文本"打开并保存新页"，如图4.16所示。在"属性"面板上的"链接"文本框中输入链接地址"#open"，该地址以"#"号开头，并在其后加上锚记的名称，如图4.17所示。

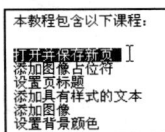

图4.16　选中文本

图4.17　添加锚记链接

也可以将"属性"面板上的链接定位图标拖动到网页中的锚记图标上，此时"#"和锚记的名称会自动加入到"链接"文本框中，如图 4.18 所示。

用同样的方法创建其他几个锚记链接，然后将文件保存起来。浏览该网页并单击网页开始处的锚记链接，就可以跳到网页中的相关位置上。

**Step 05** 创建返回顶部的链接。浏览者利用锚记链接浏览了下面的内容后，如果想返回页面顶端，同样需要使用锚链接。为了方便浏览，这里可以在网页顶端添加一个命名锚记，命名为 top，如图 4.19 所示。

**Step 06** 在网页中每一部分内容的末尾输入文本"返回顶部"，并在文本上添加返回页面顶端的链接，如图 4.20 所示。

图 4.18　拖动链接定位图标创建链接　　图 4.19　顶部的命名锚记　　图 4.20　返回页面顶端的锚记链接

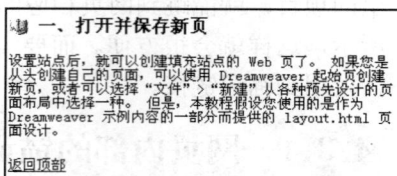

**Step 07** 保存并浏览该网页，单击其中的链接文本"返回顶部"，就可以返回到页面顶端。

## 4.3.2　页面之间的锚记链接

下面，我们看看如何在其他网页中创建能跳转到该网页中的锚记链接。

**Step 01** 首先新建文档，然后在其中输入一些目录文本，如图 4.21 所示。

图 4.21　目录文本

**Step 02** 选中其中的文本"打开并保存新页"，然后在"属性"面板上单击"链接"文本框后的"浏览文件"按钮，在打开的对话框中找到素材目录 mywebsite\exercise\links 下要链接的文件 02.htm，此时选中网页的地址就出现在"链接"文本框中，如图 4.22 所示。

**Step 03** 在已输入的路径后面添加"#"号和命名锚记的名称，如图 4.23 所示。

图 4.22　"链接"文本框　　　　　　图 4.23　修改链接

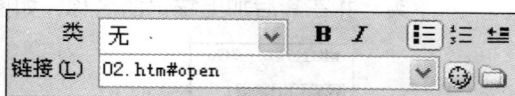

**Step 04** 保存并浏览该文件，单击其中的链接就能打开指定的网页，并跳转到指定的位置上。

# 4.4 热点链接

| 同步视频文件 | 同步教学文件\第4章\4.4 热点链接.avi |
| --- | --- |

有时候我们希望能在图像的某个区域上添加链接，而在其他部分添加其他链接或不添加任何链接。要做到这一点，就需要用到热点链接。

热点链接就是利用 HTML 语言在图片上定义一定形状的区域，然后给这些区域加上链接，这些区域被称为热点。

图 4.24 中显示的是一张中国地图的局部，我们希望单击其中的直辖市名称"北京"后，就能打开北京的政府门户网站 www.beijing.gov.cn。下面来完成这个实例。

**Step 01** 新建文件，将文件保存在站点目录 exercise\simple 下，命名为 08.htm。在打开的编辑窗口中插入素材目录 mywebsite\images 下的图片文件 chinamap.gif，如图 4.25 所示。

图 4.24 中国地图（局部）　　　　　图 4.25 插入的图片

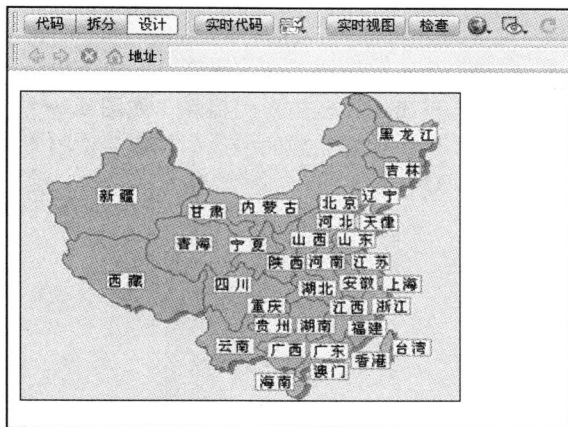

**Step 02** 选中图片后，在"属性"面板上可以看到有 3 个分别绘制矩形、椭圆形、多边形热点的工具，如图 4.26 所示。

**Step 03** 选中其中的矩形热点工具，然后在要绘制热点的位置上按住鼠标左键并拖动鼠标，就会创建出一个热点区域，如图 4.27 所示。

图 4.26 "属性"面板上绘制热点的工具　　　　　图 4.27 创建热点

**Step 04** 如果热点的位置不对，可以用图像"属性"面板上的指针热点工具，拖动该热点区域到合适的位置上；如果觉得热点的大小不合适，可以先单击选中该热点，然后按住热点上的控制句柄拖动到合适的位置。

**Step 05** 用指针热点工具选中热点，"属性"面板上就会出现相应的属性。在"链接"文本框中输入单击该热点后要打开的文件地址，这里输入网址 http://www.beijing.gov.cn，然

后在 "目标" 下拉列表框中选择 "_blank" 选项，在 "替换" 文本框中输入 "北京政府门户网站"，如图 4.28 所示。

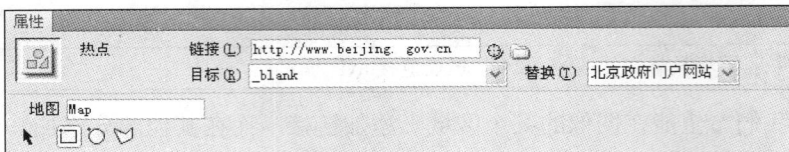

图 4.28　设置热点的属性

**Step 06** 保存并单击其中的链接就能打开指定的网页，并跳转到指定的位置上。

椭圆形热点工具的使用方法和矩形热点工具类似，这里不再专门举例说明。

### 课堂实训 4.4　创建多边形热点链接

如果用户希望在单击 "新疆" 所在的任何位置时，都会打开链接的网页，就需要用到多边形热点工具。

**Step 01** 选中图像后，在 "属性" 面板上单击多边形热点工具，然后在新疆的地图边界上连续单击创建多边形的热点，如图 4.29 所示。

**Step 02** 选中绘制完成的多边形热点，如图 4.30 所示，然后在 "属性" 面板上修改热点的各项属性即可。

图 4.29　创建多边形的热点

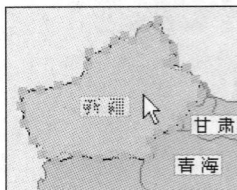

图 4.30　完成的多边形热点

**提示** 一般而言，热点链接适合图像不是很好分割的情况，例如上面提到的地图。如果切割出的图像比较规则，还是建议先将图像切割为矩形，然后在单个图像上做链接。

## *4.5*　上机实训——为 "艺术展" 首页添加链接

（1）在 Dreamweaver CS5 中打开素材目录 mysamplesite\best 下的文件 index.htm，然后给文本 "返回首页" 添加链接，链接到站点根目录下的 index.htm 中。

（2）在图片上添加热点链接，如图 4.31 所示。

图 4.31　添加热点链接

# 第5章

# 使用表格

表格在网页中具有举足轻重的地位，它最大的作用是网页排版。因为网页中没有像 Word 那样的分栏和图文混排功能，因此能够自由拆分的表格就显得尤为重要。

学习目标：学完本章后，应能熟练地在网页中插入表格，设置表格和单元格的属性，调整表格结构，设置细线边框表格和圆角表格等。只有熟练这些操作，才能制作出美观大方的网页。

## 本章知识点

- ◎ 插入表格
- ◎ 选择表格对象
- ◎ 表格的属性
- ◎ 调整表格结构
- ◎ 设置单元格属性
- ◎ 嵌套表格
- ◎ 导入表格化数据
- ◎ 设置单元格的背景
- ◎ 表格数据排序
- ◎ 细线边框表格
- ◎ 水平细线
- ◎ 圆角表格
- ◎ "艺术展"页面的布局

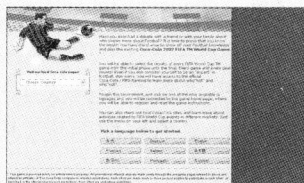

# 5.1 插入表格

| 同步视频文件 | 同步教学文件\第 5 章\5.1 插入表格.avi |
|---|---|

将光标放在要插入表格的地方，在"常用"插入工具栏中单击"表格"按钮 ，此时将打开"表格"对话框，如图 5.1 所示。

### 1. 表格大小

"表格大小"选项组中各项参数的含义如下。

- 行数：确定表格具有的行数目。
- 列数：确定表格具有的列数目。
- 表格宽度：以像素为单位或按占浏览器窗口宽度的百分比指定表格的宽度。
- 边框粗细：指定表格边框的宽度（以像素为单位）。
- 单元格边距：确定单元格边框和单元格内容之间的像素数。
- 单元格间距：确定相邻的单元格之间的像素数。

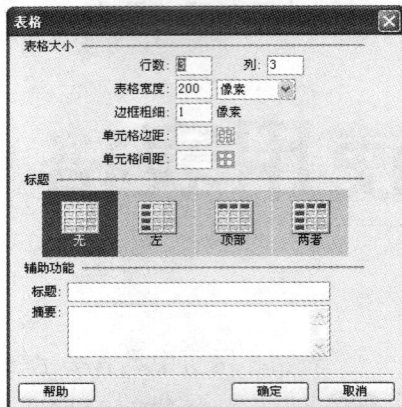

图 5.1 "表格"对话框

> **提示** 如果用户没有明确指定"边框粗细"的值，则大多数浏览器按"边框粗细"为 1 显示表格。若要不显示表格边框，则必须将"边框粗细"设为 0。

> **注意** 如果用户没有明确指定"单元格间距"和"单元格边距"的值，则大多数浏览器按"单元格边距"为 1、"单元格间距"为 2 显示。若要不显示表格中的边距和间距，则必须将"单元格边距"和"单元格间距"设为 0。

这里设置"表格大小"选项组的各项参数如图 5.2 所示。单击"确定"按钮后，将在文档窗口中出现如图 5.3 所示的表格。

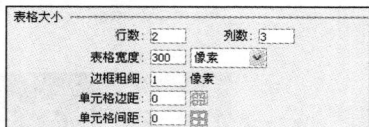

图 5.2 设定各选项的数值

图 5.3 插入的表格

### 2. 标题与辅助功能

在"标题"选项组中可以指定"标题"在表格中的位置，而"辅助功能"选项组可以指定"标题"文本和表格的"摘要"。

在"表格"对话框的"标题"选项组中选择"顶部"，在"标题"文本框中输入"联系方式"，在"摘要"文本框中输入"北大资产管理部的联系方式"，如图 5.4 所示。

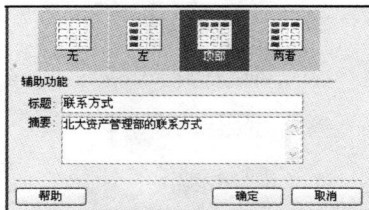

图 5.4 设置标题和辅助功能

单击"确定"按钮后，生成的表格外观与上面的表格相比，上方多了标题文字"联系方式"，如图 5.5 所示。

如果在表格的第 1 行中输入文字，就会发现单元格中的文字自动加粗并居中显示，如图 5.6 所示。

| 联系方式 | | |
|---|---|---|
| | | |

图 5.5　加了标题文字

| 联系方式 | | |
|---|---|---|
| 姓名 | 电话 | 邮件地址 |
| | | |

图 5.6　输入文本后的表格

这是因为第 1 行中的单元格被定义成了一种特殊的单元格——表头。表头中的文本会被自动加粗并居中。

## 5.2　选择表格对象

表格有几个重要的元素，首先是表格整体，其次是单元格，另外还有行和列。图 5.3 中的小格子就是单元格。水平方向上的一排单元格构成一行；垂直方向上的一排单元格构成一列。

### 1. 选择表格

如果需要修改插入表格的属性，就必须先选中表格。单击表格的边框即可选中表格。

### 2. 选择单个单元格

将光标定位在目标单元格内，然后在标签选择器中单击<td>标签即可。

### 3. 选择整行或整列

（1）选择整行

如果从一行的第一个单元格开始向右拖动鼠标到最后一个单元格，整行将会被选中。或者将鼠标指针放在一行的左侧边框上，当选择行的图标出现时，单击鼠标也可选中该行。

（2）选择整列

如果从一列的第一个单元格开始向下拖动鼠标到最后一个单元格，整列将会被选中。或者将鼠标指针放在一列的顶部边框上，当选择列的图标出现时，单击鼠标也可选中该列。

选中行或列后，可以通过"属性"面板调整整行或整列的属性。行、列和单元格的"属性"面板完全相同，只是应用属性的单元格范围不同而已。

### 4. 选择相邻的多个单元格

用鼠标选中开始的单元格，然后拖动鼠标，就可以选中相邻的多个单元格。

### 5. 选择不相邻的单元格

按住 Ctrl 键，用鼠标单击要选中的单元格，可以选中任意多个不相邻的单元格。

# 5.3 表格的属性

选中插入的表格，"属性"面板就会显示表格的属性，如图 5.7 所示。

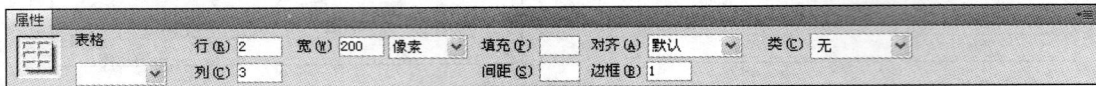

图 5.7 表格的"属性"面板

在"属性"面板中可以调整表格的各种属性。

### 1. 表格名称

在"表格"文本框内可以给表格起名，该名称只有在涉及编程时才会使用到，一般都不需指定。

### 2. 行和列

"行"和"列"两个文本框中显示的是选中表格的行数和列数。插入表格之后，仍然可以修改这两项的数值来改变行数或列数。

### 3. 宽

"宽"文本框中显示的是表格的宽度。设置数值前可以在旁边的下拉列表框中设置单位，可选择的单位有像素和百分比。

除了直接输入数值外，拖放鼠标也可以调整表格的宽度。当要调整宽度时，首先选中表格，此时表格边框上出现 3 个控制点，如图 5.8 所示。此时将鼠标指针置于控制点上，当出现双向的小箭头时，按下鼠标左键拖动边框到想要的位置即可。

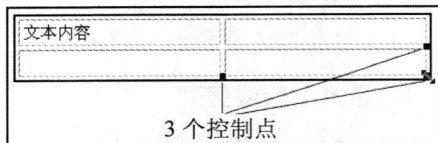

图 5.8 拖动鼠标调整表格大小

> **注意** 实际操作中最好不要采用这种办法，因为拖动的时候会给表格中的每个单元格都设置一个高度和宽度，这很可能引起高度或宽度的冲突问题。

### 4. 边框

当设置表格边框的大小时，可以直接在"边框"文本框中输入边框的宽度值。一般用来布局的表格边框宽度都设为 0，此时表格边框在 Dreamweaver CS5 中以虚线显示，这样的表格在浏览器中是不会显示的。

### 5. 填充和间距

单元格填充指单元格中的对象与表格边框间的距离；单元格间距指单元格之间的距离。

图 5.9 中单元格边框之间的白色区域为单元格间距，文字和黑边之间的距离就是单元格填充。

| 一月 | 二月 | 三月 |
| --- | --- | --- |
| 1000 | 2000 | 3000 |

图 5.9 单元格填充和单元格间距

### 6. 对齐

利用表格的"对齐"属性，可以设置表格的水平对齐方式。"对齐"属性可以有 3 个值：左对齐、右对齐和居中对齐，其中最常用的是居中对齐，利用它可以将表格居中到整个页面的中央。

在商业页面中，为了让不同分辨率下的浏览器都能正常显示网页，常用的方式是将内容放在 800×600 分辨率下能正常浏览的表格内，然后将表格居中。当然，最好是给网页设置一个漂亮的背景图片或背景颜色。

如果不将表格居中，页面中心会明显靠到左边，让人看了很不舒服，如图 5.10 所示。如果将所有的外部表格都集中到页面中，页面中心将回到网页中心，让人看了感觉比较舒畅，如图 5.11 所示。

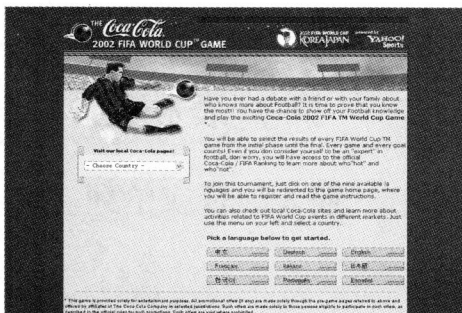

图 5.10　网页内容重心偏左　　　　　图 5.11　表格居中时要好看得多

### 7. 背景颜色和背景图像

在表格的标签编辑器中可以设置表格的特殊属性。打开标签编辑器的方法是：选中表格按快捷键 Shift+F5。

（1）背景颜色

单击"背景颜色"后的色块，打开拾色器，在其中选择一种颜色后，表格的背景色就会相应地发生改变。

（2）背景图像

单击"背景图像"后的"浏览文件"按钮，将打开"选择图像源文件"对话框。当选中图片后，单击"确定"按钮，表格背景就会加上背景图片。

### 8. 边框颜色

设置表格边框颜色的方法和设置背景颜色一样。

---

**课堂实训 5.1　利用表格的单元格填充空白**

| 同步视频文件 | 同步教学文件\第 5 章\课堂实训 5.1 利用表格的单元格填充空白.avi |

**Step 01** 插入一个 1 行 1 列的表格，在其中输入一些文本，如图 5.12 所示。

- 日常行政工作 [综合办公室]
- 全校房地产产权管理 [综合办公室]
- 公用房（教学、科研、办公）分配与管理 [房地产管理办公室]
- 家属用房（非售房）分配与管理 [房地产管理办公室]
- 教工集体宿舍分配与管理 [房地产管理办公室]

图 5.12　表格中的文本

**Step 02** 此时的文本和表格边框紧密地贴在一起，如果要将它们稍微分开一点，可以在选中表格后，用"属性"面板调整表格的"填充"值为 5 像素，如图 5.13 所示。

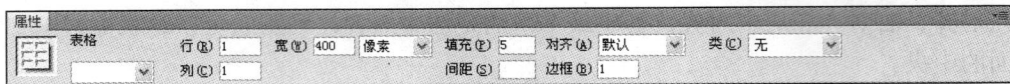

图 5.13　修改单元格填充

此时的内容就会和表格分离开，如图 5.14 所示。

- 日常行政工作 [综合办公室]
- 全校房地产产权管理 [综合办公室]
- 公用房(教学、科研、办公)分配与管理 [房地产管理办公室]
- 家属用房(非售房)分配与管理 [房地产管理办公室]
- 教工集体宿舍分配与管理 [房地产管理办公室]

图 5.14　内容和表格分离开

# *5.4*　调整表格结构

## 5.4.1　插入单行或单列

### 1．插入单行

将光标置于表格中希望插入行的位置，然后单击鼠标右键，在打开的快捷菜单中选择"表格"|"插入行"命令，如图 5.15 所示。

此时将在当前单元格的上方插入一个新行。

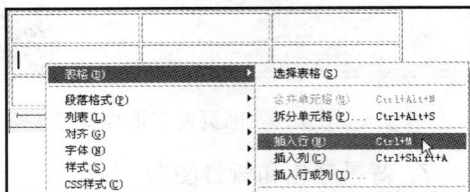

图 5.15　插入行

### 2．插入单列

如果选择"表格"|"插入列"命令，就插入一个新列，而且新列位于光标所在列的左侧。

## 5.4.2　插入多行或多列

插入多行或多列的具体操作步骤如下。

**Step 01** 将光标置于表格中希望插入行或列的位置，然后单击鼠标右键，在打开的快捷菜单中选择"表格"|"插入行或列"命令，将打开"插入行或列"对话框，如图 5.16 所示。

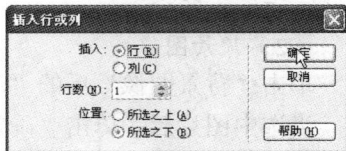

图 5.16　"插入行或列"对话框

**Step 02** 如果用户在"插入"选项组中选中"行"单选按钮，在"行数"文本框中输入数值 3，在"位置"选项组中选中"所选之下"单选按钮，单击"确定"按钮后，就能在光标所在的单元格之下插入 3 行。

## 5.4.3　删除行或列

将光标置于要删除的行或列中的任意一个单元格内，然后单击鼠标右键，在打开的快捷菜单中选择"表格"|"删除行"或者"删除列"命令即可。

### 5.4.4 单元格的拆分与合并

从整体而言，表格的拆分与合并非常重要。正因为表格能够合并和拆分，所以才能实现很多复杂的布局。

**1. 单元格的拆分**

**Step 01** 将光标置于要拆分的单元格中，然后单击"属性"面板上的"拆分单元格为行或列"按钮，此时将打开"拆分单元格"对话框，如图 5.17 所示。

**Step 02** 在打开的对话框中可以选择要拆分成行还是列，以及拆分出的单元格的数量。

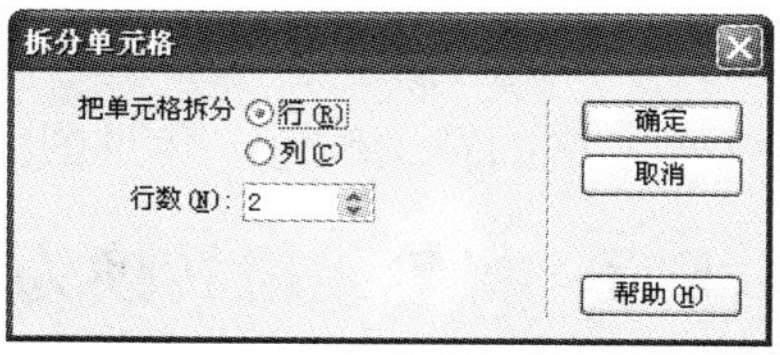

图 5.17 "拆分单元格"对话框

**2. 单元格的合并**

选择要合并的单元格（当然，这些单元格必须是相邻的），然后单击表格"属性"面板上的"合并所选单元格，使用跨度"按钮，选中的单元格就会合并成一个单元格。

> **注意**　在排版时，表格插入的行数和列数最好多一点，然后使用合并方式实现表格结构。由于一次只能拆分一个单元格，因此采用拆分的方法要麻烦一些。

# 5.5　设置单元格属性

## 5.5.1 设置单元格宽度和高度

单元格宽度和高度的调整方法与表格类似。

**Step 01** 将光标放在单元格中，此时"属性"面板显示的是单元格的属性，如图 5.18 所示。

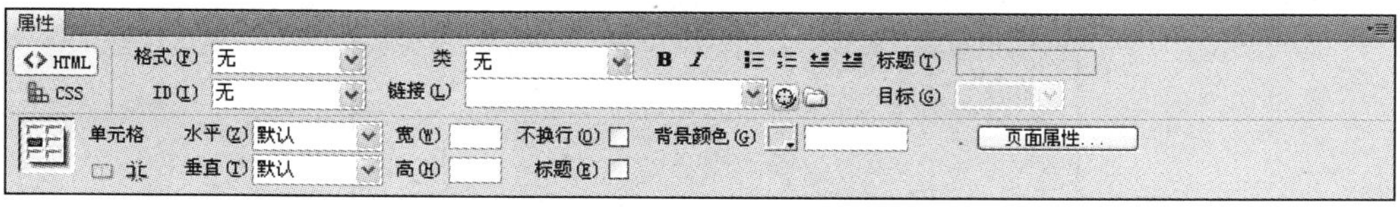

图 5.18 单元格的"属性"面板

**Step 02** 在"属性"面板中的"宽"和"高"文本框中分别输入数值 200 和 50，调整表格的宽度和高度。

由最后的效果可以看出，调整某个单元格的高度时，同行的单元格高度同时发生变化；调整某个单元格的宽度时，同列的单元格宽度同时发生变化。也就是说，没有必要给每行或者每列都设置宽度和高度。

## 5.5.2 设置单元格对齐方式

单元格的对齐包括水平对齐和垂直对齐两个部分。水平对齐可以将单元格中所有的内容居中到单元格的水平中央去，可以用"水平"下拉列表框来调整，如图 5.19 所示。如果要让单元格内的对象对齐到单元格的顶部，用水平对齐是办不到的，需要用"垂直"下拉列表框来调整，如图 5.20 所示。

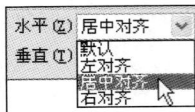

图 5.19　调整水平对齐属性　　　　　图 5.20　调整垂直对齐属性

单元格的背景颜色、背景图像的设置和表格完全一致，这里不再赘述。

### 5.5.3　将单元格转换为表头

| 同步视频文件 | 同步教学文件\第 5 章\5.5.3 将单元格转换为表头.avi |
| --- | --- |

表头是特殊的单元格，与单元格的区别在于其中的文字自动变成粗体，而且位于单元格的中央。要将单元格转换成表头，选中单元格后，选中"属性"面板中的"标题"复选框就可以了。

# 5.6　嵌套表格

网页排版有时会很复杂，在外部需要有一个大的表格来控制总体布局。但是，如果一些内部排版的细节也用它来实现，则容易引起行高、列宽的冲突，给表格制作带来困难。如果利用多个嵌套的表格，外部的大表格负责整体的布局，内部的小表格负责各个板块的排版，这样就会各司其职、互不冲突。

图 5.21 所示就是一个嵌套表格的例子。网页的整体排版由外部的表格来承担，内部插入两个小表格，一个用来制作导航条，另一个用来放置内容。这样可以有效降低表格的复杂程度，避免各单元格之间的冲突。

图 5.21　嵌套表格示例

将光标置于要插入嵌套表格的单元格中，然后单击"常用"插入工具栏中的"表格"按钮，剩下的工作和创建普通表格就完全相同了。

> **提示**　由于大表格控制的是网页整体的布局，为了使之在不同分辨率的显示器下能保持统一的外观，大表格的宽度一般使用像素值。而为了使嵌套表格的宽高不和总表格发生冲突，嵌套表格一般使用百分比设置宽和高。

### 课堂实训 5.2 将两个表格并排

同步视频文件 同步教学文件\第 5 章\课堂实训 5.2 将两个表格并排.avi

有时候需要把两个表格并排，如图 5.22 所示。但是，当连续插入两个表格的时候，表格会自动上下排列。这时就需要用到表格的嵌套。

首先插入一个 1 行 2 列的表格，然后在每个单元格里嵌套新表格即可，如图 5.23 所示。

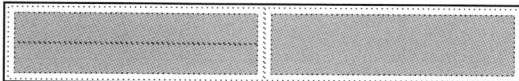

图 5.22 并排的表格

图 5.23 在单元格中插入新表格

### 课堂实训 5.3 利用嵌套表格留空白

同步视频文件 同步教学文件\第 5 章\课堂实训 5.3 利用嵌套表格留空白.avi

如果希望表格左右有一定的宽度，也需要用到嵌套表格。

**Step 01** 插入一个表格，如图 5.24 所示。

图 5.24 插入一个表格

**Step 02** 因为希望加入的文字只在中间的区域出现，所以必须再插入一个表格，并且嵌套在这个表格之内，如图 5.25 所示。

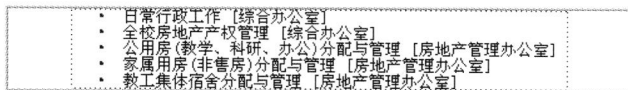

图 5.25 嵌套表格

> **注意**
> 要将里面的表格宽度设小一些，而且一般没有边框。

# 5.7 导入表格化数据

同步视频文件 同步教学文件\第 5 章\5.7 导入表格化数据.avi

现在有一个 Excel 文件，工作簿中是一张学生成绩单，具体数据如图 5.26 所示。我们需要将这些数据放到网页中，并且用表格进行格式化。如果采用复制文本的方法显然不会那么轻松，但采用导入表格化数据的方法就简单多了。

**Step 01** 在 Excel 中将此工作表保存为.txt 文件，如图 5.27 所示。

**Step 02** 启动 Dreamweaver CS5，在需要插入此数据表的地方单击鼠标。

**Step 03** 选择菜单命令"文件"|"导入"|"表格式数据"，将打开"导入表格式数据"对话框，如图 5.28 所示。

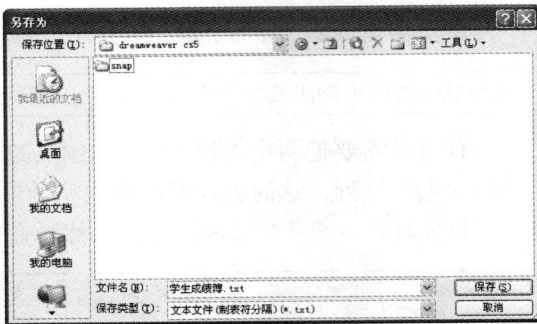

图 5.26　Excel 文件中的数据

图 5.27　在 Excel 中将工作表保存为.txt 文件

**Step 04** 单击该对话框中的"浏览"按钮，在打开的"打开"对话框中选择刚才保存的.txt 文件，然后单击"打开"按钮，返回"导入表格式数据"对话框。

**Step 05** 在"导入表格式数据"对话框中设置表格的单元格填充、单元格间距、边框、格式化首行等选项。设置完成后单击"确定"按钮，文本文件中的数据就以表格的形式导入到网页中了。导入后的表格如图 5.29 所示。

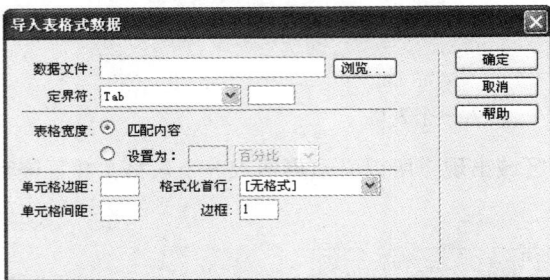

图 5.28　"导入表格式数据"对话框

图 5.29　导入后的表格

# 5.8　设置单元格的背景

在网页的设计和制作过程中，经常要用到通过表格和单元格的背景颜色来衬托表格或单元格中的内容。若要为单元格设置背景颜色，请执行下列操作。

**Step 01** 将光标定位在要设置单元格背景的单元格内。

**Step 02** 在菜单栏中选择"窗口"|"属性"命令，打开单元格的"属性"面板，如图 5.30 所示。

图 5.30　单元格的"属性"面板

**Step 03** 单击"背景颜色"按钮，在弹出的面板中使用拾色器拾取一种颜色，或者直接在"背景颜色"按钮右侧的文本框中输入所需要颜色的十六进制颜色值的编码。设置完成后的效果如图 5.31 所示。

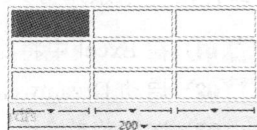

图 5.31　添加背景颜色后的效果

# 5.9 表格数据排序

| 同步视频文件 | 同步教学文件\第 5 章\5.9 表格数据排序.avi |
|---|---|

有时我们需要对表格中的数据进行排序，比如希望对上面成绩单中的数据根据总分排序，总分相同的按姓名排序。

**Step 01** 选中整个表格，然后选择菜单命令“命令”|“排序表格”，在打开的“排序表格”对话框中进行设置，如图 5.32 所示。

**Step 02** 在“排序按”下拉列表框中选择列号，这里选择总分所在的第 6 列。在“顺序”下拉列表框中选择“按数字顺序”，在后面的下拉列表框中选择“降序”，表示以降序方式进行排序。在“再按”下拉列表框中设置第 2 排序方式，这次选第 2 列，然后在“顺序”下拉列表框中选择排序方式。由于本例中姓名是中文，而 Dreamweaver CS5 不支持按笔画排序，因此这里选择“按字母顺序”排序，并以升序方式进行排序。第 1 行为标题行，所以不要选中“排序包含第一行”复选框，单击“确定”按钮完成表格的排序。先是按总分递减排序，总分相同的按姓名排序，其排序是按汉字发音来排序的，如图 5.33 所示。

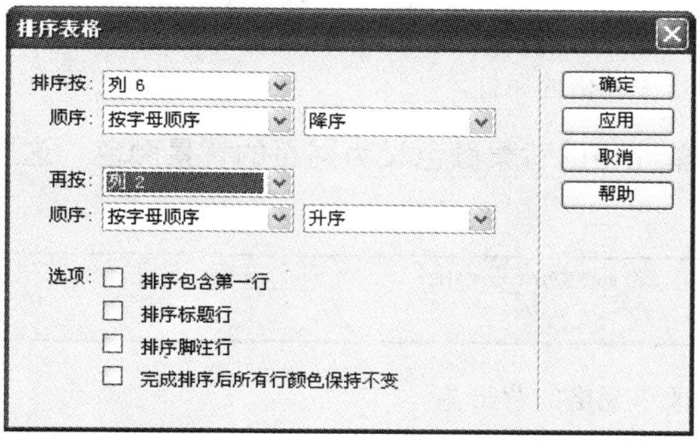


图 5.32 “排序表格”对话框

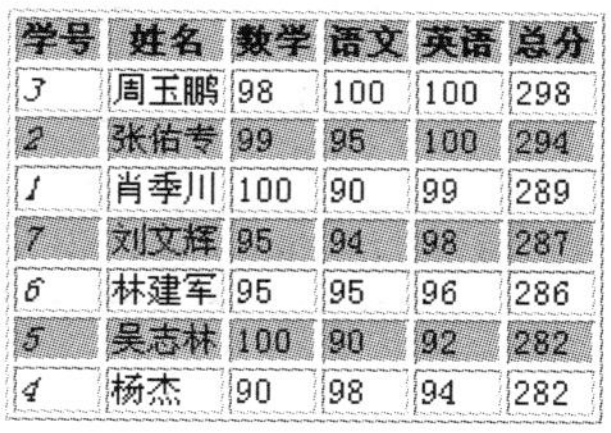

| 学号 | 姓名 | 数学 | 语文 | 英语 | 总分 |
|---|---|---|---|---|---|
| 3 | 周玉鹏 | 98 | 100 | 100 | 298 |
| 2 | 张佑专 | 99 | 95 | 100 | 294 |
| 1 | 肖季川 | 100 | 90 | 99 | 289 |
| 7 | 刘文辉 | 95 | 94 | 98 | 287 |
| 6 | 林建军 | 95 | 95 | 96 | 286 |
| 5 | 吴志林 | 100 | 90 | 92 | 282 |
| 4 | 杨杰 | 90 | 98 | 94 | 282 |

图 5.33 排序之后的数据表格

# 5.10 细线边框表格

| 同步视频文件 | 同步教学文件\第 5 章\5.10 细线边框表格.avi |
|---|---|

图 5.34 所示是搜狐网站首页内容的一部分，其中的文字全部放在一个边框很细的表格中，这样做的好处是使整个页面井然有序，而且让页面显得比较精致。

对于这样的细线边框表格，直接设置表格边框属性是做不到的。图 5.35 中就是一个加边框的表格，它和图 5.34 中的表格边框相比要粗得多，显得不太美观。

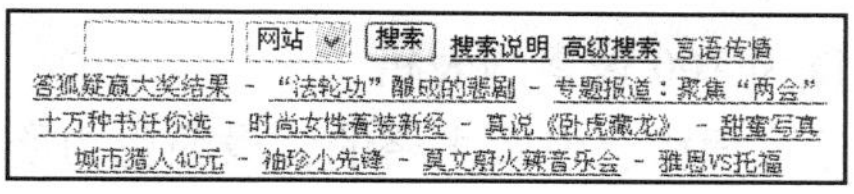


图 5.34 搜狐首页上的细线边框表格

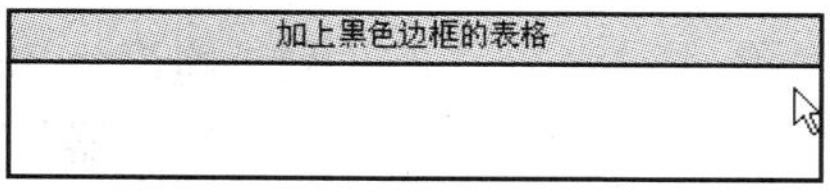


图 5.35 加上黑色边框的表格

要实现这种效果，需要用到表格的两个属性——单元格间距和单元格边距。这两个属性分别对应一种不同的制作方法。

### 1. 第 1 种方法

用单元格间距创建一个具有黑色细线边框的表格。

**Step 01** 在文档中插入一个 1 行 1 列、宽度为 300 像素、高度为 100 像素的表格。

**Step 02** 右击表格，在弹出的快捷菜单里选择"编辑标签"命令，在"常规"面板上修改表格的背景颜色为#000000（黑色），单元格间距设为 1，如图 5.36 所示，然后在表格"属性"面板中，将表格边框设为 0，单元格填充设为 0。

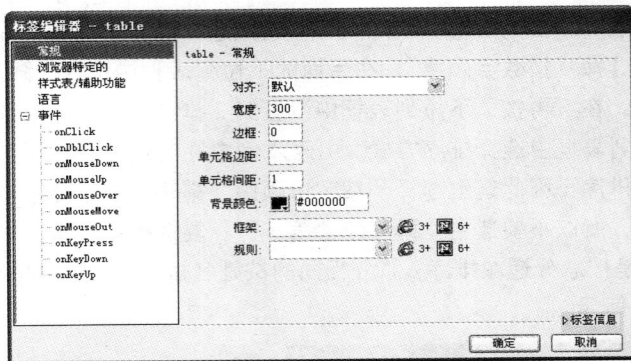

图 5.36　修改表格的属性

**Step 03** 选中单元格，在"属性"面板上将单元格的背景颜色设为网页的背景颜色，这里设为 #FFFFFF（白色），如图 5.37 所示。

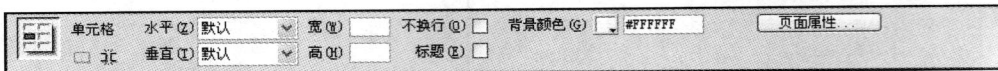

图 5.37　修改单元格的背景色

设定好参数后细线边框表格就制作好了，如图 5.38 所示。

> **注意**
>
> "表格间距"指的是两个单元格之间的距离，由于整个表格的背景色会填充这个空隙，而单元格的背景色却不填充这个空隙，因此浏览器中显示的表格"边框线"并不是真正意义上的表格边框，而是单元格与单元格的空隙"透"过来的背景色。

图 5.38　第 1 种方法创建的细线边框表格

### 2. 第 2 种方法

用单元格边距创建一个具有黑色细线边框的表格。

**Step 01** 插入一个 1 行 1 列、宽度为 300 像素、高度为 100 像素的表格。

**Step 02** 选中表格，在"标签编辑器"面板和"属性"面板上设置表格的背景颜色为所要的边框线颜色，边框为 0，单元格填充为 1，间距为 0，高度值为空。

**Step 03** 在这个表格的单元格内再插入一个新表格，将新表格的背景颜色设置为白色，宽度设为 100%，高度值设为一个较大的数值，将外部的表格撑大，单元格填充和单元格间距均设为 0。

设定好参数后细线边框表格就制作好了。效果也如图 5.38 所示。

### 3. 二者的区别

这两种方法好像没有什么区别，得到的表格边框都是一样的，但实际上还是有差别的。

- 将第 1 种方法制作的细线表格拆分成上下两行，可以发现表格中间又多了一条细线，将表格分成了上下两个部分。将上面的单元格背景变成其他颜色，得到如图 5.39 所示的效果。
- 将第 2 种方法内部嵌套的表格拆分成上下两行，表格中间不会出现细线。当把拆分后的单元格背景填充颜色后，得到如图 5.40 所示的效果。

图 5.39　第 1 种方法拆分后的效果　　　图 5.40　第 2 种方法拆分后的效果

> **注意** 这两种方法在商业网站页面中用得都比较多，应该加以重视。

### 课堂实训 5.4　简单导航条的制作

| 同步视频文件 | 同步教学文件\第 5 章\课堂实训 5.4 简单导航条的制作.avi |
|---|---|

在商业网站中，经常可以看到如图 5.41 所示的导航条。制作这种效果其实并不复杂，它主要利用了表格的"单元格间距"属性。

图 5.41　简单导航条

**Step 01** 插入一个 1 行 6 列的表格。单击"常用"插入工具栏上的"表格"按钮，在打开的"表格"对话框中设置各项参数，如图 5.42 所示。

**Step 02** 插入的表格（部分）如图 5.43 所示。将该表格的背景色设置为#FF9900（橙色），而每个单元格的背景色设置为#FFFFCC（淡黄色），此时的表格（部分）如图 5.44 所示。

**Step 03** 在每个单元格中输入文字，此时的表格效果如图 5.45 所示。

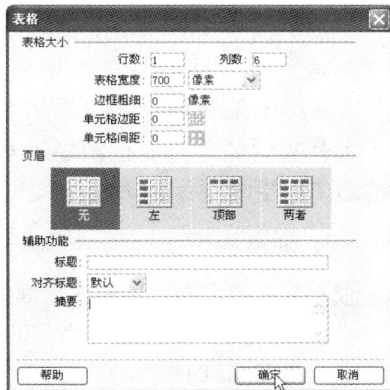

图 5.42　"表格"对话框

87

图 5.43　插入后的表格（部分）　　　　图 5.44　修改单元格背景色后的表格（部分）

首 页　最新图书　热点图书　新书预告　本月排行　案例下载

图 5.45　输入文字后的效果

**Step 04** 文字和表格的边框距离太近，需要将文字缩小一点，并且把表格的高度调大一点。选中所有的单元格，在"属性"面板中设置文字的大小为 2px，如图 5.46 所示。此时的表格效果如图 5.47 所示。

图 5.46　设置文字大小为 2 号字

首 页　最新图书　热点图书　新书预告　本月排行　案例下载

图 5.47　修改文字大小后的效果

**Step 05** 修改表格的高度。首先选中表格，然后在"属性"面板中设定表格的高度为 20，此时文字和表格之间就有了一定的距离，如图 5.48 所示。

首 页　最新图书　热点图书　新书预告　本月排行　案例下载

图 5.48　修改表格高度后的效果

**Step 06** 按 F12 键，在浏览器中查看预览效果，如图 5.49 所示。

首 页　最新图书　热点图书　新书预告　本月排行　案例下载

图 5.49　预览效果

# 5.11　水平细线

| 同步视频文件 | 同步教学文件\第 5 章\5.11 水平细线.avi |
| --- | --- |

有时需要在网页上加入一条细线，如图 5.50 所示。

图 5.50　细线效果

这样的细线可以通过添加水平线的方法获得，但不是所有的浏览器都能正常显示水平线，因此大型商业网站都使用更加通用的表格来实现。

### 1. 插入表格

**Step 01** 新建文档，然后在新建的文档中插入一个 1 行 1 列的表格，宽度为 400 像素，其他各项参数如图 5.51 所示。

**Step 02** 指定背景颜色（#FF9900），得到的表格如图 5.52 所示。

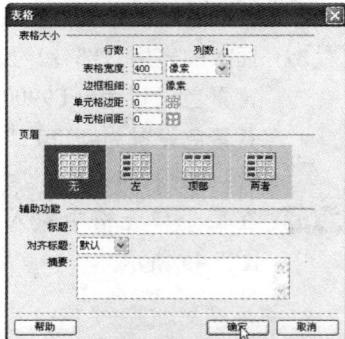

图 5.51　设置参数

图 5.52　指定背景颜色后的表格

　　无法使表格的高度变小，这是因为 Dreamweaver CS5 创建表格时给单元格加上了一个空白占位符，这个占位符有一定的高度和宽度，因此即使将表格的高度降低也不会使表格变小。

　　要将表格的高度变小，这里有一个通用的方法，就是先设置一个单元格高度（这里设定为 1 像素），然后在单元格内插入一张大小为 1 像素×1 像素的图片（通常称之为间隔图像），就可以得到上面的细线效果。

　　为了不影响整个表格效果，间隔图像最好是一张透明的图片。它可以用 Fireworks 来制作，但是比较麻烦，而 Dreamweaver CS5 提供了更为简单的方法。

### 2. 插入间隔图像

**Step 01**　单击"常用"插入工具栏中的"图像:图像占位符"按钮，如图 5.53 所示。此时将打开"图像占位符"对话框。在该对话框中将"名称"设为 a，"宽度"和"高度"设为 1，"颜色"默认，如图 5.54 所示。

图 5.53　插入图像占位符　　　　　图 5.54　"图像占位符"对话框

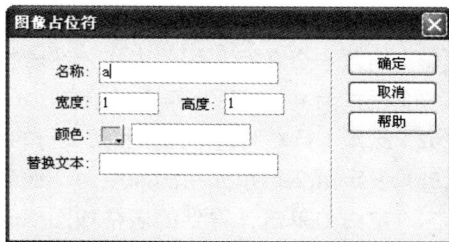

**Step 02**　此时单击"确定"按钮，将图像插入到表格的单元格中。

**Step 03**　间隔图像插入单元格后，在页面中的空白地方单击一下，此时页面中的表格在 Dreamweaver CS5 中变成了细线，如图 5.55 所示。

图 5.55　表格变成了细线

**Step 04**　保存文件。浏览页面就可以看到一条很细的直线。本练习最终源代码可见素材目录 mywebsite\exercise\practice\5.4.html。

> **提示**　为了方便编辑，我们把"图像占位符"复制出来，另存为 spacer.gif，需要用的时候直接插入这张图片即可。

### 课堂实训 5.5　画垂直细线

　　实现水平细线需要用到间隔图片，垂直细线同样需要间隔图片。例如，要制作如图 5.56 所示的垂直细线，同样需要用间隔图片替代占位符。因为占位符有高度的同时也有宽度，所以制作方法和水平细线非常相似。

**Step 01** 插入一个 1 行 3 列的表格，将左右两侧单元格的背景颜色改为紫色，将中间单元格的背景颜色改为很浅的橙色，选中表格，为其设定一个高度，得到如图 5.57 所示的表格。

图 5.56　垂直细线效果

图 5.57　修改后的表格

**Step 02** 在左侧和右侧的单元格中各插入一次间隔图像，然后将两侧的单元格宽度设为 1 像素，此时网页在浏览器中的效果如图 5.56 所示。本练习最终源代码可见素材目录 mywebsite\exercise\practice\5.5.html。

### 课堂实训 5.6　制作标题栏

| 同步视频文件 | 同步教学文件\第 5 章\课堂实训 5.6 制作标题栏.avi |
| --- | --- |

将上面的例子稍微修改一下，制作一个标题栏的效果，如图 5.58 所示。

图 5.58　标题栏效果

**Step 01** 插入一个 2 行 2 列的表格，在表格"属性"面板中，将"填充"、"间距"、"边框"都设置为 0，然后将第 2 行合并。

**Step 02** 给第 1 行右侧的单元格和第 2 行的单元格设置一种背景颜色，得到的表格如图 5.59 所示。

**Step 03** 设定第 2 行单元格的高度为 2 像素，在里面插入上例中制作的 spacer.gif 图片，然后在空白处单击，得到的表格如图 5.60 所示。

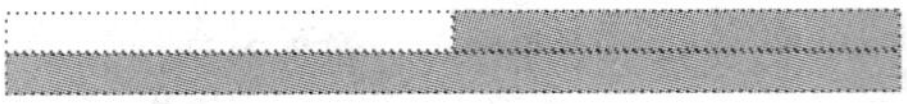

图 5.59　添加背景颜色后的表格

图 5.60　插入 spacer 图片后的表格

**Step 04** 设定第 1 行中右侧单元格的宽度为 100 像素，左侧为空，输入文字，按 F12 键预览就可以得到如图 5.58 所示的效果。本练习最终源代码可见素材目录 mywebsite\exercise\practice\5.6.html。

## 5.12　圆角表格

| 同步视频文件 | 同步教学文件\第 5 章\5.12 圆角表格.avi |
| --- | --- |

在网页中很多地方需要用到圆角，但是因为排版的表格并没有圆角，因此需要借助图片来实现这种效果。图 5.61 所示就是一种比较常见的圆角表格。

要制作这样的圆角表格，需要在 Fireworks 中制作出 4 张圆角图片。图 5.62 所示是已做好的 4 张圆角图片。

图 5.61　圆角表格示例

| 图片示例 | ◤ | ◣ | ◥ | ◢ |
|---|---|---|---|---|
| 使用位置 | 左上角 | 左下角 | 右上角 | 右下角 |

图 5.62  已做好的圆角图片

下面把这 4 张圆角图片放到表格的单元格里。如果只想得到一个圆角，最少需要用到一个 2 行 2 列的表格；如果要得到 4 个圆角，就至少需要一个 3 行 3 列的表格。

### 1. 插入表格

新建文档，然后在新建的文档中插入一个 3 行 3 列的表格。"表格"对话框中的参数设置如图 5.63 所示。

其中，表格的宽度可以根据将来要添加的内容来确定，这里暂时输入数值，单击"确定"按钮后，表格如图 5.64 所示。

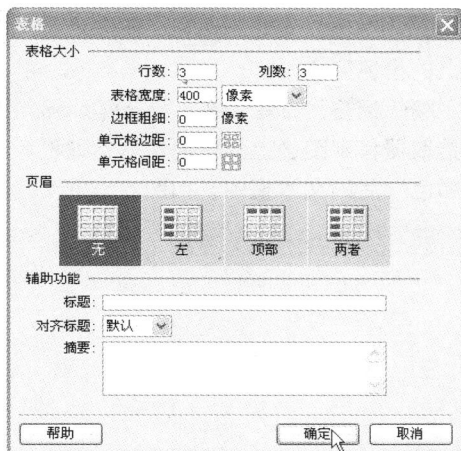

图 5.63  设置表格参数

图 5.64  插入的表格

### 2. 插入图片

分别插入 4 张图片，图片放在素材目录 mywebsite\exercise\table2\images 中。

**Step 01** 将光标放在左上角的单元格中，然后单击"常用"插入工具栏中的"图像"按钮，在打开的"选择图像源文件"对话框中找到左上角的图片，单击"确定"按钮，此时图片就插入单元格中了。

**Step 02** 使用同样的方法，将其他 3 张图片分别插入表格中其他 3 个角上的单元格内。此时有两个问题，一是左右两侧的单元格太宽，二是上下两行的单元格太高。

**Step 03** 首先解决第 1 个问题。将光标放在左上角的第 1 个单元格内，然后在"属性"面板中设置这个单元格的宽度和左上角的圆角图片宽度一致，都是 10 像素。用同样的方法，设置右上角的单元格宽度也为 10 像素，此时的表格如图 5.65 所示。

图 5.65  设定单元格宽度后的表格

上下两行的单元格太高，是因为没有插入图片的单元格中还有占位符的缘故，只需在上下两行中间的两个单元格中分别插入两个图片就可以将占位符去掉。

**Step 04** 单击"常用"插入工具栏中的"图像"按钮 🖳，找到前面创建的 spacer.gif 图片，将其插入上下两行中间的单元格内，如图 5.66 所示。

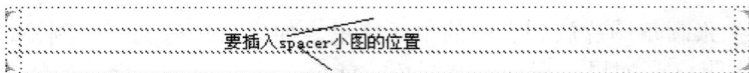

要插入 spacer 小图的位置

图 5.66　插入间隔图像的位置

**Step 05** 插入图片后，将光标移到表格外，单击鼠标确认插入操作，此时的表格如图 5.67 所示。

图 5.67　插入小图后的表格

从图 5.67 中可以看出，现在表格的圆角已经出来了，但效果并不明显，还需要为文档设置页面背景颜色，将背景颜色变得和图片上的橙色完全一样。

**Step 06** 选择表格，右击，在弹出的快捷菜单中选择"编辑标签"命令。在"标签编辑器"面板中单击"背景颜色"后面的色块，然后将拾取器移到图像上的白色区域拾取颜色，找准位置后单击，此时将把颜色加到"背景颜色"后的文本框中，如图 5.68 所示。

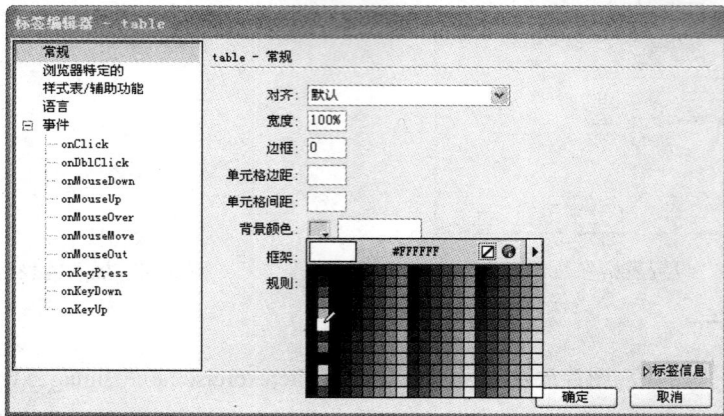

图 5.68　拾取页面背景颜色

**Step 07** 在"页面属性"中设置网页背景颜色，单击"背景颜色"后面的色块，然后将拾取器移到图像上的橙色区域拾取颜色，单击"确定"按钮关闭对话框，此时的页面效果如图 5.69 所示。

图 5.69　修改页面背景后的效果

**Step 08** 很显然，这样的圆角还是不完整。此时，还需要将整个表格的背景颜色改为与圆角图片中一样的白色。选中表格，在单元格属性中将背景色设为白色，此时的效果如图 5.70 所示。

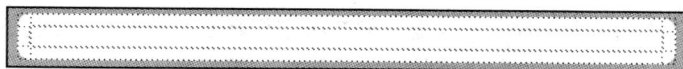

图 5.70　修改背景颜色后的圆角表格

**Step 09** 将表格中心的单元格高度变大一些。将光标放在中心的单元格上,然后将这个单元格的高度设为 100 像素。

**Step 10** 保存文件并在浏览器中打开网页,看到的效果如图 5.71 所示。

图 5.71　圆角表格效果

### 课堂实训 5.7　添加小图标

| 同步视频文件 | 同步教学文件\第 5 章\课堂实训 5.7 添加小图标.avi |
| --- | --- |

图 5.72 所示的列表中每条标题前都有一个很别致的小图标,这种效果是怎么实现的呢?

**Step 01** 按照前面制作细线边框表格的方法制作一个表格,此表格在 Dreamweaver CS5 中的效果如图 5.73 所示。

图 5.72　带小图标的标题

图 5.73　细线边框表格

**Step 02** 将光标置于表格的单元格中,在其中插入一个 9 行 2 列的表格。此时,效果如图 5.74 所示。

**Step 03** 选中表格左上角的单元格,将宽度设为 15 像素。此时,表格结构如图 5.75 所示。

图 5.74　嵌套的表格

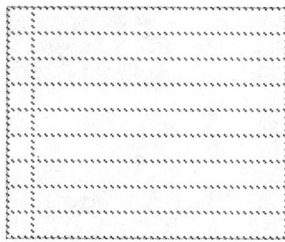

图 5.75　调整宽度后的表格

**Step 04** 在左上角的单元格中插入一张图片,然后通过复制,在左侧的单元格(除最下面一行)内各加入一张小图,如图 5.76 所示。

**Step 05** 由于左侧的图片离表格边框太近，需要将它们移到单元格的中间。选中左侧的单元格，在"属性"面板中修改单元格的"水平"排列属性为"居中对齐"。

**Step 06** 在右侧的单元格中输入文字，对文字修改字体和大小后，最终的效果如图 5.77 所示。

图 5.76 插入小图后的表格　　　　　　图 5.77 最终的表格效果

# 5.13　上机实训——"艺术展"页面的布局

（1）在 Dreamweaver CS5 中，打开站点 mysamplesite 目录 design 下的文件 index.htm，然后在其中插入一个 2 行 2 列的表格。

（2）在表格的单元格中插入图片和文字（图片在素材目录 mysamplesite\images 文件夹中），最后的页面效果如图 5.78 所示（参见素材目录 mysamplesite\design 下的文件 index.htm）。

图 5.78 插入图片和文字后的效果

（3）在 Dreamweaver CS5 中，打开站点 mysamplesite 下的文件 index.htm，然后在其中插入一个 3 行 1 列的表格。

（4）在表格的每个单元格中插入 3 行 3 列的表格，然后在表格 4 个角上的单元格中插入圆角图片并调整单元格的宽度，让其变成圆角表格。最后，在表格中央的单元格中插入所需要的各项内容，最后的效果如图 5.79 所示（参见素材目录 mysamplesite 下的文件 index.htm）。

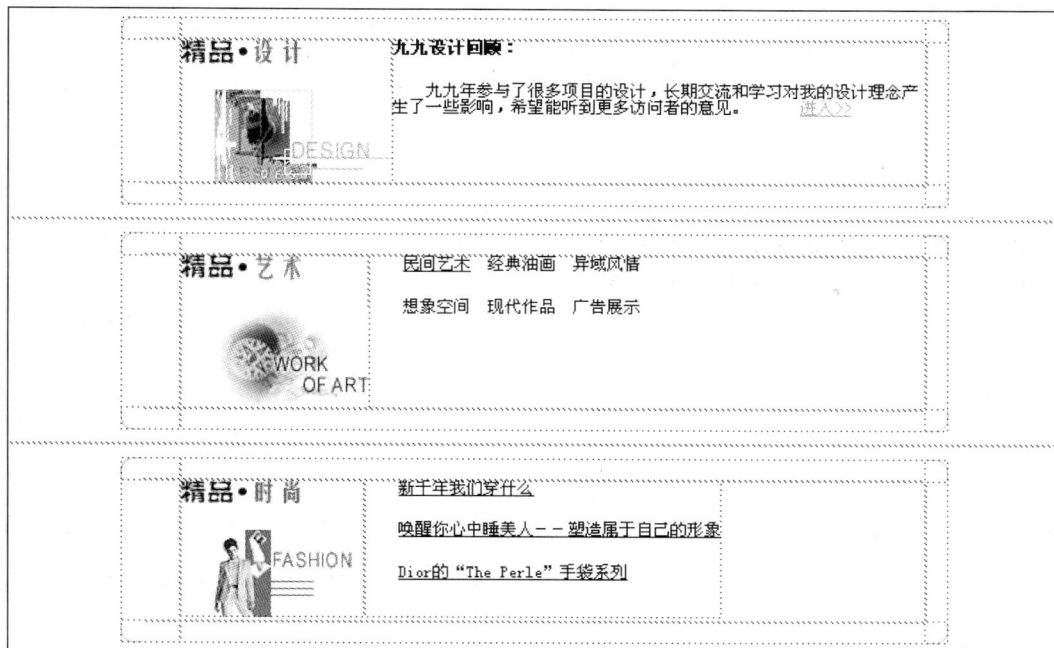

图 5.79　最终的表格效果

# 第6章

# 善用色彩设计网页

　　一个网页是否可以在第一时间吸引住浏览者的目光，除了新颖的创意之外，丰富且合理的色彩搭配也会给人留下深刻的印象。在网页制作过程中，我们不但要善于搭配和使用颜色，还要遵循一定的设计准则，这样才能制作出完美的页面。

　　学习目标：学完本章后，应能利用色彩的搭配，使创作的网页更加美观。

## 本章知识点

◎　色彩

◎　网页色彩的搭配

◎　网站广告设计准则

◎　网页配色精彩实例

◎　网页设计的艺术处理原则

◎　制作一个创意页面

◎　"时尚"页面的设计与制作

# 6.1 色彩

在任何设计领域，色彩对视觉的刺激都起到第一信息传达的作用。网页中的色彩设计是最直接的视觉效果，不同的颜色运用会给人以不同的感受，高明的设计师会运用颜色来表现网站的理念和内在品质。为了能更好地应用色彩来设计网页，下面先来了解一下色彩的基础知识

## 6.1.1 认识色彩

自然界中的色彩五彩缤纷、千变万化，比如玫瑰是红色的，大海是蓝色的，橘子是橙色的……但是最基本的色彩有 3 种（红、黄、蓝），其他的色彩都可以由这 3 种色彩调和而成，我们称这 3 种色彩为"三原色"。大家平时所看见的白光经过分析，在色带上可以看到，它包括红、橙、黄、绿、青、蓝、紫 7 种颜色，各颜色间自然过渡，其中，红、绿、蓝是光的三原色。三原色通过不同的比例混合可以得到各种颜色，如图 6.1 所示。

现实生活中的色彩可以分为彩色和非彩色，其中黑、白、灰属于非彩色系列，其他的色彩都属于彩色系列。任何一种色彩都具备 3 个特征：色相、明度和饱和度。非彩色只有明度属性。

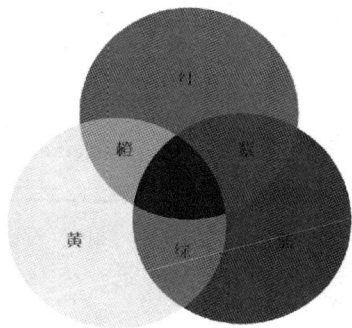

图 6.1 三原色

> **注意** 色相指的是色的名称，这是色彩最基本的特征，反应颜色的基本面貌，是一种色彩区别于另一种色彩的最主要的因素，比如说紫色、绿色、黄色等都代表了不同的色相。明度也叫亮度，指的是色彩的明暗程度，明度越大，色彩越亮。

比如一些购物、儿童类网站用的是一些鲜亮的颜色，让人感觉绚丽多姿、生气勃勃，明度越低，颜色越暗，较暗的明度主要用于一些游戏类的网站，使网站充满神秘感。

> **提示** 饱和度也叫纯度，指的是色彩的鲜艳程度。饱和度高的色彩纯，鲜亮；饱和度低的色彩暗淡，含灰色。

非彩色只有明度属性，没有色相和饱和度属性。网页制作时是用彩色还是非彩色好呢？根据专业的研究机构研究表明：彩色的记忆效果是黑白的 3.5 倍。也就是说，在一般情况下，彩色页面较完全黑白页面更加吸引人。通常是将主要内容（如文字）用非彩色（黑色）表现，框、背景、图片用彩色表现，这样使得页面整体不单调，显得和谐统一。

## 6.1.2 网页色彩的定义

在网页中，常以 RGB 模式来表示颜色的值，RGB 表示红（Red）、绿（Green）、蓝（Blue）三原色。通常情况下，RGB 各有 256 级亮度，用 0～255 表示。图 6.2 所示为"颜色"对话框。

对于单独的 R、G、B 而言，当数值为 0 时，代表这张颜色不发光；如果为 255，则代表该颜色的最高亮度。当 RGB 这 3 种色光都发到最强的亮度（即 RGB 值为 255、255、255）时，表示纯白色，用十六进制数字表示为"#FFFFFF"。相反，纯黑色的 RGB 值是 0、0、0，用十六进制数表示为"#000000"。纯红色的 RGB 值是 255、0、0，意味着只有红色 R 存在且亮度最强，G 和 B 都不发光。同理，纯绿色的 RGB 是 0、255、0；纯蓝色的 RGB 是 0、0、255。图 6.3 所示为设置纯红色的"颜色"对话框。

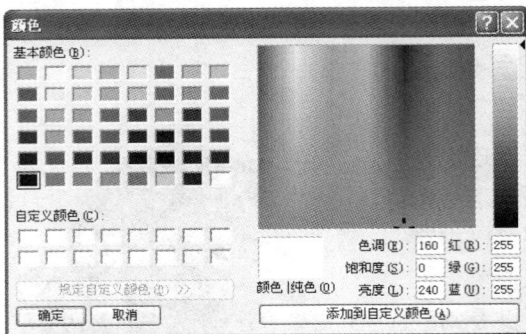

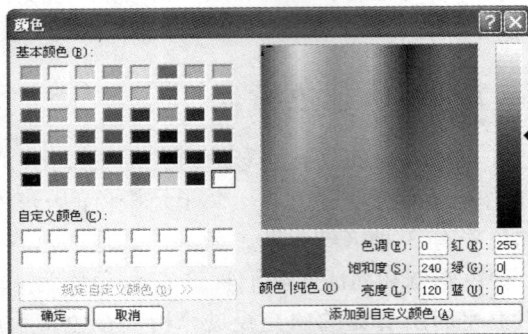

| 图 6.2　"颜色"对话框 | 图 6.3　颜色设为纯红色 |
|---|---|

图 6.2　"颜色"对话框　　　　　图 6.3　颜色设为纯红色

> **注意**　在 HTML 语言中，可以直接使用十六进制数值来命名颜色。

按照计算，256 级的 RGB 色彩总共能组合出约 1678 万种色彩，即 256×256×256=16777216，通常也被称为 1600 万色或千万色，也称为 24 位色（2 的 24 次方）。既然理论上可以得出 16777216 种颜色，那为什么又出现了网页安全颜色范畴为 216 种的颜色呢？这是因为浏览器的缘故，网页被浏览器识别以后，只有 216 种颜色能在浏览器中正常显示，而多于这个范围的颜色有的浏览器显示时就可能出现偏差，不能正常显示，因此将能被所有的浏览器正常显示的 216 种颜色称为网页安全颜色范畴。

现在浏览器的性能越来越高，网页的安全颜色范畴也越来越广，但最安全的还是 216 种颜色，在 Dreamweaver CS5 中，提供具有网页安全颜色范畴的调色板，可将网页的颜色选取控制在安全范围内。

RGB 模式是显示器的物理色彩模式，这就意味着无论在软件中使用何种色彩模式，只要是在显示器上显示的，图像最终就是以 RGB 方式出现的。

## 6.2　网页色彩的搭配

打开一个网站时，给用户留下第一印象的既不是网站的内容，也不是网站的版面布局，而是网站的色彩。色彩给人的视觉效果非常明显，一个网站设计的成功与否，在某种程度上取决于设计者对色彩的运用和搭配，因为网页设计属于一种平面效果设计，在平面图上，色彩的冲击力是最强的，它最容易给用户留下深刻的印象，如图 6.4 所示。

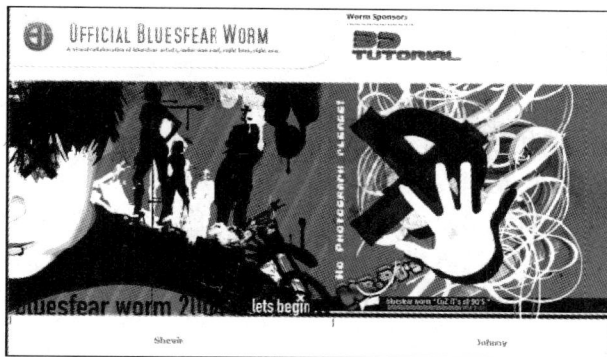

图 6.4　色彩的搭配

## 6.2.1　色彩处理

色彩是人的视觉最敏感的东西，主页的色彩处理得好，可以锦上添花，达到事半功倍的效果。

**色彩的感觉**

- 色彩的冷暖感：红、橙、黄代表太阳、火焰；蓝、青、紫代表大海、晴空；绿、紫代表不冷不暖的中性色；无色系中的黑代表冷，白代表暖。
- 色彩的软硬感：高明度、高纯度的色彩给人以软的感觉；反之则感觉硬。
- 色彩的强弱感：亮度高的明亮、鲜艳的色彩感觉强；反之则感觉弱。
- 色彩的兴奋与沉静：红、橙、黄，偏暖色系，高明度、高纯度，对比强的色彩感觉兴奋；青、蓝、紫，偏冷色系，低明度、低纯度，对比弱的色彩感觉沉静。
- 色彩的华丽与朴素：红、黄等暖色和鲜艳而明亮的色彩给人以华丽感；青、蓝等冷色和浑浊而灰暗的色彩给人以朴素感，如图 6.5 所示。
- 色彩的进退感：对比强、暖色、明快、高纯度的色彩代表前进；反之则代表后退。

对色彩的这种认识 10 多年前就已被国外众多企业所接受，并由此产生了色彩营销战略，许多企业将此作为市场竞争的有利手段和再现企业形象特征的方式，通过设计色彩抓住商机，像绿色的"鳄鱼"、红色的"可口可乐"、黄色的"麦当劳"以及黄色的"柯达"等。在欧美和日本等发达国家，设计色彩早就成了一种新的市场竞争力，并被广泛使用。图 6.6 所示的效果是以红色为主的网页。

图 6.5　网页的朴素感

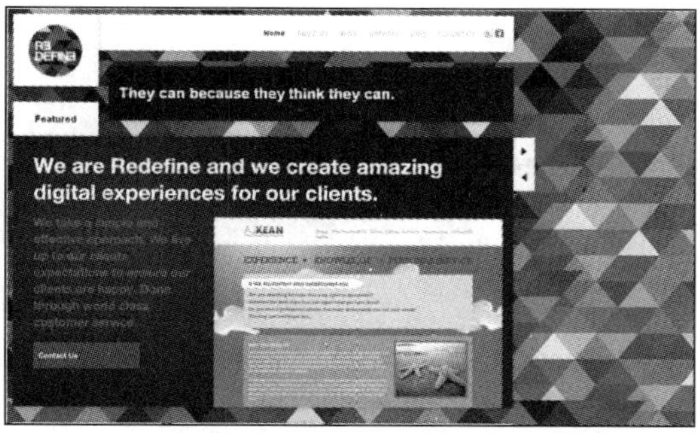

图 6.6　以红色为主的网页

## 6.2.2　色彩的季节性

春季处处一片生机，通常会流行一些活泼跳跃的色彩；夏季气候炎热，人们希望凉爽，通常流行以白色和浅色调为主的清爽亮丽的色彩；秋季秋高气爽，流行的是沉重的暖色调；冬季气候寒冷，深颜色有吸光、传热的作用，人们希望能暖和一点，喜爱穿深色的衣服。这就很明显地形成了四季的色彩流行趋势，春夏以浅色、明艳色调为主；秋冬以深色、稳重色调为主，每年的色彩流行趋势都会因此而分成春夏和秋冬两大色彩趋向。

色彩的季节性是由于不同颜色会让人产生不同的心理感受。

- 红色：红色是一种激奋的色彩，代表热情、活泼、温暖、幸福和吉祥。红色容易引起人们注意，也容易使人兴奋、激动、热情、紧张和冲动，而且还是一种容易造成人视觉疲劳的颜色。
- 绿色：绿色代表鲜艳、充满希望、和平、柔和、安逸和青春，显得和睦、宁静、健康。绿色具有黄色和蓝色两种成分的颜色。在绿色中，将黄色的扩张感和蓝色的收缩感中和，并将黄色的温暖与蓝色的寒冷相抵消。绿色和金黄、淡白搭配，可产生优雅、舒适的气氛。
- 蓝色：蓝色代表深远、永恒、沉静、理智、诚实、公正、权威，是最具凉爽、清新特点的色彩。蓝色和白色混合，能体现柔顺、淡雅、浪漫的气氛（像天空的色彩）。
- 黄色：黄色具有快乐、希望、智慧和轻快的个性，它的明度最高，代表明朗、愉快、高贵，是色彩中最为娇气的一种。只要在纯黄色中混入少量的其他色，其色相和色性均会发生较大变化。
- 紫色：紫色代表优雅、高贵、魅力、自傲和神秘。在紫色中加入白色，可使其变得优雅、娇气，并充满女性的魅力。
- 橙色：橙色也是一种激奋的色彩，具有轻快、欢欣、热烈、温馨、时尚的效果，如图 6.7 所示。

图 6.7　橙色效果的网页

- 白色：白色代表纯洁、纯真、朴素、神圣和明快，具有洁白、明快、纯真、清洁的感觉。如果在白色中加入其他任何颜色，都会影响其纯洁性，使其性格变得含蓄。
- 黑色：黑色具有深沉、神秘、寂静、悲哀、压抑的感觉，如图 6.8 所示。

图 6.8　黑色效果的网页

- 灰色：在商业设计中，灰色具有柔和、平凡、温和、谦让、高雅的感觉，具有永远的流行性。在许多的高科技产品中，尤其是和金属材料有关的，几乎都采用灰色来传达高级、科技的形象。使用灰色时，大多利用不同的参差变化组合和其他色彩相配，才不会过于平淡、沉闷、呆板和僵硬，如图 6.9 所示。

图 6.9　灰色效果的网页

每种色彩在饱和度、亮度上略微变化，就会产生不同的感觉。以绿色为例，黄绿色有青春、旺盛的视觉意境，而蓝绿色则显得幽宁、深沉。

## 6.2.3　网页色彩搭配原理

色彩搭配既是一项技术性工作，也是一项艺术性很强的工作，因此，在设计网页时，除了要考虑网站本身的特点外，还要遵循一定的艺术规律，从而设计出色彩鲜明、个性独特的网站。

网页的色彩是树立网站形象的关键要素之一，色彩搭配却是网页设计初学者感到头痛的问题。网页的背景、文字、图标、边框、链接等应该采用什么样的色彩，应该搭配什么样的色彩才能最好地表达出网站的内涵和主题呢？下面介绍网页色彩搭配的一些原理。

- 色彩的鲜明性：网页的色彩要鲜明，这样容易引人注目。一个网站的用色必须有自己独特的风格，这样才能显得个性鲜明，给浏览者留下深刻的印象。
- 色彩的独特性：要有与众不同的色彩，使得浏览者对网站印象强烈。
- 色彩的艺术性：网站设计也是一种艺术活动，因此必须遵循艺术规律，在考虑到网站本身的特点的同时，按照内容决定形式的原则，大胆进行艺术创新，设计出既符合网站要求，又有一定艺术特色的网站。不同的色彩会产生不同的联想，如蓝色想到天空、黑色想到黑夜、红色想到喜庆等，选择色彩要和网页的内涵关联，如图 6.10 所示。

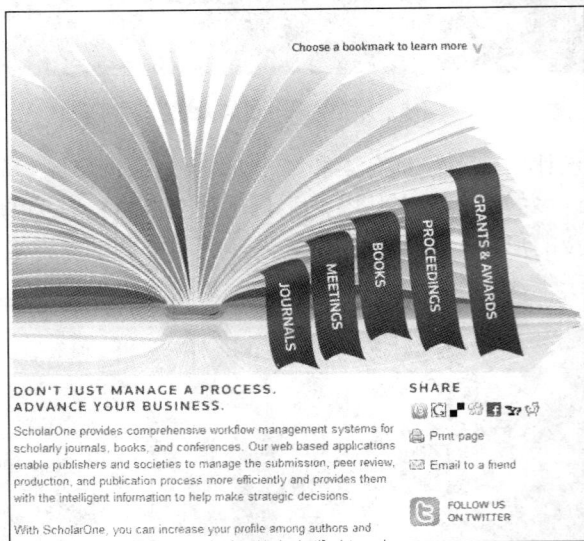

图 6.10　色彩的艺术性

- 色彩搭配的合理性：网页设计虽然属于平面设计的范畴，但又与其他的平面设计不同，它在遵循艺术规律的同时，还考虑人的生理特点。色彩搭配一定要合理，即色彩和表达的内容、气氛相适合，给人一种和谐、愉快的感觉，尽量避免采用纯度很高的单一色彩，这样容易造成视觉疲劳，如图 6.11 所示。

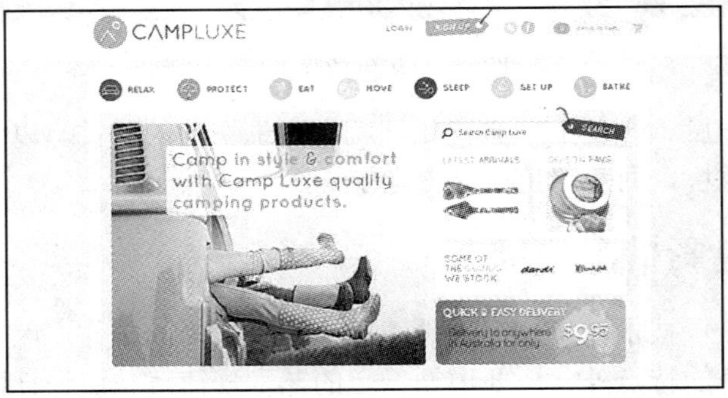

图 6.11　色彩搭配的合理性

## 6.2.4 网页中色彩的搭配

色彩在人们的生活中都是有丰富感情和含义的,在特定的场合下,同种色彩可以代表不同的含义。色彩总的应用原则应该是"总体协调,局部对比",即主页的整体色彩效果是和谐的,局部、小范围的地方可以有一些强烈色彩的对比。在色彩的运用上,可以根据主页内容的需要,分别采用不同的主色调。首先,彩色具有象征性,例如嫩绿色、翠绿色、金黄色、灰褐色就可以分别象征春、夏、秋、冬。其次,还有职业的标志色,例如军警的橄榄绿、医疗卫生的白色等。色彩还具有明显的心理感受,例如冷、暖的感觉,进、退的效果等。另外,色彩还有民族性,各个民族由于环境、文化、传统等因素的影响,对于色彩的喜好也存在着较大的差异。充分运用色彩的这些特性,可以使我们的主页具有深刻的艺术内涵,从而提升主页的文化品位。

### 1. 色彩搭配

- 相近色:色环中相邻的 3 种颜色。相近色的搭配给人的视觉效果舒适、自然,所以相近色在网站设计中极为常用。

- 互补色:色环中相对的两种颜色。对互补色调整一下补色的亮度,有时候是一种很好的搭配。

- 暖色:暖色跟黑色调和可以达到很好的效果。暖色一般应用于购物类网站、儿童类网站等,用以体现购物类网站商品的琳琅满目,儿童类网站的活泼、温馨等效果。

- 冷色:冷色跟白色调和可以达到一种很好的效果。冷色一般应用于一些高科技、游戏类网站,主要表达严肃、稳重等效果。绿色、蓝色、蓝紫色等都属于冷色系。

- 色彩均衡:要使网站让人看上去舒适、协调,除了文字、图片等内容的合理排版外,色彩均衡也是相当重要的一部分,比如一个网站不可能单一运用一种颜色,所以色彩的均衡是设计者必须考虑的问题。

> **注意** 色彩的均衡包括色彩的位置,每种色彩所占的比例、面积等,比如鲜艳、明亮的色彩面积应该小一点,让人感觉舒适、不刺眼,这就是一种均衡的色彩搭配。

### 2. 常用的网页配色方案

- 暖色调:即红色、橙色、黄色等色彩的搭配。这种色调的运用可使主页呈现温馨、热情的氛围。

- 冷色调:即青色、绿色、紫色等色彩的搭配。这种色调的运用可使主页呈现宁静、清凉、高雅的氛围。

- 对比色调:把色性完全相反的色彩搭配在同一个空间里,比如红与绿、黄与紫、橙与蓝等。这种色彩的搭配可以产生强烈的视觉效果,给人以靓丽、鲜艳、喜庆的感觉。当然,对比色调如果运用得不好,会适得其反,产生俗气、刺眼的不良效果。这就要把握"大调和,小对比"这一原则,即总体的色调是统一、和谐的,局部的地方可以有一些强烈的对比。当然,各种色彩的明度也不能变化太大,否则屏幕上的亮度反差太强,会刺激眼睛,产生不舒服的感觉。

## *6.3* 网站广告设计准则

网站广告设计的重点在于传达一定的形象和信息，真正注意的不是网站的广告图像，而是其背后的信息。网站广告设计与传统设计有着很多的相通性，但由于网络本身的限制以及浏览习惯的不同，还具有许多不同的特点，如网站广告一般要求简单、醒目，占少量的方寸之地，除了要表达出一定的形象与信息外，还得兼顾美观与协调。

下面介绍网站广告设计的一些准则。

### 1．视觉的要求

醒目和美观，文本色与背景色有较大的对比，便于观看。

### 2．文字的使用

文字清晰、字体合适，字体不要太小，也不要过大。字体是设计中非常重要的一环，对于一种字体，不仅要了解其历史，还要弄清楚其应用场合：哪一种字体具有古典风范，哪一种字体比较新颖，哪一种字体在制作场合中更便于阅读，这些都是专业级的设计师应该考虑到的。

在网站广告设计中，字体的选择起着相当重要的作用，但选择的标准是没有固定格式的。对于一个广告，到底哪一种字体才是最好的，要不断地尝试，直到找到自己满意的字体。

一般的，无论是字体还是图像都要保持风格的一致性，因此，在字体大小的选择上也要遵循这个原则。文字放置在哪里没有固定的格式，要注意整体协调、均匀。

### 3．内容设计准则

在网站广告设计中，最好告知浏览者他们单击的理由是什么，单击后他们将能看到什么。此时可用一些较有诱惑力的语言激发浏览者的兴趣。通常，当开始进行设计时，都会有一些真实的事物作为搭配。

## *6.4* 网页配色精彩实例

颜色的使用在网页制作中起着非常关键的作用，有很多网站以其成功的色彩搭配令人过目不忘。对于刚开始学习制作网页的人来说，往往不容易驾驭好网页的颜色搭配，除了要学习各种色彩理论和方法之外，还要多学习一些著名网站的用色方法，这些对于制作美丽的网页都可以起到事半功倍的效果。

### 6.4.1 网页颜色的使用风格

不同的网站有着自己不同的风格，也有着自己不同的颜色。网站使用颜色大概分为以下几种类型。

### 1．公司色

在现代企业中，公司的 CI 形象显得尤为重要，每一个公司的 CI 设计必然有标准的颜色。例如，新浪网的主色调是一种介于浅黄和深黄之间的颜色。同时，形象宣传、海报、广告使用的颜色都和网站的颜色一致。

**2. 风格色**

许多网站使用的颜色秉承的是公司的风格，比如联通使用的颜色是一种中国结式的红色，既充满朝气又不失自己的创新精神。女性网站使用粉红色的较多，大公司使用蓝色的较多……这些都是在突出自己的风格。

## 6.4.2　精彩配色实例

下面将介绍几个配色较好的网站，读者可以学习和借鉴一下，以培养自己对色彩的敏感性以及独到的审美能力。

这是一个大型的汽车销售网站，我们经常看到的此类网站以白色为背景，但是这个网站却用橙色、黑色、灰色，这样的配色可以显示自己的独特个性，又不失网站的风采，如图 6.12 所示。

下面是一个以深黄色为主色调的儿童教育网站，配以漂亮的卡通图片，给人的感觉是生动活泼，充满了互动色彩，如图 6.13 所示。

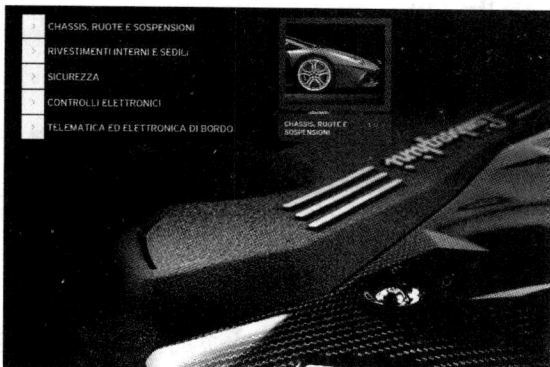

图 6.12　汽车销售网站

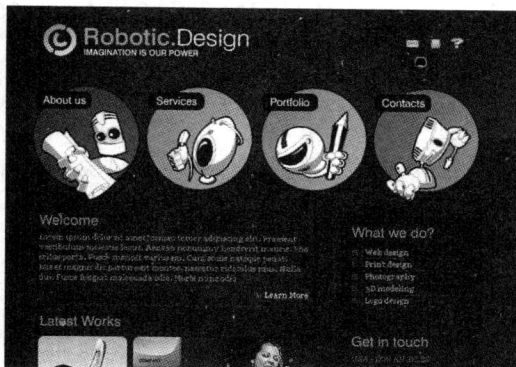

图 6.13　儿童教育网站

下面是一个关于游戏的网站，游戏通常给人以冷酷的形象，它主要以黑色为主，从整体搭配来说，不失大型游戏的风格，如图 6.14 所示。

图 6.14　游戏网站

下面介绍的这个网站相对简单，但是它的用色也是别具匠心，整体上使用的是绿色，再加上白色，虽然简单，但颜色搭配很合理，感觉清新，也与内容一致，如图 6.15 所示。

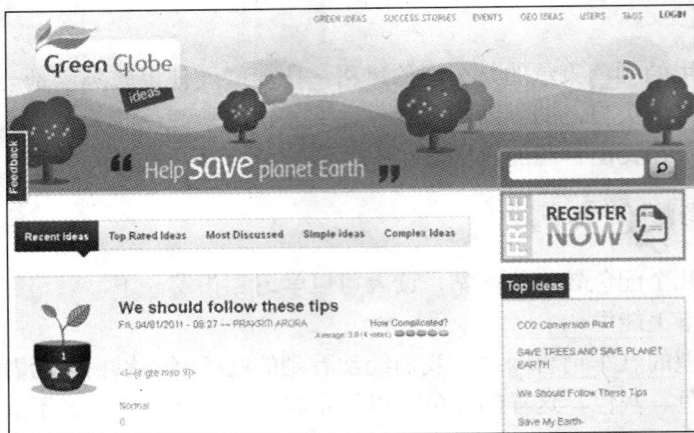

图 6.15　清新的网页效果

# 6.5 网页设计的艺术处理原则

主页的设计主要是网页设计软件的操作与技术应用的问题，但是，要使主页设计、制作得漂亮，必然离不开对主页进行艺术的加工和处理，这就要涉及美术的一些基本常识。本节将介绍一些主页设计中经常涉及的艺术处理原则，供读者在进行主页制作时参考。

## 6.5.1　风格定位

主页的美化首先要考虑风格的定位。任何主页都要根据主题的内容决定其风格与形式，因为只有形式与内容的完美统一，才能达到理想的宣传效果。目前，主页的应用范围日益扩大，几乎包括了所有的行业，但归纳起来大体有以下几大类：新闻机构、政府机关、科教文化、娱乐艺术、电子商务、网络中心等。对于不同性质的行业，应体现出不同的主页风格，就像穿着打扮，应该依照不同的性别以及年龄层次而异一样。例如，政府部门的主页风格一般应比较庄重，娱乐行业则可以活泼生动一些，文化教育部门的主页风格应该高雅大方，电子商务主页则可以贴近民俗，使大众喜闻乐见。

主页风格的形成主要依赖于主页的版式设计，依赖于页面的色调处理，还有图片与文字的组合形式等。这些问题看似简单，但往往需要主页的设计者具有一定的美术素质和修养，同时，动画效果也不宜在主页设计中滥用，特别是一些内容比较严肃的主页。主页毕竟主要依靠文字和图片来传播信息，它不是动画片，更不是电视或电影。至于在主页适当链接一些影视作品，那是另外一回事。

## 6.5.2　版面编排

主页作为一种版面，既有文字，又有图片。文字有大有小，还有标题和正文之分；图片也有大小之分，而且有横竖之别。图片和文字都需要同时展示给浏览者，不能简单地罗列在一个页面上，这样往往会显得杂乱无章。因此，必须根据内容的需要，将这些图片和文字按照一定的次序进行合理的编排和布局，使它们以一个有机整体展现出来。可依据如下几条来做。

### 1. 主次分明，中心突出

在一个页面上，必须考虑视觉的中心。这个中心一般在屏幕的中央，或者在中间偏上的位置，因此，一些重要的文章和图片一般可以安排在这个位置，在视觉中心以外的地方就可以安排那些稍微次要的内容。这样，在页面上就突出了重点，做到了主次有别。

### 2. 大小搭配，相互呼应

较长的文章或标题不要编排在一起，要有一定的距离；同样，较短的文章也不能编排在一起。对图片的安排也是这样，要互相错开，使大小图片之间有一定的间隔，这样可以使页面错落有致，避免重心的偏离。

### 3. 图文并茂，相得益彰

文章和图片具有一种相互补充的视觉关系，页面上的文字太多，就显得沉闷，缺乏生气；页面上的图片太多，缺少文字，必然就会减少页面的信息量。因此，最理想的效果是文字与图片密切配合，互为衬托，既能活跃页面，又使主页有丰富的内容，如图 6.16 所示。

图 6.16　图文的合理搭配

## 6.5.3　线条和形状

文字、标题、图片等的组合会在页面上形成各种各样的线条和形状，这些线条与形状的组合构成了主页的总体艺术效果。搭配好这些线条和形状，才能增强页面的艺术魅力。

### 1. 直线（矩形）的应用

直线的艺术效果是流畅、挺拔、规矩、整齐，即所谓有轮廓。直线和矩形在页面上的重复组合可以呈现井井有条、泾渭分明的视觉效果，一般应用于庄重、严肃的主页题材，如图 6.17 所示。

图 6.17　直线矩形效果

**2．曲线（弧形）的应用**

曲线的效果是流动、活跃，具有动感。曲线和弧形在页面上的重复组合可以呈现流畅、轻快、富有活力的视觉效果，一般应用于青春、活泼的主页题材。

**3．直线、曲线（矩形、弧形）的综合应用**

把直线、曲线两种线条和形状结合起来运用，可以大大丰富主页的表现力，使页面呈现更加丰富多彩的艺术效果。这种形式的主页适应范围更大，各种主题的主页都可以应用，但是，在页面的编排处理上难度也会相应更大一些，处理得不够好会产生凌乱的效果。最简单的途径是：在一个页面上以一种线条（形状）为主，只在局部的范围内适当用一些其他线条（形状），如图 6.18 所示。

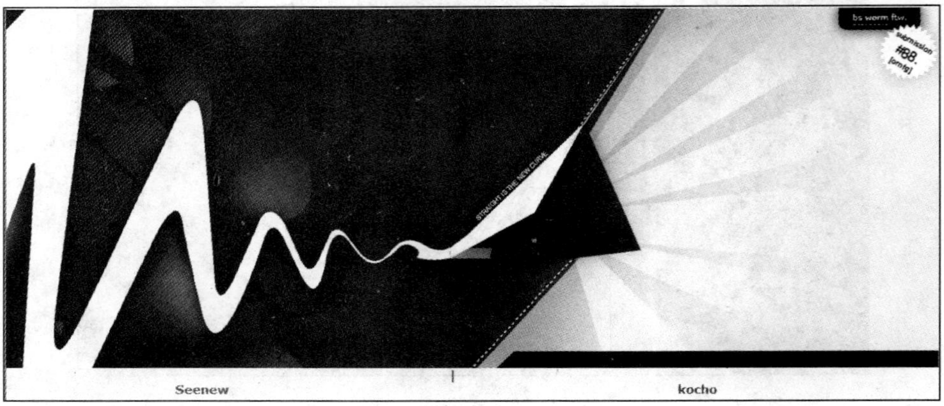

图 6.18　直线、曲线的综合应用

# 6.6　制作一个创意页面

| 同步视频文件 | 同步教学文件\第 6 章\6.6 制作一个创意页面.avi |
|---|---|

**Step 01**　新建一个页面，选择菜单命令"插入"|"表格"，插入一个 3 行 3 列，"表格宽度"为 960px 的表格，在"属性"面板中将"边框"设为 0。

**Step 02**　把单元格的"高"设置为 320px，效果如图 6.19 所示。

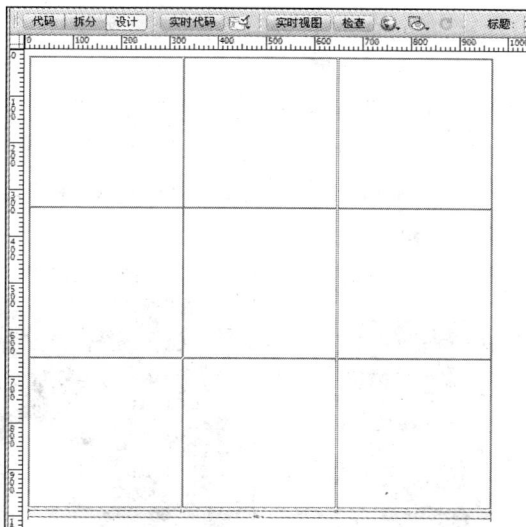

图 6.19　插入表格

Step **03** 给第 1 个单元格添加背景图片，在"代码"视图中，在"<td height="320">"中加入语句"background=" "（引号内填入要设置背景图片的路径，图片在素材目录 mywebsite\images\index 中）"，如图 6.20 所示。

```
<table width = "960" border = "0">
 <tr>
  <td height = "320" background =
  "file://D1/mywebsite/images/index/
  6.1.jpg"> </td>
```

图 6.20　设置单元格背景图片

Step **04** 给第 2 和第 8 个单元格设置背景颜色，颜色分别为"#B6BD9C"和"#2EB6A2"。

Step **05** 按照步骤 3，分别给第 3、4、5、6、7、9 个单元格添加背景图片（图片为素材目录 mywebsite\images\index 中的 6.2.jpg～6.7.jpg 文件）。完成后的效果如图 6.21 所示。

Step **06** 在第 1 个单元格中插入一个 5 行 1 列，"表格宽度"为 320px 的表格，然后在"属性"面板中将"边框"设为 0，把单元格的"高"设置为 53px，完成后如图 6.22 所示。

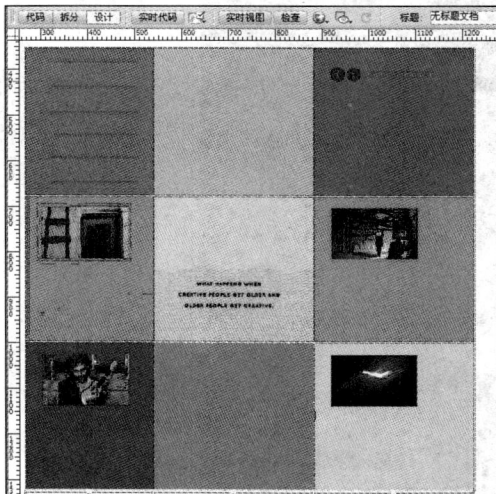

图 6.21　设置完成后的效果

图 6.22　插入表格

Step **07** 根据自己的需要在每个单元格中放入相应的内容，如图 6.23 所示。

Step **08** 在"插入"工具栏的"布局"选项中选择"绘制 AP Div"绘制一个 AP Div，然后把"宽"设置为 450px，"高"设置为 480px。将光标放在 AP Div 元素中，向元素中插入图片（图片为素材目录 mywebsite\images\index 中的 6.8.gif 文件），插入完成后，同样把图片的"宽"设置为 450px，"高"设置为 480px，再把这个"AP Div"移动到合适的位置。效果如图 6.24 所示。

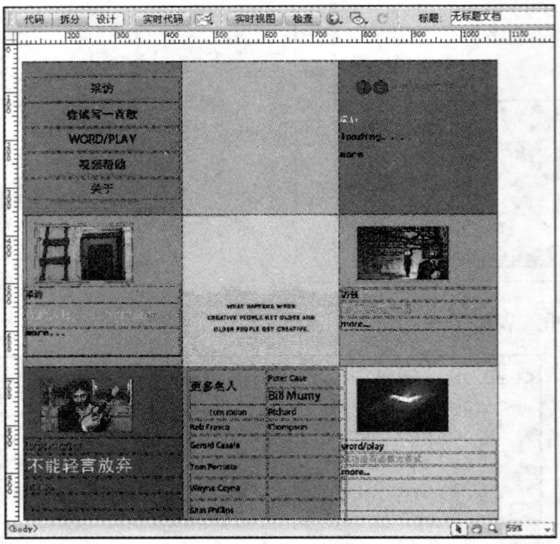

图 6.23　在单元格中写入内容

图 6.24　插入"AP Div"

这样就完成了一个简单的创意页面的制作。最后效果如图 6.25 所示。本效果最终源代码可见素材目录 mywebsite\Untitled-1.html。

图 6.25　完成后的网页

## 6.7 上机实训——"时尚"页面的设计与制作

（1）在站点 mysamplesite 目录 fashion 下新建文件 index.htm，然后用布局排版的方式在其中插入布局表格和布局单元格，接着在其中插入图像和文本（图像在素材目录 mysamplesite\images 文件夹中）。文本、图像、布局表格、布局单元格的相对位置如图 6.26 所示（效果可参见素材目录 mysamplesite\fashion 下的文件 index.htm）。

图 6.26　布局效果

（2）在"布局"插入工具栏上单击"标准"按钮，退出布局排版视图，将布局表格（或布局单元格）变为普通的表格（或单元格）。

# 第7章

# 制作表单页面

　　想通过网站与浏览者进行交互吗？想知道浏览者的需求吗？那就不能不了解表单，因为这些都需要通过表单元素来实现的，它可以帮助我们收集各种用户信息和反馈意见。学好表单，就为制作动态网页的学习打下了扎实的基础。

　　学习目标：掌握表单元素的各项属性，能独立制作完成常见的各种表单页面。

## 本章知识点

◎ 关于表单

◎ 确定页面布局

◎ 添加表单域

◎ 添加文本域

◎ 添加复选框

◎ 添加单选按钮和单选按钮组

◎ 添加菜单和列表

◎ 添加其他表单域

◎ 插入按钮

◎ 添加图像域

◎ 制作跳转菜单

◎ 添加搜索引擎

◎ 制作"用户管理"表单页面

# 7.1 关于表单

在申请 E-mail 邮箱时，往往会要求填写一些个人信息，如姓名、年龄、联系方式等，如图 7.1 所示。

填写信息的页面上往往会包括很多表单元素。如果希望用户能输入数据，就应该放置文本域、密码域等；如果希望用户能进行选择，就应放置单选按钮、复选框、下拉菜单、列表等；有时为了传递一些必要的参数，还需要添加一些隐藏的表单元素，如表单域、隐藏域等。所有这些表单元素合在一起，我们称之为表单。

下面练习如何创建一个留言板的表单页面，如图 7.2 所示。

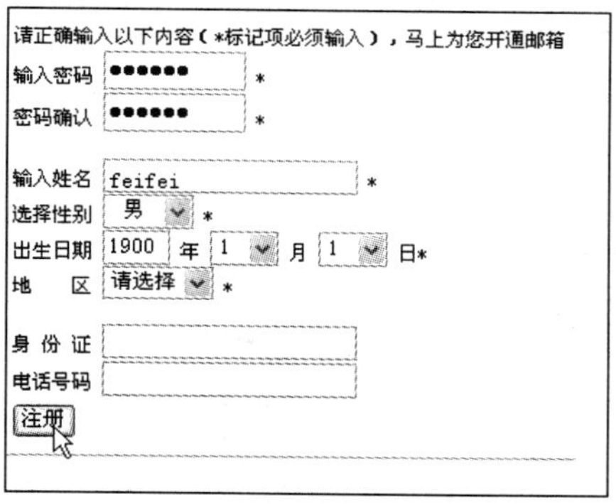

图 7.1 填写信息的页面

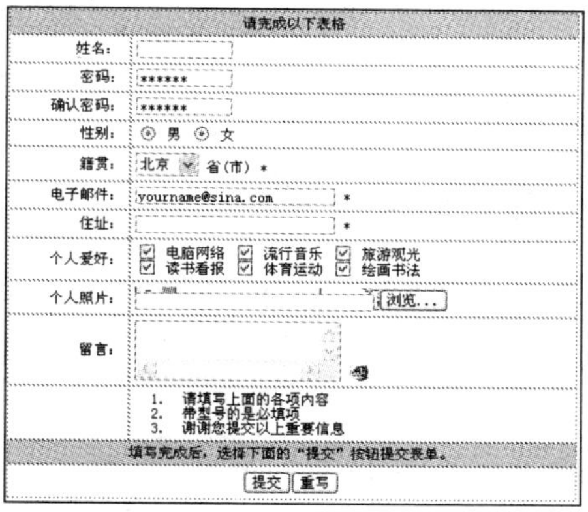

图 7.2 留言板的表单页面

要制作这样的表单页面，一般要经过以下两个步骤。

**Step 01** 确定页面布局。也就是要用表格规划好表单元素的放置位置。

**Step 02** 插入表单元素。表单元素中最重要的就是表单域，它可以用来确定表单中有效数据的范围。从位于表单域之外的表单对象中提交的数据将会在提交后被自动丢弃掉。另外，在表单域上需要设定处理数据的应用程序的位置以及数据的处理方法等。虽然该元素在网页上是看不见的，但是对于表单的处理却有着决定性的作用。然后就可以在表格的单元格中根据需要插入各种表单元素了。

# 7.2 确定页面布局

| 同步视频文件 | 同步教学文件\第 7 章\7.2 确定页面布局.avi |
| --- | --- |

首先创建用于放置各种表单元素的表格。

## 7.2.1 插入表格

**Step 01** 插入一个 13 行 2 列的表格，利用它来控制各种表单元素和说明文字的位置，插入表格的属性如图 7.3 所示。

| 表格 | 行(R) 13 | 宽(W) 500 | 像素 ✓ | 填充(P) 2 | 对齐(A) 居中对齐 ✓ | 类(C) 无 ✓ |
|---|---|---|---|---|---|---|
| | 列(C) 2 | | | 间距(S) 0 | 边框(B) 0 | |

图 7.3　插入表格的属性

**Step 02** 合并表格中的第 1、12、13 行的单元格，并且给第 1 行和第 12 行分别加上背景颜色（#FFCC00）。将光标放在左侧的任意单元格中，设置单元格的宽度为 100 像素，此时的表格如图 7.4 所示。

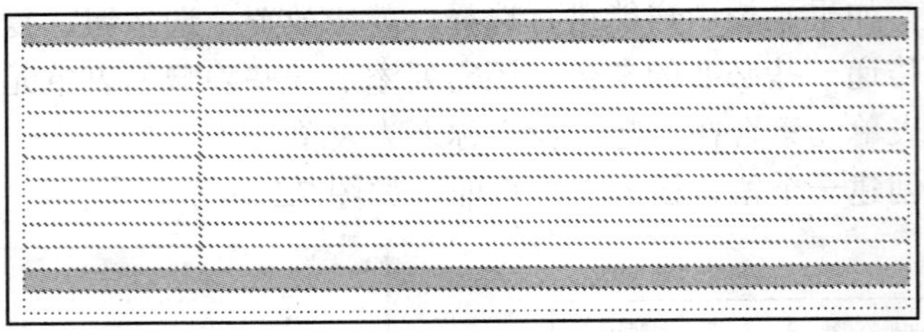

图 7.4　调整后的表格

### 7.2.2　输入文本

在单元格中分别输入文字，此时的页面如图 7.5 所示。

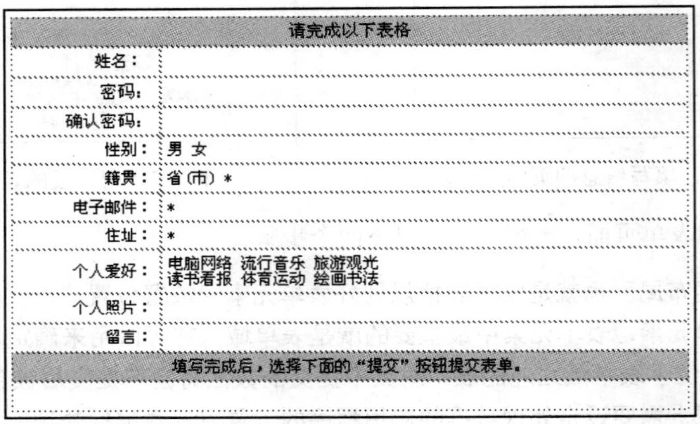

图 7.5　输入文本后的表格

# 7.3 添加表单域

| 同步视频文件 | 同步教学文件\第 7 章\7.3 添加表单域.avi |
|---|---|

到此为止，我们已经将网页中的文字和版式定好了。下面在表格中添加各种表单元素，它们都可以用"表单"插入工具栏上的按钮插入。

### 7.3.1　插入表单域

插入表单域的具体操作步骤如下。

**Step 01** 将"插入"工具栏切换到"表单"插入工具栏，如图 7.6 所示。

图 7.6 "表单"插入工具栏

**Step 02** 在其中单击"表单"按钮，此时在页面中就会出现一个红色的虚线框，如图 7.7 所示。

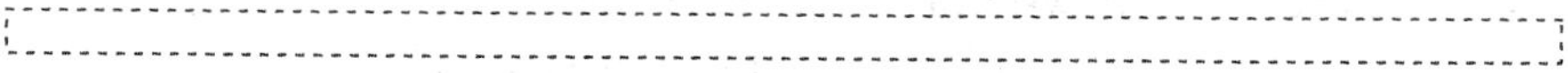

图 7.7 插入的表单域

## 7.3.2 修改表单域的属性

单击红色虚线框的内部，此时"属性"面板显示的是表单域的属性，如图 7.8 所示。

图 7.8 表单域的"属性"面板

- 表单 ID：用来填入表单的名称，该名称在需要引用表单对象时才会用到。
- 动作：这是属性中最重要的一项，它用来定义处理数据的应用程序的路径。

  ◆ 如果处理表单的脚本程序在本地站点中，可以直接单击右侧的"浏览文件"按钮，找到该文件后确认，脚本文件的路径就会出现在文本框中。也可以在"动作"文本框中输入脚本程序的路径。例如，可以将其设为如下路径。

  http://www.sina.com.cn/cgi-bin/process.cgi

  其中的 cgi-bin 是大部分服务器默认的 CGI 脚本程序放置的文件夹，process.cgi 为处理表单的 CGI 程序的文件名。

  ◆ 如果用户希望浏览者提交的内容可以发送到邮箱中去，可以在"动作"文本框中输入 mailto:feedback@pku.edu.cn，也就是在 mailto:后面再加上用户的邮箱地址。在浏览者提交表单后，浏览器将会自动打开 Outlook 或 Outlook Express，将表单中的数据整理为 E-mail 内容发送到设定的邮箱中去。

- 方法：用来选择表单提交的方法。其中，POST 方式表示表单信息将以数据包的形式提交；而 GET 方式会将浏览者提供的信息附加在 URL 地址的后面提交到服务器。

> **提示** 不建议使用 GET 方式，因为 GET 方法会将表单中的内容附加在 URL 地址后面，但 URL 地址的长度是有限制的，如果提交的内容太多，超出的部分就会被裁掉。另外，使用 GET 方法很不安全，从用户的浏览器地址栏中就可以看到用户输入的密码。

- 目标：用来设定提交表单后，打开的目标网页将以哪种形式进行显示。其中各选项的含义如下。

  ◆ _blank：将在未命名的新窗口中打开目标网页。
  ◆ _new：将在同一未命名的新窗口中打开目标网页。

◆ _parent：将在当前文档窗口的父级窗口中打开目标网页。

◆ _self：将在当前窗口中打开目标网页。

◆ _top：将在顶级窗口内打开目标网页，选择此项可确保目标网页占用整个浏览器窗口，即使表单页面原来位于某个框架中。

● 编码类型：用来指定对提交给服务器进行处理的数据使用的 MIME 编码类型。默认设置的 application/x-www-form-urlencoded 选项通常与 POST 方法协同使用。如果要在表单域中添加文件域，最好选择 multipart/form-data 类型。

## 7.3.3　移动表格

由于所有的表单元素都必须位于表单域中，因此需要将表格移动到红色的虚线框中。

**Step 01** 选中表格，按快捷键 Ctrl+X 将它剪切到剪贴板。

**Step 02** 单击红框内部，当"属性"面板显示表单的属性时表示已经选中了表单，此时再按快捷键 Ctrl+V 将表格粘贴在表单内，如图 7.9 所示。

图 7.9　移动后的表格

# 7.4 添加文本域

同步视频文件 | 同步教学文件\第 7 章\7.4 添加文本域.avi

## 7.4.1　添加单行文本框

添加单行文本框的具体操作步骤如下。

**Step 01** 将光标放在要添加单行文本框的单元格中，然后在"表单"插入工具栏中单击"文本字段"按钮，此时将在此单元格中出现一个单行的文本框，如图 7.10 所示。

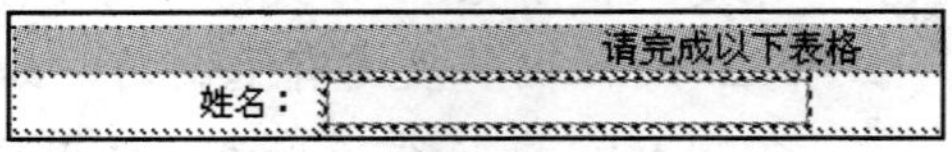

图 7.10　加入的文本框

**Step 02** 选中该文本框，在"属性"面板上修改文本框的属性。

其中各项属性的作用如下。

● 文本域：在"文本域"文本框中给文本框命名，该名称应该注意以下 3 点。

◆ 最好使用英文或数字，不能包含特殊字符和空格，但可以使用下划线 "_"。

◆ 不能和网页中的其他对象重名。

◆ 名称最好与收集内容一致，例如用来收集姓名的文本框可以命名为 name，这样看起来一目了然，也便于记忆。

- 字符宽度：用来设定文本框的宽度，默认状态下约为 24 个字符的长度，也就是说，为 24 个英文字母或 12 个中文字的宽度。

- 最多字符数：即单行文本框内所能填写的最多的字符数。例如，如果设定了最大字符数为 20，那么该文本框中最多只能输入 20 个英文字符或 10 个中文字。

- 初始值：用来设定默认状态下在单行文本框中显示的文字。

### 课堂实训 7.1  添加 "姓名" 文本框

下面在表格中 "姓名" 右侧的单元格内添加一个单行文本框，用来输入浏览者的姓名。

**Step 01** 将光标放在该单元格中，然后在 "表单"插入工具栏中单击 "文本字段" 按钮，如图 7.11 所示。

**Step 02** 此时将弹出 "输入标签辅助功能属性" 对话框，在其中设定 ID 为 username，"标签文字" 为 "姓名"，选择 "样式" 为 "使用 'for'属性附加标签标记"，如图 7.12 所示。

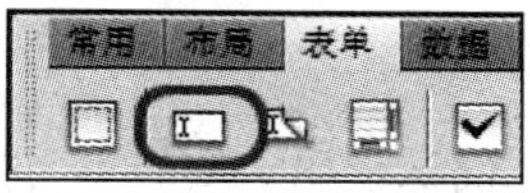

图 7.11  "文本字段" 按钮

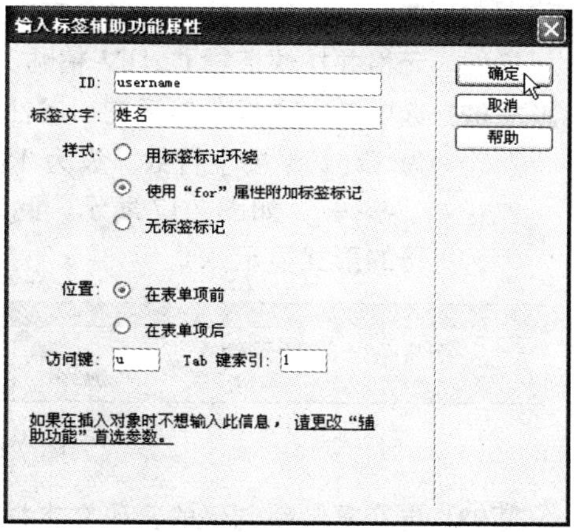

图 7.12  "输入标签辅助功能属性" 对话框

**Step 03** 单击 "确定" 按钮后，在此单元格中将出现一个单行文本框，文本框左侧出现标签文字 "姓名"。

**Step 04** 保存文件并按 F12 键预览网页，当在标签文字 "姓名" 上单击时，光标将自动插入单行文本框内。这是因为在文字标签上添加了 for 属性。切换到 "代码" 视图，该文本框对应的 HTML 代码如图 7.13 所示。

```
<label for="username">姓名</label>
<input type="text" name="username" id="username" accesskey="u" tabindex="1" />
```

图 7.13  文本框对应的 HTML 代码

**Step 05** 我们希望将标签文本放在左侧的单元格内，因此这里将右侧的标签文字 "姓名" 删除掉，文本框显示为如图 7.14 所示。

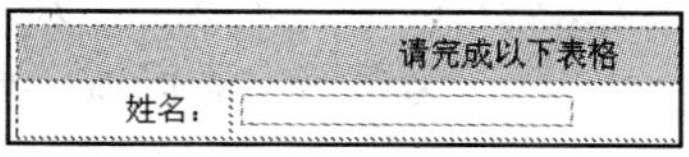

图 7.14  加入的文本框

**Step 06** 选中该文本框，就可以在 "属性" 面板上修改文本框的属性了。

按照同样的方式，就可以在 "电子邮件" 后面插入一个单行文本框，它的属性如图 7.15 所示。再在 "住址" 后面插入一个单行文本框，它的属性如图 7.16 所示。

图 7.15 "电子邮件"文本框的属性

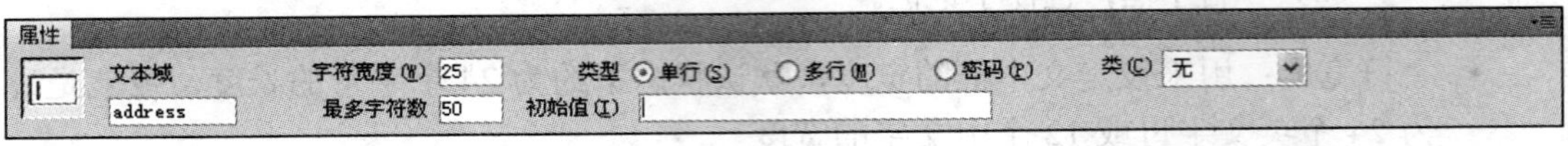

图 7.16 "住址"文本框的属性

## 7.4.2 添加密码文本框

添加密码文本框与添加单行文本框类似。

**课堂实训 7.2 添加"密码"文本框**

**Step 01** 选中上面创建的"姓名"文本框，然后按快捷键 Ctrl+C 复制，再选中"密码"后的单元格并按快捷键 Ctrl+V 粘贴，此时将在该单元格内出现一个文本框。

**Step 02** 选中该文本框，然后在"属性"面板上将其名称修改为 password，将"字符宽度"设为 12，"最多字符数"设为 15，"初始值"设为 123456，并将文本框的"类型"设为"密码"，如图 7.17 所示。此时该文本框就变成了密码文本框，其中的默认值以"*"号的形式显示。

图 7.17 修改文本框的属性

**Step 03** 再次复制新创建的密码文本框，然后将其粘贴到"确认密码"后的单元格内。

**Step 04** 选中复制得到的密码文本框，修改"属性"面板如图 7.18 所示。

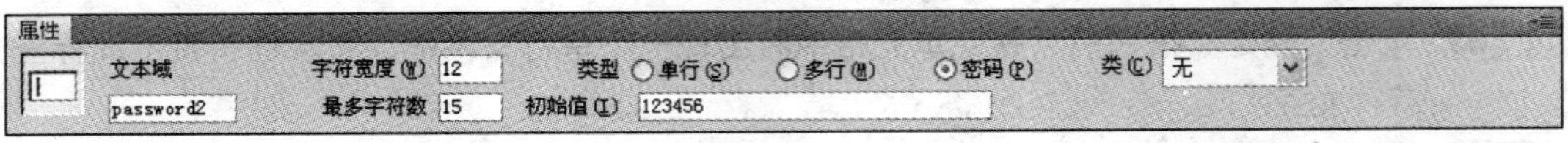

图 7.18 第 2 个密码文本框的属性

## 7.4.3 添加文本区域

添加文本区域的具体操作步骤如下。

**Step 01** 选中要添加文本区域的单元格，在其中插入一个文本框，如图 7.19 所示。

**Step 02** 选中该文本框，然后在"属性"面板上将其"类型"修改为"多行"，此时文本框变为多行文本区域，如图 7.20 所示。

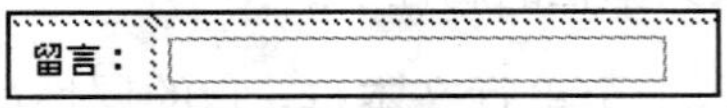

图 7.19 插入的文本框 　　　　图 7.20 单行文本框变为多行文本区域

此时，"属性"面板显示的是文本区域的属性，如图 7.21 所示。

图 7.21 "属性"面板

其中各项属性的作用如下。

- 字符宽度：用来设定文本区域的宽度，默认值为 20 个字符的宽度。
- 行数：用来设定文本区域的高度，也就是能输入多少行文本，默认高度为两行。
- 类型：用来设定文本框为单行、多行还是密码域。

  - 单行：文本框以一行显示，不会滚动。
  - 多行：选中该项后，文本框多行显示。
  - 密码：选中此项后，在文本框中输入文字以"*"号显示文字。

- 初始值：可以填写文本区域的初始文本内容。

### 课堂实训 7.3 添加"留言"文本区域

**Step 01** 选中"留言"后的单元格，在其中插入一个文本框。

**Step 02** 选中该文本框，然后在"属性"面板上将其"类型"修改为"多行"。

**Step 03** 在"属性"面板上将文本区域的名称设为 comments，将"字符宽度"设为 40，将"行数"设为 5，"初始值"设为空，如图 7.22 所示。

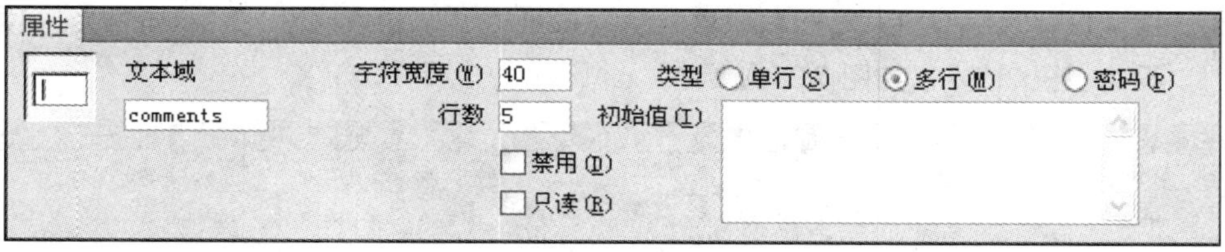

图 7.22 修改文本区域的属性

> 提示　除了这种方法外，也可以单击"表单"插入工具栏中的"文本区域"按钮□直接插入文本区域。

## 7.5 添加复选框

| 同步视频文件 | 同步教学文件\第 7 章\7.5 添加复选框.avi |
|---|---|

复选框允许浏览者同时选择多个选项，这有点像考试中的多项选择题。例如，由于浏览者的"个人爱好"可能有多种，因此需要用到复选框。

添加复选框的具体操作步骤如下。

**Step 01** 将光标放在要添加复选框的位置，然后单击"表单"插入工具栏中的"复选框"按钮☑，或者选择"插入记录"|"表单"|"复选框"命令，此时一个复选框就会出现在编辑窗口中，如图 7.23 所示。

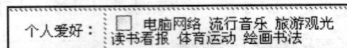

图 7.23 插入的"复选框"按钮

**Step 02** 选中该复选框，然后按照图 7.24 所示修改其属性。

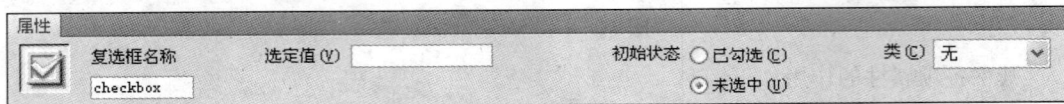

图 7.24 复选框的"属性"面板

其中各项属性的作用如下。

- 复选框名称：用来在处理提交数据时识别复选框。需要注意的是，同一组复选框应该使用相同的名称，例如，关于爱好的同一组复选框的"复选框名称"都要设为 hobby。该名称也只能使用英文、数字或"_"。
- 选定值：用来给复选框赋值。如果浏览者在访问页面时选中了这个插入的复选框，那么提交的内容就是"选定值"文本框中设定的内容。
- 初始状态：是浏览者还没有做出选择时的状态。初始状态既可以是"已勾选"，也可以是"未选中"。

### 课堂实训 7.4 添加"个人爱好"复选框

**Step 01** 将光标放在文字"电脑网络"前，然后单击"表单"插入工具栏中的"复选框"按钮☑，此时一个复选框就会出现在编辑窗口中。

**Step 02** 选中该复选框，将"复选框名称"设为 hobby，"选定值"设为 computer，"初始状态"设为"已勾选"，如图 7.25 所示。

图 7.25 修改复选框的属性

**Step 03** 用同样的方式，在"流行音乐"等文字前各插入一个复选框，如图 7.26 所示。

图 7.26 插入其他复选框

**Step 04** 这里的复选框都是和"个人爱好"相关的，应该使用相同的名称 hobby。"选定值"分别为 music、travel、reading、sports、handwriting，"初始状态"都是"已勾选"。

## 7.6 添加单选按钮和单选按钮组

单选按钮一般用在从多个选项中选中一项的情况下，这有点像考试中的单项选择题。

## 7.6.1 添加单选按钮

添加单选按钮的具体操作步骤如下。

**Step 01** 将光标放在要添加单选按钮的位置，然后在"表单"插入工具栏上单击"单选按钮"按钮 ，此时单选按钮就会出现在编辑窗口中，如图 7.27 所示。

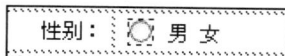

图 7.27 插入的单选按钮

**Step 02** 选中该单选按钮，然后按照图 7.28 所示修改其属性。

图 7.28 单选按钮的"属性"面板

其中各项属性的作用如下。

- 单选按钮：用来填写单选按钮的名称。注意，同一组单选按钮必须使用相同的名称，这样才能保证在同一组单选按钮中只能选择一个项目。
- 选定值：用来设定单选按钮提交的值。
- 初始状态：可以将当前的单选按钮设为"已勾选"或"未选中"。

---

**课堂实训 7.5 添加"性别"单选按钮**

| 同步视频文件 | 同步教学文件\第 7 章\课堂实训 7.5 添加"性别"单选按钮.avi |
|---|---|

下面给"性别"选项添加两个单选按钮。

**Step 01** 将光标放在文字"男"前，然后在"表单"插入工具栏上单击"单选按钮"按钮 ，此时单选按钮就会出现在编辑窗口中。

**Step 02** 选中该单选按钮，然后在"属性"面板上将"单选按钮"的名称设为 sex，"选定值"设为 1，"初始状态"设为"已勾选"，如图 7.29 所示。

图 7.29 修改单选按钮的属性

**Step 03** 用同样的方法，在文字"女"前添加一个单选按钮，并将"选定值"设为 2，如图 7.30 所示。

图 7.30 添加的单选按钮

## 7.6.2 添加单选按钮组

除了逐个添加单选按钮外，还可以通过插入"单选按钮组"的方式插入一组单选按钮，这样可以减少插入单选按钮的错误。

**Step 01** 将光标置于要插入单选按钮组的位置，然后单击"表单"插入工具栏上的"单选按钮组"按钮 ，此时将打开"单选按钮组"对话框，如图 7.31 所示。

**Step 02** 在"单选按钮组"对话框中进行设置。

对话框中各选项的作用如下。

- 名称：在该文本框中可以输入单选按钮组的名称。插入单选按钮组的好处是，同一组单选按钮都有统一的名称。
- 标签：单击"标签"列中的文字，当文字变为可修改状态时可以输入新的内容。"标签"列实际上设定的是单选按钮旁边的说明文字，因此可以使用中文。

图 7.31　"单选按钮组"对话框

- 值：单击"值"列中的文字，可以添入需要的值。该列设定的是选中单选按钮后提交的内容，只能使用英文、数字以及"_"。
- 添加/删除项目：单击对话框中的"＋"按钮可以添加新的单选按钮项目；选中单选按钮项目后，单击"－"按钮，可以删除单选按钮项目。
- 移动项目：选中单选按钮项目后，单击向上箭头按钮，可以将项目上移；单击向下箭头按钮，可以将项目下移。
- 布局，使用：在对话框底部可以选择是使用"换行符"排版，还是使用"表格"排版。

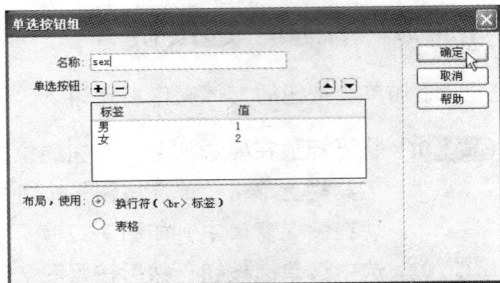

**Step 03** 单击对话框中的"确定"按钮，就会在光标所在的位置上出现一组单选按钮组，如图 7.32 所示。

图 7.32　新添加的单选按钮组

# 7.7 | 添加菜单和列表

| 同步视频文件 | 同步教学文件\第 7 章\7.7 添加菜单和列表.avi |

有时要显示的选项很多，例如"省份"就有几十个，要将这些省份全部用单选按钮的形式罗列出来，将会使网页显得非常杂乱。为了更好地节省空间，可以使用菜单或列表的形式。

菜单和列表的最大区别是，菜单默认只显示一行，而列表可以显示多行。

## 7.7.1　添加菜单

**Step 01** 将光标放在要添加菜单的单元格中，在"表单"插入工具栏中单击"选择（列表/菜单）"按钮 ，此时在编辑窗口中就会出现一个菜单框，如图 7.33 所示。

图 7.33　插入的菜单框

**Step 02** 选中插入的菜单框，按照图 7.34 所示修改其属性。

图 7.34　"属性"面板

其中各项属性的作用如下。

- 选择：在该文本框中可以输入当前菜单的名称，该名称最好和菜单的内容相关。
- 类型：可以选择类型是"菜单"还是"列表"。列表可以同时显示多个选项，如果选项超过了列表高度，就会自动出现滚动条，浏览者可以通过拖动滚动条查看各个选项；而菜单正常状态下只能看到一个选项，单击按钮展开菜单后才能看到全部的选项。
- 列表值：单击该按钮，就会打开"列表值"对话框，如图7.35所示。
  单击对话框中的"＋"按钮可以添加新项目，然后单击"项目标签"列就可以输入标签的内容了，这里设定的内容将会显示在菜单的列表中。单击"值"列可以输入列表项对应的数值。在列表中选中项目后，单击"－"按钮可以删除项目。
  在列表中选中项目后，单击对话框中的向上箭头按钮，可以将项目位置上移；单击向下箭头按钮，可以将项目下移。

---

**课堂实训7.6　添加"籍贯"菜单**

**Step 01** 将光标放在"籍贯"后的单元格中，在"表单"插入工具栏中单击"选择（列表/菜单）"按钮，此时在编辑窗口中就会出现一个菜单框。

**Step 02** 选中插入的菜单框，在"属性"面板中单击"列表值"按钮。在这里添加各省份的名称（见图7.36）。

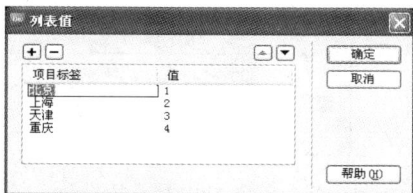

图7.35　"列表值"对话框　　　　　　图7.36　添加各省份的名称

**Step 03** 当所有的选项设定好后，就可以单击"确定"按钮关闭对话框。

**Step 04** 此时，"初始化时选定"列表中就会出现刚设定的菜单项目。如果在该列表中不进行选择，菜单未被选择之前就会是空项；如果在该列表中选择了某一项，该项就会出现在菜单框中，作为初始状态下默认的选择项。这里选择"北京"作为默认的省份，设定菜单的名称为province，在"类型"选项组中选中"菜单"单选按钮，如图7.37所示。

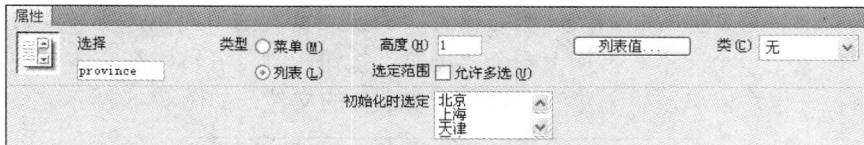

图7.37　设置后的"属性"面板

## 7.7.2　添加列表

选中插入的菜单框，在"类型"选项组中选中"列表"单选按钮，此时菜单框就会转变为列表框，"属性"面板中的"高度"和"选定范围"两项就会变成可用，如图7.38所示。

123

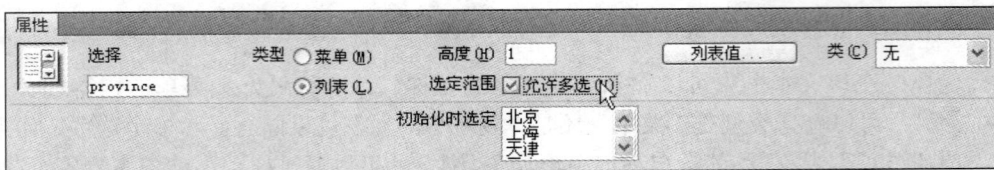

图 7.38 列表框的"属性"面板

其中各项属性的作用如下。

- 高度：用来设定列表的高度，单位是行。
- 选定范围：可以设定是否允许多项选择。当允许多项选择时，浏览者可以配合 Shift 键或 Ctrl 键同时选中列表中的多个选项。

**课堂实训 7.7 添加"籍贯"列表**

**Step 01** 选中插入的菜单框，在"类型"选项组中选中"列表"单选按钮，在列表框的"属性"面板中设定"高度"为 4，并选中"允许多选"复选框。

**Step 02** 按 F12 键预览网页，此时在列表中单击一个选项，然后按住 Shift 键再次单击另外一个选项，就可以在列表中选中两个选项间的所有选项，如图 7.39 所示。

如果在按住 Ctrl 键的同时单击选项，可以选中不相邻的选项，再次单击就会取消选择，如图 7.40 所示。

图 7.39 按住 Shift 键选中选项

图 7.40 按住 Ctrl 键选中选项

# 7.8 添加其他表单域

| 同步视频文件 | 同步教学文件\第 7 章\7.8 添加其他表单域.avi |
|---|---|

## 7.8.1 添加文件域

有时需要用户将文件提交到网站服务器上，例如浏览者的个人照片等，此时就会用到文件域。文件域是一个文本框再加上一个"浏览"按钮，浏览者可以在文本框中输入要上传的图片路径，也可以单击"浏览"按钮找到要上传的文件，如图 7.41 所示。

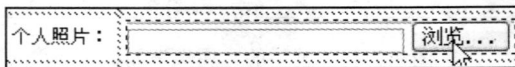

图 7.41 文件域

注意：文件域对表单域的设定有特殊的要求。表单域属性中的"方法"必须设为 POST。另外，"编码类型"要设置为 multipart/form-data。

文件上传需要有上传程序模块的支持，该程序模块被包含在"动作"文本框中设定的文件中。当然，也可以将邮箱作为上传文件的位置。

添加文件域的具体操作步骤如下。

**Step 01** 将光标置于要插入文件域的位置，然后单击"表单"插入工具栏中的"文件域"按钮，文件域就会被插入到编辑窗口中。

**Step 02** 选中插入的文件域，按照图 7.42 所示修改其属性。

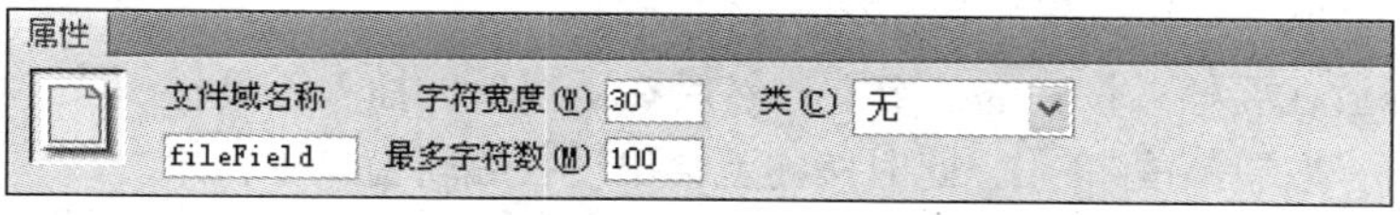

图 7.42 文件域的"属性"面板

其中各项属性的作用如下。

- 文件域名称：用来填写文件域的名称。
- 字符宽度：用来设定文件域文本框的宽度，单位是字符。
- 最多字符数：用来设定文件域文本框中所能添加的最多字符数。

**课堂实训 7.8 添加文件域**

**Step 01** 将光标置于要插入文件域的位置，然后单击"表单"插入工具栏中的"文件域"按钮。

**Step 02** 选中插入的文件域，在"属性"面板中设定"文件域名称"为 photofile，"字符宽度"为 30，"最多字符数"为 100。

## 7.8.2 添加隐藏域

有时需要在网页之间传递参数，但又不希望浏览者看见这些参数，此时就可以使用隐藏域。当浏览者在提交表单时，隐藏域中包含的信息也会被发送到表单域指定的目标程序中，这样程序就可以接收到表单页面中的一些参数。隐藏域可以放在表单内的任何位置上。

添加隐藏域的具体操作步骤如下。

**Step 01** 将光标放在需要插入隐藏域的表单中，在"表单"插入工具栏中单击"隐藏域"按钮，隐藏域就会出现在编辑窗口中。

**Step 02** 选中插入的隐藏域，按照图 7.43 所示修改其属性。

图 7.43 隐藏域的"属性"面板

其中各项属性的作用如下。

- 隐藏区域：用来给隐藏域命名。
- 值：在该文本框中设定隐藏域的值。

# *7.9* 插入按钮

| 同步视频文件 | 同步教学文件\第 7 章\7.9 插入按钮.avi |

表单中的按钮可以用来提交或重置表单，也可以用来触发特定的事件。

插入按钮的具体操作步骤如下。

**Step 01** 将光标放在要插入按钮的位置上，然后在"表单"插入工具栏中单击"按钮"按钮□，此时按钮就会出现在编辑窗口中，如图 7.44 所示。

提交

图 7.44　插入的按钮

**Step 02** 选中该按钮，按照图 7.45 所示修改其属性。

图 7.45　按钮的"属性"面板

其中各项属性的作用如下。

- 按钮名称：用来给按钮命名。
- 动作：用来选择单击按钮时将会触发的动作。

  ◆ 提交表单：用来将按钮设为提交按钮。当访问者单击该按钮时，就会将表单中的内容提交给表单目标程序。

  ◆ 重设表单：用来将按钮设为重置按钮。当访问者单击该按钮时，就会清除浏览者填写的所有表单内容。

  ◆ 无：用来将按钮设为普通按钮，在该按钮上可以自定义触发的动作。当访问者单击该按钮时，就可以触发该动作。

- 值：用来设定按钮上的文字。

## 课堂实训 7.9　插入动作按钮

**Step 01** 将光标放在要插入按钮的位置上，然后在"表单"插入工具栏中单击"按钮"按钮□，此时按钮就会出现在编辑窗口中（见图 7.44）。

**Step 02** 选中该按钮，这里对按钮的属性保持默认值，不做任何改动（见图 7.45）。

**Step 03** 使用同样的方法，在单元格中再插入一个按钮，设置"按钮名称"为 reset，选择按钮的"动作"为"重设表单"，此时"值"文本框中的文字被修改为"重置"，如图 7.46 所示。

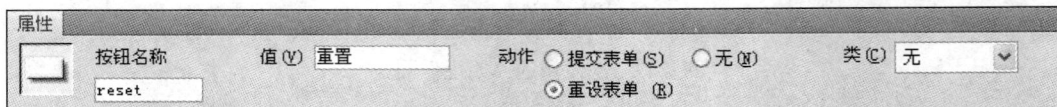

图 7.46　修改后的按钮属性

**Step 04** 在页面中输入一些内容后单击"提交"按钮，由于前面我们给表单设定的"动作"是一个邮箱地址，此时就会打开一个对话框，询问是否以电子邮件的形式提交，如图 7.47 所示。

**Step 05** 单击"确定"按钮后，浏览器会将提交的信息发送到表单的"动作"属性中定义的邮箱内。如果进入设定的电子邮箱，就会在收件箱中收到一封邮件，该邮件中的内容就是表单提交的数据。

图 7.47　提示框

# 7.10 添加图像域

| 同步视频文件 | 同步教学文件\第 7 章\7.10 添加图像域.avi |
|---|---|

普通的提交按钮看起来并不美观，用户可以用图像域来替换它。

**Step 01** 将光标放在要插入图像域的位置上，然后在"表单"插入工具栏中单击"图像域"按钮，在打开的"选择图像源文件"对话框中找到要插入的图像，如图 7.48 所示。

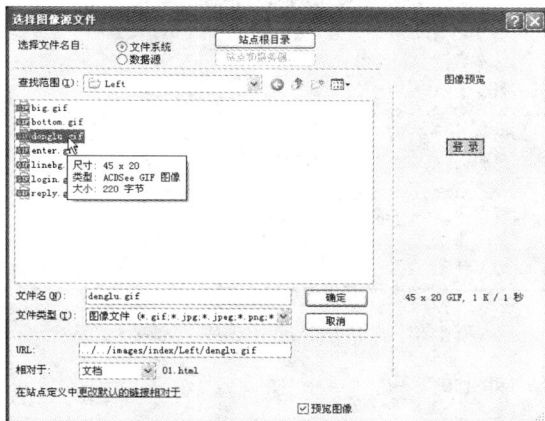

图 7.48　选择作为图像域的文件

**Step 02** 单击"确定"按钮后，图像域就会出现在网页编辑窗口中。选中该图像域，在"属性"面板上显示的是图像域的属性，如图 7.49 所示。在"属性"面板上可修改其属性。

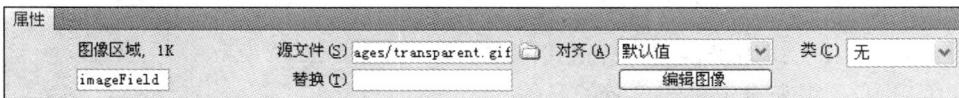

图 7.49　图像域的属性设置

其中各项属性的作用如下。

- 图像区域：用来设定图像域的名称。
- 源文件：为图像所在的路径。
- 替换：为图像的替换文字。当图像没有被下载之前，图像所在的位置会显示替换文字；如果图像下载完成，当鼠标放在图像上方时，也会显示替换文字。
- 对齐：用来设置图像与文字的相对对齐方式。

# 7.11　制作跳转菜单

| 同步视频文件 | 同步教学文件\第 7 章\7.11 制作跳转菜单.avi |
|---|---|

图 7.50 所示的跳转菜单中添加有很多的友情链接，使用起来比较方便。浏览者单击下三角按钮展开下拉列表，在其中单击某一个选项，就可以打开该选项对应的 URL 地址。

## 7.11.1　插入跳转菜单

图 7.50　跳转菜单

新建文件，然后单击"表单"插入工具栏上的"跳转菜单"按钮，将会打开"插入跳转菜单"对话框，如图 7.51 所示。

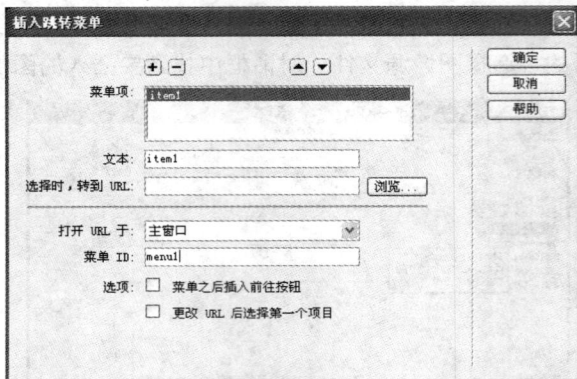

图 7.51　"插入跳转菜单"对话框

对话框中各选项的作用如下。

- 菜单项：显示该跳转菜单中将会出现的各个选项。当增加、删除、修改各选项时，菜单项中的内容都会发生相应的改变。
- 文本：用来设定下拉列表中某选项的说明文字。
- 选择时，转到 URL：用来设定链接网页的地址，也可以单击"浏览"按钮找到要链接的网页。
- 打开 URL 于：用来设定打开链接的窗口。
- 菜单 ID：用来设定跳转菜单的名称。
- 选项：当选中"菜单之后插入前往按钮"复选框后，将在菜单的旁边添加一个"前往"按钮，此时只有当访问者单击了该按钮后，浏览器才会访问该地址；当选中"更改 URL 后选择第一个项目"复选框后，可以在找不到链接的 URL 地址时，自动打开菜单中第一个项目对应的 URL 地址。

**课堂实训 7.10　添加跳转菜单**

**Step 01** 新建文件，然后单击"表单"插入工具栏上的"跳转菜单"按钮，打开"插入跳转菜单"对话框。

**Step 02** 这里将"文本"设为"新浪网",将"选择时,转到 URL"设为 http://www.sina.com.cn,如图 7.52 所示。

**Step 03** 单击对话框顶部的"+"按钮,将在对话框中新添一个选项,并修改该选项的各项参数,如图 7.53 所示。

图 7.52　修改后的选项

图 7.53　新添的选项

> **提示**
>
> 选择项目后单击对话框上方的"—"按钮,可以删除选中的项目。

**Step 04** 此时单击"确定"按钮,跳转菜单就会出现在编辑窗口中。

## 7.11.2　修改跳转菜单

修改跳转菜单的具体操作步骤如下。

**Step 01** 选中插入的跳转菜单,"属性"面板就会变成如图 7.54 所示。

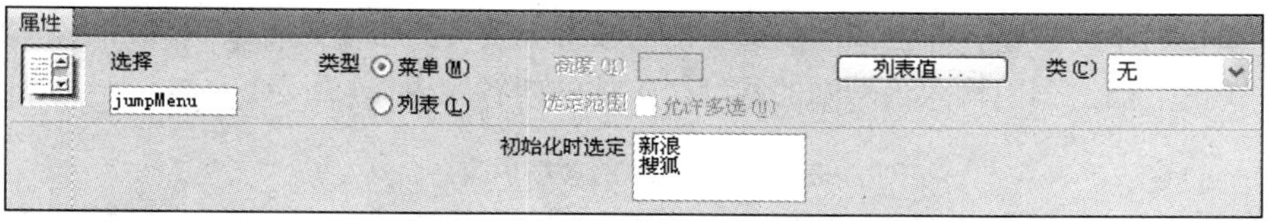

图 7.54　跳转菜单的"属性"面板

**Step 02** 单击"属性"面板上的"列表值"按钮,打开"列表值"对话框,如图 7.55 所示。此时就可以和修改菜单一样去修改表单中的各个选项了。

**Step 03** 修改完毕后单击"确定"按钮,修改的设置就会应用到已有的跳转菜单上。

**Step 04** 保存文档并在浏览器中打开,效果如图 7.56 所示。展开菜单并单击其中的某个选项,就可以跳转到在"插入跳转菜单"对话框中设定的网址上。

图 7.55　"列表值"对话框

图 7.56　在浏览器中的效果

## 7.11.3　添加 JavaScript 脚本

使用跳转菜单有一个问题,那就是单击某个选项后,窗口中原来的网页被替换成了新的网页。如果我们希望单击选项后，打开的页面能够出现在新的窗口中，就需要手动添加 JavaScript 脚本。

---

**课堂实训 7.11　添加跳转菜单的 JavaScript 脚本**

| 同步视频文件 | 同步教学文件\第 7 章\课堂实训 7.11 添加跳转菜单的 JavaScript 脚本.avi |
| --- | --- |

**Step 01** 新建文档，单击"表单"插入工具栏中的"选择（列表/菜单）"按钮，此时弹出一个对话框询问是否添加表单标签，如图 7.57 所示，单击"是"按钮后，编辑区中出现了一个菜单，如图 7.58 所示。

图 7.57　询问是否加入标签

图 7.58　加入的菜单

**Step 02** 选中该菜单后，单击"属性"面板上的"列表值"按钮，在打开的"列表值"对话框中，设定第 1 项的"项目标签"为"----求职招聘----"，"值"设为空。

**Step 03** 单击"＋"按钮，并在添加的选项的"项目标签"列中输入各求职网站的名称，在右侧的"值"列中输入该网站的网址，具体的内容如表 7.1 所示。

表7.1　列表中的各项内容

| 项目标签 | 值 |
| --- | --- |
| 前程无忧 | http://www.51job.com |
| 中华英才网 | http://www.china-hr.com |
| 中国人才热线 | http://www.cjol.com |
| IT 人才网 | http://www.pcjob.com.cn |

添加完后，"列表值"对话框如图 7.59 所示。

**Step 04** 单击"确定"按钮返回编辑窗口，在"属性"面板中选择"初始化时选定"为"----求职招聘----"，把它作为默认显示项，如图 7.60 所示。

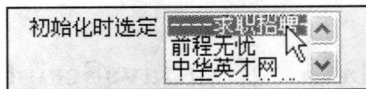

图 7.59　设置后的"列表值"对话框

图 7.60　设置默认显示项

**Step 05** 到此为止，我们已经将选项全部设好了。要实现单击选项跳转，还必须添加 JavaScript 脚本。选中菜单并切换到"代码"视图，此时菜单的代码反白显示，如图 7.61 所示。

**Step 06** 在<select name=select1>代码后添加一个 onChange 语句，如下所示。

```
<select name=select1
onChange=javascript:window.open (this.options[this.selectedIndex].
value) >
```

修改后的代码如图 7.62 所示。这段代码的作用是在单击菜单中的某一项时，在一个新窗口打开相应的链接。

图 7.61　菜单的代码

图 7.62　修改后的代码

**Step 07** 用同样的方法，可以添加其他跳转菜单，分别为"信息热线"、"知名网站"、"更多链接"，如图 7.63 所示。

到这里就完成了网站导航栏，用户可以根据自己的需要，将"友情链接"、"搜索引擎"等也做成跳转菜单。

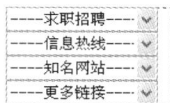

图 7.63　添加其他的菜单

# 7.12　添加搜索引擎

很多个人网站上都有如图 7.64 所示的搜索引擎，在文本框中输入关键字并选择搜索的类型后，单击"搜索"按钮，浏览器中就会列出符合条件的记录。

这样的搜索引擎实际上是在调用门户网站提供的搜索程序，像新浪、搜狐等都有这样的程序供个人站点使用，下面就边学边练习用新浪网提供的搜索引擎制作一个搜索表单。

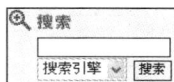

图 7.64　搜索引擎

### 课堂实训 7.12　添加新浪搜索引擎

（1）插入表单对象

**Step 01** 新建文档，用"表单"插入工具栏中的"表单"按钮插入一个表单域，然后将光标定位在红框内，用"常用"插入工具栏中的"表格"按钮插入一个 3 行 1 列的表格，宽度为 150 像素。

**Step 02** 在第 1 个单元格中插入图片（文件路径为素材目录 mywebsite\exercise\images\ search.gif），然后单击"表单"插入工具栏中的"文本字段"按钮，在第 2 个单元格内增加一个单行文本框，选中单行文本框，在"属性"面板上设置其各项属性，如图 7.65 所示。

> **注意** 文本框的名字必须为_searchkey，这是由新浪网的搜索程序确定的。

131

图 7.65　设置单行文本框的属性

**Step 03** 在第 3 个单元格中增加一个菜单和一个按钮，并设置按钮的属性如图 7.66 所示。此时，整个表单的效果如图 7.67 所示。

图 7.66　设置按钮的属性

图 7.67　添加完后的表单

（2）修改菜单属性

**Step 01** 选中菜单框，单击"列表值"按钮，在打开的"列表值"对话框中编辑列表中的内容，各选项中的内容和值如图 7.68 所示。

**Step 02** 单击"确定"按钮关闭"列表值"对话框，然后在"属性"面板上将"搜索引擎"设成默认选项，将菜单名称设为_ss（该名称不能修改），如图 7.69 所示。

图 7.68　设定后的列表值

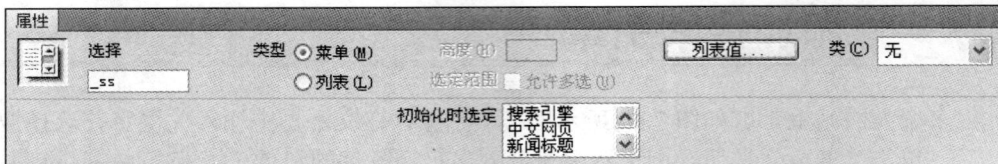

图 7.69　设置"属性"面板

（3）设定表单属性

**Step 01** 将光标移到表单的红框上单击，在"属性"面板的"动作"文本框中输入搜索引擎的URL，这里输入 http://search.sina.com.cn/cgi-bin/search/search.cgi，并设置提交表单的方法为 GET，如图 7.70 所示。

图 7.70　设置表单动作和方法

**Step 02** 保存网页并按 F12 键打开浏览器，在文本框中输入关键词"电影"，在下拉列表中选择"中文网页"，然后单击"搜索"按钮，如图 7.71 所示。此时，网页将调用新浪的搜索引擎开始搜索。

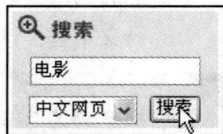

完成后的结果如图 7.72 所示。

图 7.71　在浏览器中搜索页面

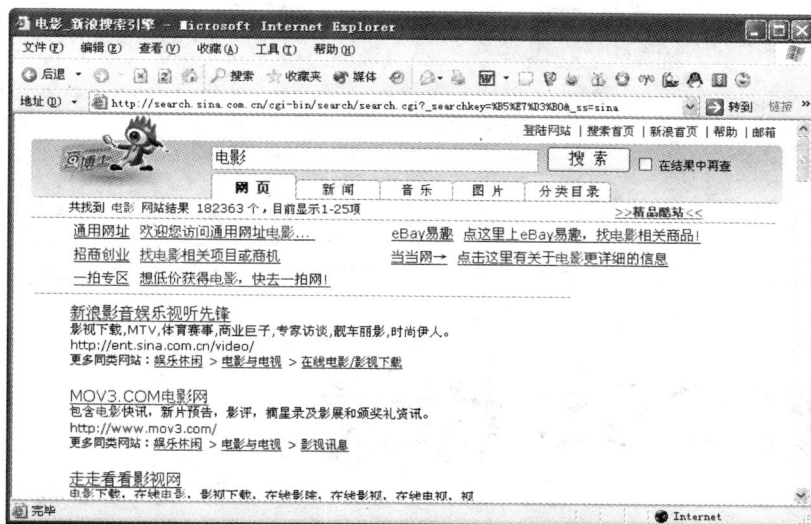

图7.72 搜索结果页面

# 7.13 上机实训——制作"用户管理"表单页面

在 Dreamweaver CS5 中新建站点 mysamplesite 目录 form 下的文件 index.htm，然后在其中插入表格和装饰性图片（图片在素材目录 mysamplesite\images 文件夹中），在表格的单元格中插入各种表单元素，并设定好各个元素的属性，最终的效果如图7.73 所示（可参见素材目录 mysamplesite\form 下的文件 index.htm）。

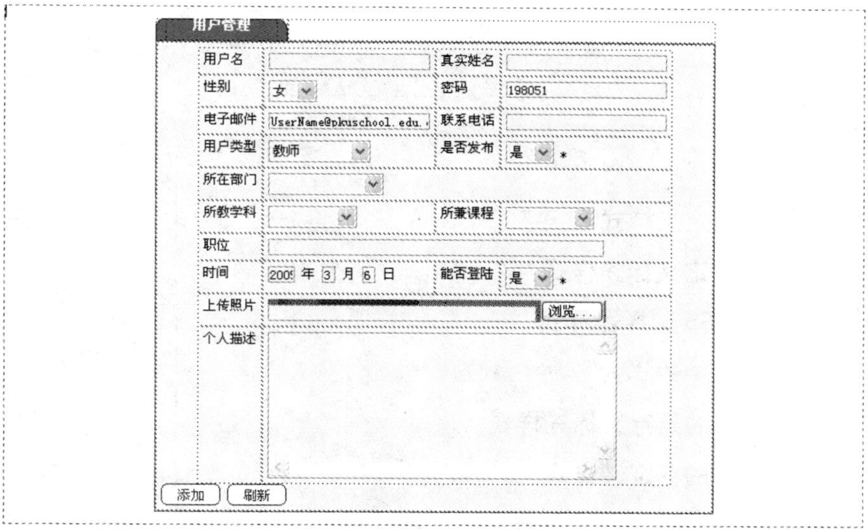

图7.73 搜索页面效果

# 第8章

# 使用 CSS 样式

利用 CSS（Cascading Style Sheet，层叠样式表）可以对页面中的文本、段落、图像、页面背景、表单元素外观等实现更加精确地控制，甚至浏览器滚动条样式等浏览器的一些属性都可以通过它来调整。更为重要的是，CSS 真正实现了网页内容和格式定义的分离，通过修改 CSS 样式表文件就可以修改整个站点文件的风格，大大减小更新站点的工作量。

学习目标：学完本章后，能够熟练地使用 CSS 样式对页面中的文本、段落、图像、页面背景、表单元素外观等进行设置。

## 本章知识点

- 关于 CSS 样式
- 本文档内自定义样式
- 本文档内重定义标签样式
- 本文档内 CSS 选择器样式
- 管理本文档中的样式
- CSS 文件中的重定义标签样式
- CSS 文件中的自定义样式
- CSS 文件中的 CSS 选择器样式
- 管理 CSS 文件中的样式
- CSS 样式使用原则
- 创建 main.css 样式文件

# 8.1 关于 CSS 样式

## 8.1.1 CSS 样式分类

到底什么是 CSS 样式呢？简单地说，CSS 样式就是定义网页格式的代码。

CSS 样式分为 3 类，它们分别是自定义样式、重定义标签样式、CSS 选择器样式。

### 1. 自定义样式

自定义样式是最基本也是最灵活的样式，它的特点是，定义样式后必须在需要用样式的地方应用它，否则就不起任何作用。

### 2. 重定义标签样式

重定义标签样式，顾名思义，就是对 HTML 标签的默认格式重新定义，比如原来页面的背景颜色默认是白色的，用户可以通过这种样式使页面默认的背景颜色变成橙色。

这种样式的特点是，不需要应用，当页面被下载时，一遇到重新定义过的 HTML 标签，就会将重定义标签样式中定义的格式应用到 HTML 标签上。

### 3. CSS 选择器样式

CSS 选择器样式是一类特殊类型的样式，其中用得最多的就是关于链接的定义。利用它可以实现很多链接上的特殊效果，比如当用户将光标放到链接文字上时，文字链接下面的下划线消失了或者文字变大变粗等。

不同类型样式的代码写法不同，但一般不需要手动去编写。因为用户可以使用 Dreamweaver CS5 自动生成代码，即使用户不熟悉 CSS 的语法也没有任何困难。

## 8.1.2 存放样式的位置

CSS 样式的定义代码可以存放在两个位置上，一个是存放在本文档的头部（<head>和</head>之间），另一个是存放在扩展名为*.css 的文件中。

### 1. 在本文档的头部

把 CSS 样式定义在本文档中，实际上是将定义代码块放在了网页的<head>和</head>之间。这样的定义方式使得样式表只能用于当前的网页，也就是说，用户每新建一个网页都必须重新定义一遍 CSS 样式，修改时也必须打开每一个文件单独进行修改。但同一页面中，如果多次用到了一个样式，一旦修改了该样式，所有用过该样式的对象都会有变化。

### 2. 在外部 CSS 文件中

如果把样式存放在外部*.css 的文件中，可以用链接样式表文件的方式将网页和样式表关联起来，此时网页中的内容将会根据样式表文件中的定义进行格式化。

由于该文件独立于网页之外，因此该文件可以被所有的网页引用。这样一来，同一个文件就可以控制多个网页的外观了。当修改样式表文件中的内容时，所有链接过该文件的网页都会发生相应的变化。也就是说，网页内容和格式可以实现分离。

## *8.2* 本文档内自定义样式

CSS 规则定义对话框左侧显示的是定义内容的分类，这些分类和主要定义项目如表 8.1 所示。

表8.1　样式类型和主要定义项目

| 分类 | 主要定义项目 |
| --- | --- |
| 类型 | 文本的大小（Font-size）、字体（Font-family）、颜色（Color）、样式（Font-style）、修饰（Text-decoration）等 |
| 背景 | 背景颜色（Background-color）、背景图片（Background-image）的设定 |
| 区块 | 文本区域的整体效果，如对齐方式（Text-align）、字符间距（Letter-spacing）、文本缩进（Text-indent）等 |
| 方框 | 设定对象在网页上的位置，如间距（Padding）、边界（Margin）等 |
| 边框 | 添加不同类型宽度的边框 |
| 列表 | 创建不同类型的列表，包括设置项目符合外观（List-style-type）、自定义项目符号图像（List-style-image） |
| 定位 | 用于层的属性定义，包括层的类型、位置等，但因为直接在"属性"面板中设置层的属性更方便，因此并不常用 |
| 扩展 | 实现一些扩展的功能，包括换行符、鼠标形式和通过 CSS 样式给图片添加滤镜效果等 |

### 8.2.1 文字

| 同步视频文件 | 同步教学文件\第 8 章\8.2.1 文字.avi |
| --- | --- |

下面自定义一个样式，让文字字体为宋体，大小为 9px，颜色为黑色。

**Step 01** 在 Dreamweaver CS5 中打开素材目录 mywebsite\exercise\css 中的文件 01_exer.htm。

**Step 02** 选择菜单命令"窗口"|"CSS 样式"，此时就会展开窗口右侧的"CSS 样式"面板，如图 8.1 所示。

**Step 03** "CSS 样式"面板最下面有 7 个按钮，单击其中的"新建 CSS 规则"按钮，将会打开"新建 CSS 规则"对话框，如图 8.2 所示。

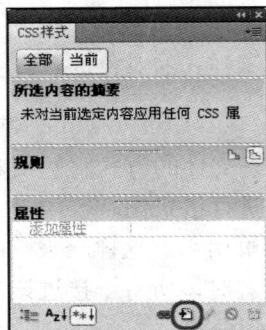

图 8.1　"CSS 样式"面板　　　　图 8.2　"新建 CSS 规则"对话框

首先我们来看一下选择器类型。

- 类（可应用于任何 HTML 元素）：可以创建一个作为 class 属性应用于任何 html 元素的自定义样式。类名称必须以英文字母或句点开头，不要包括空格或其他符号。
- ID（仅应用于一个 HTML 元素）：定义包含特定 ID 属性的标签的格式。ID 名称必须以英文字母开头，Dreamweaver CS5 将自动在名称前添加"#"，不要包含空格或其他符号。
- 标签（重新定义 HTML 元素）：重新定义特定 HTML 标签的默认格式。
- 复合内容（基于选择的内容）：定义同时影响两个或多个标签、类或 ID 的复合规则。

选择定义规则的位置。

- 仅限该文档：在当前文档中嵌入样式。
- 新建样式表文件：创建外部样式表。

**Step 04** 这里在"选择器名称"文本框中输入.text，在"选择器类型"下拉列表框中选择"类（可应用于任何 HTML 元素）"选项，在"规则定义"下拉列表框中选择"（仅限该文档）"选项，单击"确定"按钮后就会打开".text 的 CSS 规则定义"对话框，如图 8.3 所示。

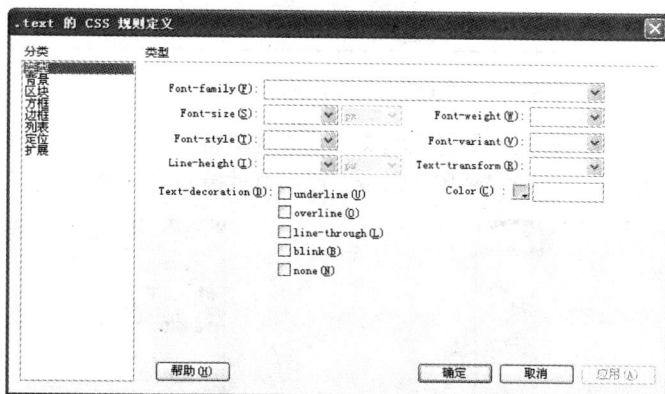

图 8.3  ".text 的 CSS 规则定义"对话框

**Step 05** 在"分类"列表框中选择"类型"选项，此时右侧显示的就是和文本相关的面板了。若要定义文本的字体，则在 Font-family（字体）下拉列表框中选择"编辑字体列表"选项，此时将打开"编辑字体列表"对话框。

**Step 06** 在"可用字体"列表框中找到自己需要的字体，然后双击该字体，或者选中后单击"添加字体"按钮，将字体加入到"选择的字体"列表框中。用户可以一次添加多种字体。如果网页中使用了这个字体列表，当客户浏览器访问用户的网页时，首先查找它所在的电脑上是否安装了第一种字体"宋体"，如果是的话，就会按照宋体来显示网页内容；如果没有，就会继续查找是否安装了第二种字体"新宋体"。同样，如果有新宋体，就用"新宋体"来显示；如果没有，就会按浏览器中设置的默认字体来显示。

**提示**

一般中文 IE 浏览器的默认字体是宋体。

**Step 07** 添加完字体后，单击"确定"按钮将字体列表添加到 Dreamweaver CS5 中。此时，再次展开".text 的 CSS 规则定义"对话框中的"Font-family（字体）"下拉列表框，就会出现刚刚定义好的字体列表。

**Step 08** 设置 Font-size（文字大小）为 9px（像素），将 Font-weight（粗细）、Font-style（样式）、Font-variant（变体）、Line-height（行高）全部设为 normal（正常），将 Text-transform（大小写）设为 capitalize（首字母大写），然后单击"确定"按钮，如图 8.4 所示。此时，在"CSS 样式"面板中就会出现刚创建好的.text，如图 8.5 所示。

图 8.4　".text 的 CSS 规则定义"对话框

**Step 09** 选中表格，然后选择要使用样式的文字，右键单击"CSS 样式"面板上的名称.text，在弹出的快捷菜单中选择"套用"命令，此时样式就被应用到文字上了，如图 8.6 所示。

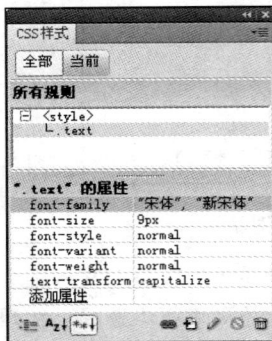

图 8.5　"CSS 样式"面板

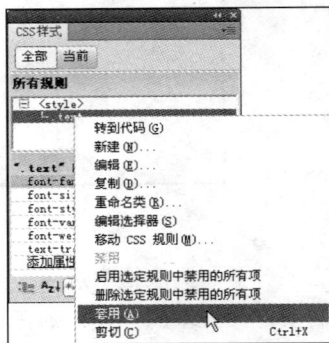

图 8.6　套用样式

此时的文字和原来相比明显变小了，这是因为刚才在样式中定义的文字大小比默认文字要小一些。

## 8.2.2　背景

| 同步视频文件 | 同步教学文件\第 8 章\8.2.2 背景.avi |
|---|---|

在 HTML 语言中，背景只能使用颜色或者让图片在水平、垂直方向上平铺开来，无法对背景实现更精确地控制，而 CSS 可以让背景图片只在一个方向上平铺或者根本不重复，甚至可以决定不重复的背景图片出现的位置。

表 8.2 中列出的是"背景"面板中各项的含义和使用方法。

表8.2 "背景"面板中各项的含义和使用方法

| 定义类型 | 含义和使用方法 |
|---|---|
| 背景颜色<br>（Background-color） | 设置背景色彩，在文本框中直接输入十六进制颜色代码或者通过拾色器拾取颜色 |
| 背景图像<br>（Background-image） | 单击此项右侧的"浏览"按钮可以选择需要的背景图片 |
| 重复<br>（Background-repeat） | 使用背景图片时，用它来设置背景图片的重复方式，包括"不重复（no-repeat）"、"重复（repeat）"、"横向重复（repeat-x）"、"纵向重复（repeat-y）"。默认是在横向和纵向都重复 |
| 附件<br>（Background-attachment） | 使用背景图片时，可以设置当拖拉滚动条时，图片是否跟随网页一同滚动，选项中有"滚动"或"固定"。Netscape 浏览器不支持这种效果 |
| 水平位置<br>（Backgrond-position(X)） | 设置背景图片在水平方向上的位置，可以是左对齐（left）、右对齐（right）或居中（center），也可以设置具体的像素值，此时，坐标原点在选中对象的左上角 |
| 垂直位置<br>（Background-position(Y)） | 可以选择"顶部（top）"、"底部（bottom）"或"居中（center）"，也可以使用具体数值来设置位置，此时，坐标原点在选中对象的左上角 |

新建一个名为.tablebg 的自定义样式，在其中设置背景色和背景图像，并将它用在表格的背景上。

### 1. 设置背景色

**Step 01** 单击"新建 CSS 样式"按钮 ，在打开的对话框中选择"（仅限该文档）"和"类（可应用于任何 HTML 元素）"，然后输入样式名称.tablebg，单击"确定"按钮后，在打开的 ".tablebg 的 CSS 规则定义"对话框中单击"分类"列表框中的"背景"选项，切换到"背景"面板，如图 8.7 所示。

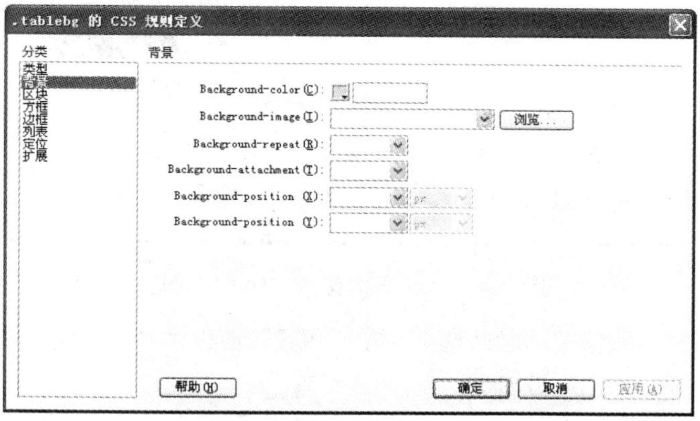

图 8.7 "背景"面板

**Step 02** 在 Background-color（背景颜色）文本框中输入#FFFF99，将背景色设为黄色。单击"确定"按钮后，"CSS 样式"面板中就会出现定义好的样式.tablebg。

**Step 03** 选中文档中的表格，在"属性"面板
上的"类"下拉列表框中选择 tablebg，
如图 8.8 所示。此时表格的背景上就
会出现黄色，如图 8.9 所示。

图 8.8　选择样式

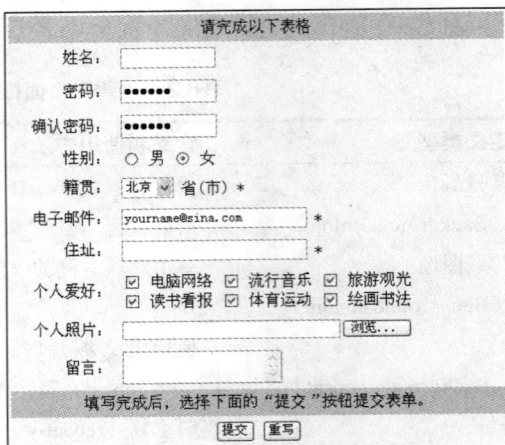

图 8.9　添加背景色后的表格

### 2. 设置背景图像

由于表格上只能应用一个样式，因此只能修改.tablebg 这个样式，在该样式上添加背景图
片。

**Step 01** 在"CSS 样式"面板上选中样式名称.tablebg，单击"编辑样式"按钮 ✎，此时将再次
打开".tablebg 的 CSS 规则定义"对话框。

**Step 02** 切换到"背景"面板，单击 Background-image（背景图像）后的"浏览"按钮，在打
开的"选择图像源文件"对话框中找到素材目录 mywebsite\exercise\css\images 下的文
件 boy.gif，如图 8.10 所示。

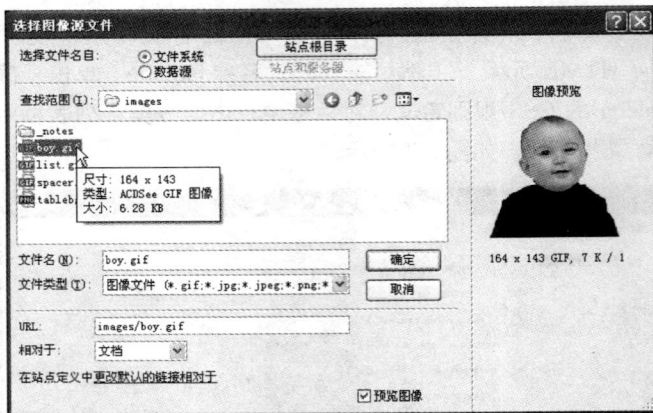

图 8.10　"选择图像源文件"对话框

**Step 03** 单击"确定"按钮关闭对话框，并在"背景"面板中单击"应用"按钮，表格就加上
了背景图像，如图 8.11 所示。

**Step 04** 在"背景"面板的 Background-repeat（重复）下拉列表框中选择 no-repeat（不重复）
选项，设置 Backgrond-position(X)（水平位置）为 320 像素，Backgrond-position(Y)（垂
直位置）为 30 像素。

**Step 05** 单击"确定"按钮后，表格就只剩下一张背景图像了，如图 8.12 所示。

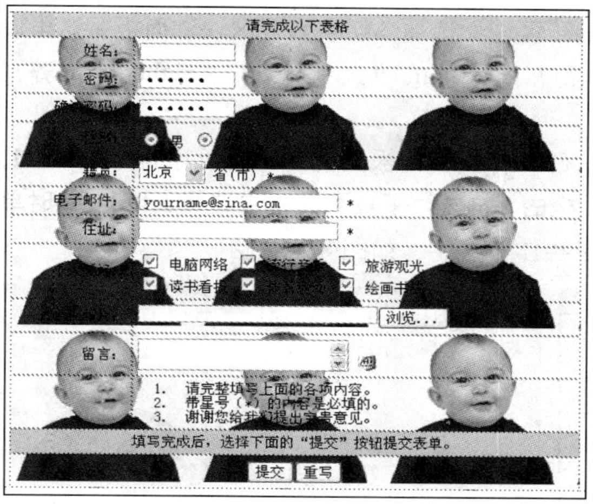

图 8.11　表格加上了背景图片

图 8.12　背景上只剩下一张图像

## 8.2.3　区块

| 同步视频文件 | 同步教学文件\第 8 章\8.2.3 区块.avi |
|---|---|

"区块"面板中各项的含义和使用方法如表 8.3 所示。

表8.3　"区块"面板中各项的含义和使用方法

| 定义类型 | 含义和使用方法 |
|---|---|
| 单词间距<br>（Word-spacing） | 设定英文单词的间距，可以使用默认的设置"正常 normal"，也可以设置为具体的数值。使用正值将增加单词的间距，使用负值将减小单词的间距 |
| 字母间距<br>（Letter-spacing） | 设定英文字母的间距，用法和单词间距相同 |
| 垂直对齐<br>（Vertical-align） | 设置对象的垂直对齐方式，包括基线对齐（baseline）、下标对齐（sub）、上标对齐（super）、顶部对齐（top）、文本顶对齐（text-top）、中线对齐（middle）、底部对齐（bottom）、文本底对齐（text-bottom）或自定义数值 |
| 文字对齐<br>（Text-align） | 文本的对齐方式，包括左对齐（left）、右对齐（right）、居中（center）和两端对齐（justify） |
| 文字缩进<br>（Text-indent） | 这是区块定义中最常用的一项，首行缩进就可以用它来实现。使用时最好选择单位字体高（em） |
| 空格<br>（White-space） | 控制源代码中空格的显示。"正常（normal）"表示忽略源代码中的空格；"保留（pre）"表示保留源代码中所有的空格形式，包括由空格键、Tab 键和 Enter 键创建的空格；"不换行（nowrap）"表示设置文字不自动换行 |

设定好文字和表格背景后，还需要新建一个名为.lefttd 的自定义样式，用它来设定左侧单元格中文字的格式，将这些文字设为粗体、红色、右对齐，并将它们移到单元格的顶部。

**Step 01**　新建自定义样式.lefttd，在"类型"面板中设置 Font-weight（文字的粗细）为 bold（粗体），Color（文字颜色）为#FF0000（红色），大小为 9pt。

**Step 02** 在该对话框中单击"分类"列表框中的"区块"选项，切换到"区块"面板，这里设置 Vertical-align（垂直对齐）为 top（顶部），Text-align（文本对齐）为 right（右对齐），如图 8.13 所示。

**Step 03** 单击"确定"按钮关闭对话框，此时"CSS 样式"面板上就会出现新建的样式.lefttd。

**Step 04** 选中左侧的单元格，然后在"属性"面板的"样式"下拉列表框中选择 lefttd，此时单元格中的文字全部右对齐，而且变成了粗体、红字，如图 8.14 所示。

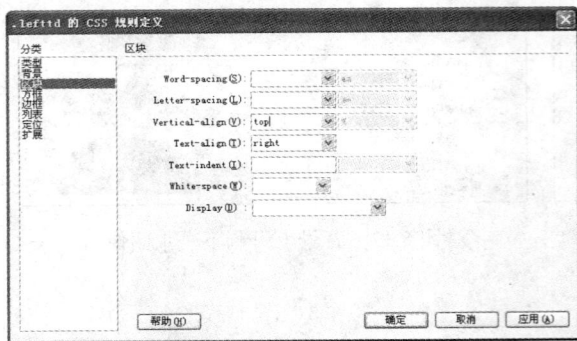

图 8.13 "区块"面板　　　　图 8.14 应用样式后的文字

## 8.2.4 方框

| 同步视频文件 | 同步教学文件\第 8 章\8.2.4 方框.avi |
|---|---|

方框用来设定图片、层、表格的排列，以及空白区域等对象的属性。由于这些对象用 Dreamweaver CS5 的"属性"面板控制更加方便，因此一般很少使用。

"方框"面板中各项的含义和使用方法如表 8.4 所示。

表8.4 "方框"面板中各项的含义和使用方法

| 定义类型 | 含义和使用方法 |
|---|---|
| 宽（Width） | 设定对象的宽度 |
| 高（Height） | 设定对象的高度 |
| 浮动（Float） | 选择"左对齐（left）"或"右对齐（right）"时，选中的对象位于文本块的左侧或右侧；而选择"无（none）"时，将取消环绕。这一属性一般用于图文的混排 |
| 清除（Clear） | 用来设定对象的哪一侧不允许出现层。如果选择"左对齐（left）"或"右对齐（right）"，表示左侧或右侧不允许出现层；而选择"两者（both）"，表示对象左右两侧都不允许出现层；如果选择"无（none）"，表示两侧都可以出现层 |
| 填充（Padding） | 如果对象有边缘，则"填充（Padding）"指的是边缘和其中内容之间的空白区域。下面的上、右、下、左各项中设定的数值表示空白间距的大小。"填充（Padding）"属性在编辑窗口中不显示效果 |
| 边界（Margin） | 如果对象有边框，则"边界（Margin）"指的是边框外侧的空白区域 |

在".tablebg 的 CSS 规则定义"对话框中单击"分类"列表框中的"方框"选项，切换到"方框"面板，如图 8.15 所示。

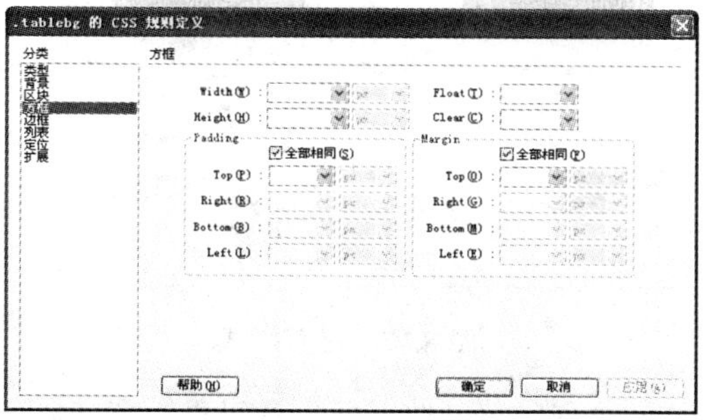

图 8.15 "方框"面板

## 8.2.5 边框

| 同步视频文件 | 同步教学文件\第 8 章\8.2.5 边框.avi |
|---|---|

在"边框"面板中可以给对象添加边框，同时设定边框的颜色和宽度等。其中各项的含义和使用方法如表 8.5 所示。

表8.5 "边框"面板中各项的含义和使用方法

| 定义类型 | 含义和使用方法 |
|---|---|
| 样式（Style） | 设定对象的样式，包括点划线（dotted）、虚线（dotted）、实线（solid）、双线（solid）、凹陷（groove）、槽状（ridge）、脊状（inset）、凸出（outset）等 |
| 宽度（Width） | 可以选择相对值，也可以设置为具体的数值。相对值有细（thin）、中等粗细（medium）、粗（thick）3 个选项 |
| 颜色（Color） | 设置边框的颜色 |

给文本框设定边框的具体操作步骤如下。

**Step 01** 新建一个名为.inputborder 的自定义样式，在".inputborder 的 CSS 规则定义"对话框中切换到"边框"面板，如图 8.16 所示。

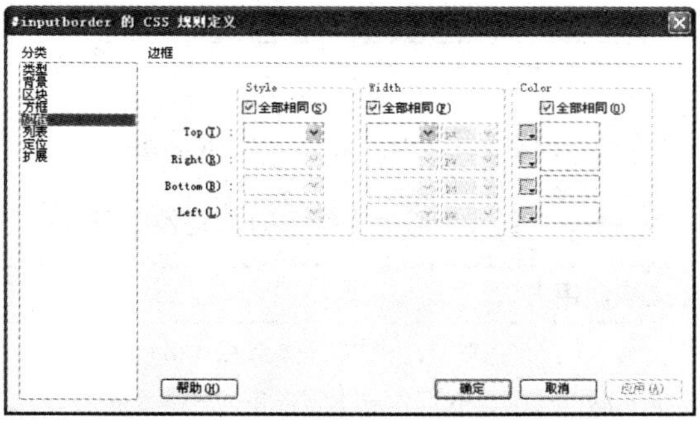

图 8.16 "边框"面板

**Step 02** 从 Style（样式）中选择 solid（实线），设定边框宽度为 1 像素（px），颜色为黑色，由于边框的 4 条边完全相同，因此选中所有的"全部相同"复选框，如图 8.17 所示。如果要让边框的上、下、左、右 4 条边采用不相同的设置，可以取消选取，然后单独给每条边设置样式。

图 8.17 设置样式

**Step 03** 单击"确定"按钮关闭对话框。此时分别选中单行文本框、密码框、文本区域以及按钮，然后在"属性"面板上的"类"下拉列表框中选择 inputborder，如图 8.18 所示。

**Step 04** 此时在 Dreamweaver CS5 中看不到效果，按下键盘上的 F12 键打开 IE 浏览器，就会发现页面中的文本框变成了黑色的实线边框，如图 8.19 所示。

图 8.18 选择 inputborder 类

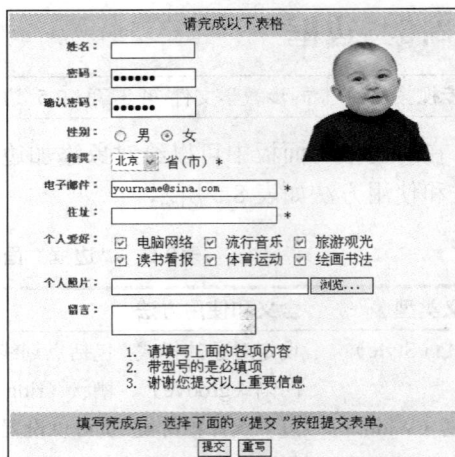

图 8.19 文本框变成黑色的实线边框

> **提示** 在"边框"面板中还有很多样式可以选择，采用不同样式和颜色的组合可以实现很多有意思的效果，用户不妨多试一试。

## 8.2.6 列表

| 同步视频文件 | 同步教学文件\第 8 章\8.2.6 列表.avi |
| --- | --- |

"列表"面板中各项的含义和使用方法如表 8.6 所示。

表8.6 "列表"面板中各项的含义和使用方法

| 定义类型 | 含义和使用方法 |
| --- | --- |
| 类型<br>（List-style-type） | 设定列表的符号类型。可以选择圆点（disc）、圆圈（circle）、方块（square）、数字（decimal）、小写罗马数字（lower-roman）、大写罗马数字（upper-roman）、小写字母（lower-alpha）和大写字母（upper-alpha） |
| 项目符号图像<br>（List-style-image） | 选择图像作为项目符号，单击右侧的"浏览"按钮，找到图片文件即可 |
| 位置<br>（List-style-position） | 决定列表项目所缩进的程度。选择"外（outside）"，列表贴近左侧边框；选择"内（inside）"，列表缩进 |

使用列表给"留言"下面的文字列表加上项目符号的具体操作步骤如下。

**Step 01** 新建一个名为.list 的自定义样式，在".list 的 CSS 规则定义"对话框中切换到"列表"面板，如图 8.20 所示。

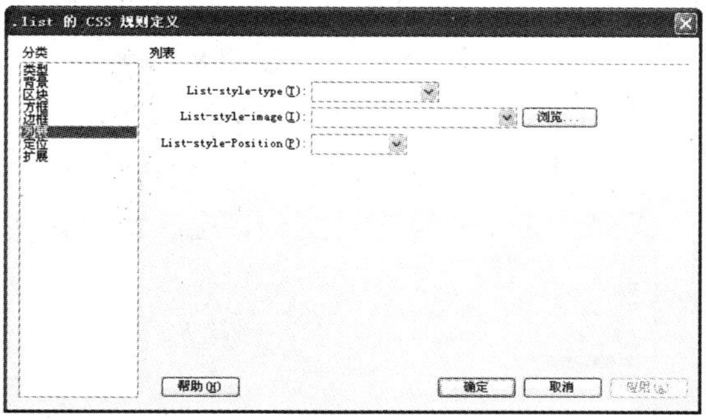

**Step 02** 单击 List-style-image（项目符号图像）右侧的"浏览"按钮，在打开的对话框中找到素材目录 mywebsite\exercise\css\ images 下的图片 list.gif，单击"确定"按钮将它加入到路径文本框中，如图 8.21 所示。

图 8.20　"列表"面板

**Step 03** 单击"确定"按钮关闭对话框。选中列表文字，然后在"属性"面板上设定"类"为 list，此时列表前出现一朵小花，如图 8.22 所示。

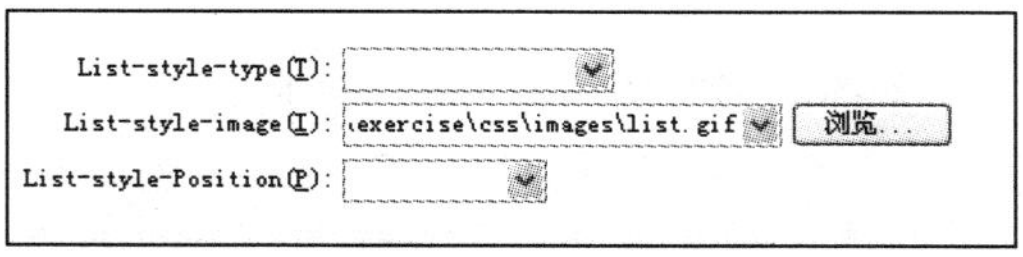

图 8.21　设定项目符号图片

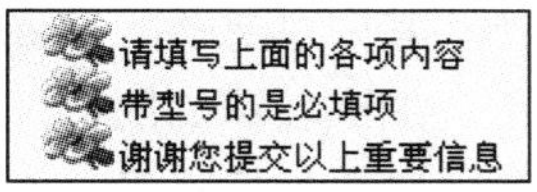

图 8.22　应用样式后的列表

## 8.2.7　层

"定位"面板实际上是用来对层进行定义的，但因为层用 Dreamweaver CS5 中的"属性"面板更容易控制，因此在实际操作中几乎不用。

## 8.2.8　扩展

| 同步视频文件 | 同步教学文件\第 8 章\8.2.8 扩展.avi |
|---|---|

CSS 样式还可以实现一些特殊功能，这些功能集中在"扩展"面板上。"扩展"面板中各项的含义和使用方法如表 8.7 所示。

表8.7　"扩展"面板中各项的含义和使用方法

| 定义类型 | 含义和使用方法 |
|---|---|
| 分页（Page-break-before/after） | 分页是通过样式来为网页添加分页符号，此选项不受任何 4.0 浏览器的支持 |
| 光标（Cursor） | 通过样式改变鼠标形状，鼠标放在被修饰的区域上时，形状会发生改变。可以选择的形状有：crosshair、text、wait、default、help、e-resize、ne-resize、n-resize、nw-resize、w-resize、sw-resize、s-resize、se-resize。IE 4.0 以上的浏览器都能支持这些鼠标形状。若使用得当，能收到很好的效果 |
| 过滤器（Filter） | 使用 CSS 语言实现的滤镜效果。如果用户会使用图形软件，就不要使用这些效果。这些效果很多浏览器不支持 |

实现扩展功能的具体操作步骤如下。

**Step 01** 新建一个名为.shadow 的自定义样式，在".shadow 的 CSS 规则定义"对话框中切换到"扩展"面板上，如图 8.23 所示。

**Step 02** 这里选择 Cursor（光标）为 help，然后在 Filter（过滤器）中选择 DropShadow，此时Filter 文本框中出现一条语句，如图 8.24 所示。

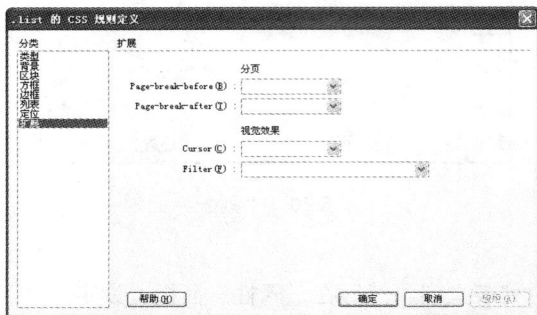

图 8.23 "扩展"面板

图 8.24 在 Filter 中选择 DropShadow

其中过滤器的 DropShadow 就是添加对象的阴影效果。其工作原理是建立一个偏移量，加上较深的阴影。Color 代表投射阴影的颜色，OffX 和 OffY 分别是 X 方向和 Y 方向阴影的偏移量。Positive 参数是一个布尔值，如果为 TRUE（非 0），就为任何的非透明区域建立可见的投影；如果为 FALSE（0），就为透明的区域建立透明效果。

**Step 03** 修改其中的参数。将后面的语句改为 DropShadow（Color=#666666, OffX=2, OffY=2, Positive=1），表示在偏右下方的位置上添加灰色的阴影。

**Step 04** 为了让效果更加明显，在"类字"面板中设置 Font-weight（文字粗细）为 bold（粗体），在"区块"面板中设置 Text-align（文字对齐）为 center（居中），然后单击"确定"按钮，并将它应用在第 1 行的文字上，此时 Dreamweaver CS5 中只能看到居中和加粗的效果，如图 8.25 所示。

**Step 05** 按下键盘上的 F12 键，在浏览器中将光标移到文字上时还会出现一个问号，但此时的文本上没有出现阴影。将文字所在单元格的背景色设为空，此时就会出现阴影，如图 8.26 所示。

图 8.25 Dreamweaver CS5 中的文字效果

图 8.26 浏览器中的文字效果

# *8.3* 本文档内重定义标签样式

## 8.3.1 设置网页背景颜色

| 同步视频文件 | 同步教学文件\第 8 章\8.3.1 设置网页背景颜色.avi |
|---|---|

前面使用的都是"自定义样式"，下面使用"重定义标签样式"来定义整个文档的背景颜色。

**Step 01** 单击"新建 CSS 规则"按钮 📰，将打开"新建 CSS 规则"对话框，如图 8.27 所示。

**Step 02** 在其中的"选择器类型"下拉列表框中选择"标签（重新定义 HTML 元素）"选项，在"规则定义"下拉列表框中选择"(仅限该文档)"选项，在"选择器名称"下拉列表框中选择 body 选项，然后单击"确定"按钮。

**Step 03** 在打开的"body 的 CSS 规则定义"对话框中切换到"背景"面板，在其中设定 Background-color（背景颜色）为#FF9900（橙色）。

**Step 04** 单击"确定"按钮关闭对话框，此时网页的背景颜色就会变成橙色，如图 8.28 所示。

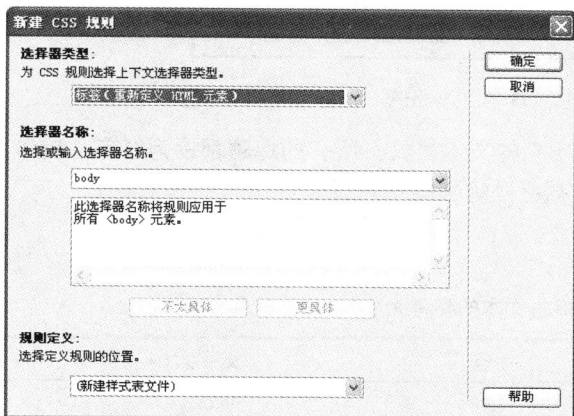

图 8.27　"新建 CSS 规则"对话框

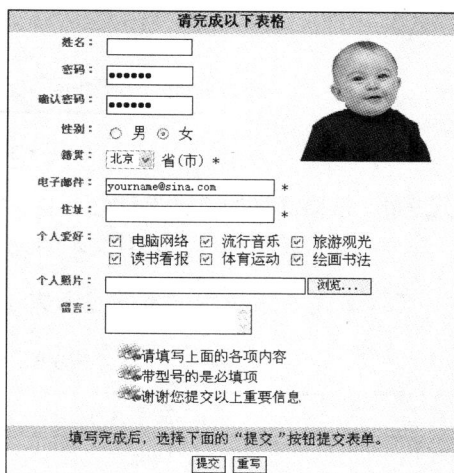

图 8.28　设定背景后的文档

从上面的操作过程中可以看出，使用重定义标签样式只需定义而不需应用，这是它和自定义样式最大的区别。

## 8.3.2　定义标题文本

| 同步视频文件 | 同步教学文件\第 8 章\8.3.2 定义标题文本.avi |
|---|---|

下面定义三级标题标签<h3>的默认格式。

**Step 01** 单击"CSS 样式"面板中的"新建 CSS 规则"按钮 📰，将打开"新建 CSS 规则"对话框，在"选择器名称"下拉列表框中选择 h3 选项，在"规则定义"下拉列表框中选择"(仅限该文档)"选项，如图 8.29 所示。

**Step 02** 单击"确定"按钮，在打开的"h3 的 CSS 规则定义"对话框中定义 Font-family（文本的字体）为 Font-size（宋体），大小为 12px，Font-weight（粗

图 8.29　"新建 CSS 规则"对话框

细）为 bold（粗体），Color（颜色）为#FF0000（红色），Text-decoration（修饰）为 none（无），如图 8.30 所示。

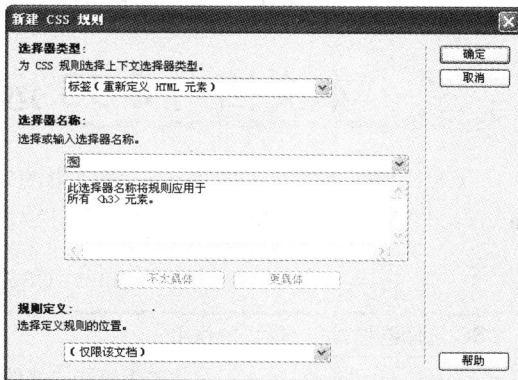

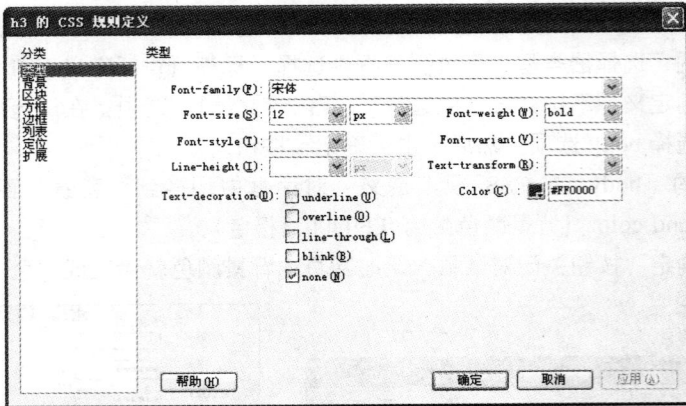

图 8.30　设定 h3 的文本格式

**Step 03** 按照同样的方式设定好<h1>~<h6>所有的文本格式，所有的标题都设为红色、粗体，并且使用宋体，只有文本的大小根据标题级别的不同而改变。

表 8.8 是各级标题文本的参考大小。

表8.8　各级标题文本的参考大小

| 标签 | 文字大小 | 标签 | 文字大小 |
| --- | --- | --- | --- |
| <h1> | 18px | <h4> | 9px |
| <h2> | 15px | <h5> | 6px |
| <h3> | 12px | <h6> | 3px |

### 8.3.3　样式的应用优先次序

用户可以重新定义几乎所有的 HTML 标签，让它们变成自己所期望的样子。当不同级别的重定义标签样式发生冲突时，HTML 标签中层次越低的优先级别越高。例如，<body>、<table>、<tr>、<td>上都定义了文字颜色、字体、大小，那么就应该以<td>的设定为准，所有单元格里的文字都按照<td>的格式来显示。

## *8.4* 本文档内 CSS 选择器样式

CSS 选择器样式主要用于链接效果的定义，其中有 4 种样式比较常用：a:link、a:active、a:visited 和 a:hover。这 4 种样式的作用如表 8.9 所示。

表8.9　CSS选择器样式的作用

| CSS 选择器样式 | 样式的作用 |
| --- | --- |
| a:link | 设定正常状态下链接文字的样式 |
| a:active | 设定当前被激活链接（即在链接上按鼠标左键时）的效果 |
| a:visited | 设定访问过后链接的效果 |
| a:hover | 设定当鼠标放在链接上时的文字效果 |

## 8.4.1　a:link 的设定

| 同步视频文件 | 同步教学文件\第 8 章\8.4.1 a:link 的设定.avi |
|---|---|

**Step 01** 单击 "CSS 样式"面板上的 "新建 CSS 规则"按钮 <img>，在打开的 "新建 CSS 规则"对话框中设置 "选择器类型"为 "复合内容（基于选择的内容）"，"选择器名称"为 "a:link"，规则定义为 "（仅限该文档）"。

**Step 02** 单击 "确定"按钮，在打开的 "a:link 的 CSS 规则定义"对话框中定义链接文字的效果。一般，文字链接在页面中会比较多，如果使用特殊字体或者使用比较粗的字体就会使页面显得比较乱，因此按照普通文字来定义就可以了。
但是由于文字链接默认是有下划线的，这样会使页面中到处都是下划线，很不美观，因此需要把它去掉，这时就要用到文字的修饰。

**Step 03** 为了去掉链接文字下面的下划线，这里在 Text-decoration（修饰）下拉列表框中选择 none（无），然后单击 "确定"按钮关闭对话框。

## 8.4.2　a:active 的设定

**Step 01** 单击 "CSS 样式"面板上的 "新建 CSS 规则"按钮 <img>，在打开的 "新建 CSS 规则"对话框中设置 "选择器类型"为 "复合内容（基于选择的内容）"，"选择器名称"为| "a:active"，并将它定义在本文档中。

**Step 02** 单击 "确定"按钮，在打开的 "a:active 的 CSS 规则定义"对话框中定义文本的格式。

**Step 03** 当按下鼠标左键时，我们希望链接仍然没有下划线，因此在 Text-decoration（修饰）下拉列表框中选择 none（无）；为了和普通链接区分开，将颜色做了修改。

## 8.4.3　a:visited 的设定

使用相同的方法定义样式 a:visited 的文字效果，如图 8.31 所示。

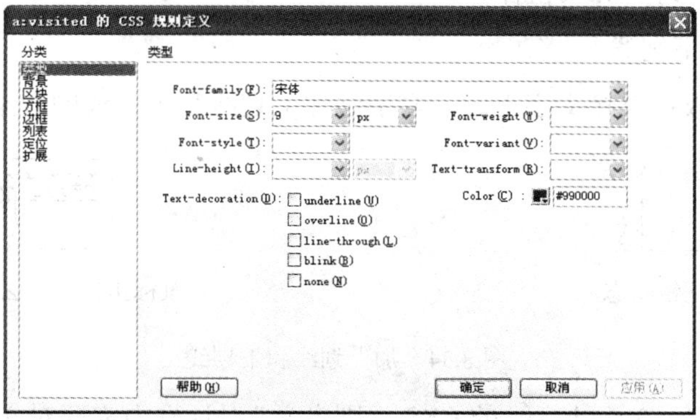

图 8.31　定义访问过后文字链接的效果

## 8.4.4　a:hover 的设定

a:hover 可以实现当鼠标指针放在链接文字上时文字反白、加粗变色、加上划线和下划线等效果。这里将常见的几种效果的制作方法介绍给大家。

### 1. 文字反白

当将鼠标指针放在链接上时，文字颜色变成与原来颜色相反的颜色，同时文字后面出现背景颜色，效果如图 8.32 所示。

正常状态　　　　　　　　　　　　　　　鼠标指针放上去时的效果

图 8.32　反白效果

实现文字反白效果的具体操作步骤如下。

**Step 01** 打开"新建 CSS 规则"对话框，在其中设置"选择器类型"为"高级（ID、上下文选择器等）"，"选择器名称"为"a:hover"，并将它定义在本文档中。

**Step 02** 单击"确定"按钮，在打开的"a:hover 的 CSS 规则定义"对话框中定义文字颜色为白色。

**Step 03** 切换到"背景"面板中，然后将 Background-color（背景颜色）改为黑色。

**Step 04** 单击"确定"按钮后，就会自动在链接文字上应用这个样式。

### 2. 加粗变色

当将鼠标指针放在链接文字上时，文字颜色变化，同时文字加粗，效果如图 8.33 所示。

正常状态　　　　　　　　　　　　　　　鼠标指针放上去时的效果

图 8.33　加粗变色

和上面不同的是，在"a:hover 的 CSS 规则定义"对话框中需要设置文本的颜色为红色，Font-weight（粗细）为 bold（粗体）。

### 3. 加上划线和下划线

当将鼠标指针放在链接文字上时，文字添加上划线和下划线的效果如图 8.34 所示。

正常状态　　　　　　　　　　　　　　　鼠标指针放上去时的效果

图 8.34　加上划线和下划线

和上面不同的是，在"a:hover 的 CSS 规则定义"对话框中需要对文字进行修饰，在"类型"面板中选择 Text-decoration（修饰）选项组中的 overline（上划线）和 underline（下划线）复选框。

## 8.5 管理本文档中的样式

当建好样式后，有可能需要经常修改、添加、删除样式，这些都可以在"CSS 样式"面板中进行。

- 如果要修改某个样式，可以在选中该样式后单击"编辑样式"按钮，如图 8.35 所示，就会再次打开相应的 CSS 规则定义对话框。
- 如果想删除某个样式，可以在选中该样式后单击"删除 CSS 规则"按钮 🔟。
- 如果想新建样式，可以在面板中单击"新建 CSS 规则"按钮 🔁。
- 如果想对某个样式重命名，可以单击样式名称修改名称。

图 8.35 "CSS 样式"面板

## 8.6 CSS 文件中的重定义标签样式

上面介绍了在本文档中定义、使用以及管理 CSS 样式的方法，下面给整个站点定义一个外部的 CSS 样式表。

首先打开素材目录 mywebsite\exercise\css 下的文件 06_exer.htm，这是一个没有添加任何样式的网页文件，在下面的小节中将通过操作此文件来学习本节知识。

### 8.6.1 定义<body>的样式

| 同步视频文件 | 同步教学文件\第 8 章\8.6.1 定义 body 的样式.avi |
| --- | --- |

首先确定文档的整体属性，也就是要对网页中的<body>标签进行重新定义。<body>的定义包括定义文本、背景和页边距三个部分的格式，首先从文本开始。

**Step 01** 在"CSS 样式"面板中单击"新建 CSS 规则"按钮，打开"新建 CSS 规则"对话框。在"选择器类型"下拉列表框中选择"标签（重新定义 HTML 元素）"选项，在"规则定义"下拉列表框中选择"（新建样式表文件）"选项，然后在"选择器名称"下拉列表框中选择 body 选项。

**Step 02** 单击"确定"按钮后将会打开"保存样式表文件为"对话框，在其中找到站点根目录中的 styles 目录，并在"文件名"文本框中输入文件名 styles.css。

**Step 03** 单击"保存"按钮后，将在 styles 文件夹下生成一个 CSS 样式表文件，以后所有的样式都将保存在这个文件中。

与此同时，还会打开"body 的 CSS 规则定义"对话框，在该对话框中可以定义文档的默认文本格式，这里将 Font-family（字体）设为"宋体"、Font-size（大小）为 9px，Font-weight（粗细）为 normal（正常），Font-style（样式）为 normal（正常），Color（颜色）为#000000（黑色），Text-decoration（修饰）为 none（无）。

**Step 04** 继续定义<body>的背景。切换到"背景"面板，在其中定义文档的背景颜色为#FF9900（橙色）。

**Step 05** 再定义文档的页面边距。切换到"方框"面板中，在右侧定义文档的 Padding（页面边距）为 0。

**Step 06** 单击"确定"按钮完成<body>标签样式的重新定义，此时的文档效果如图 8.36 所示。

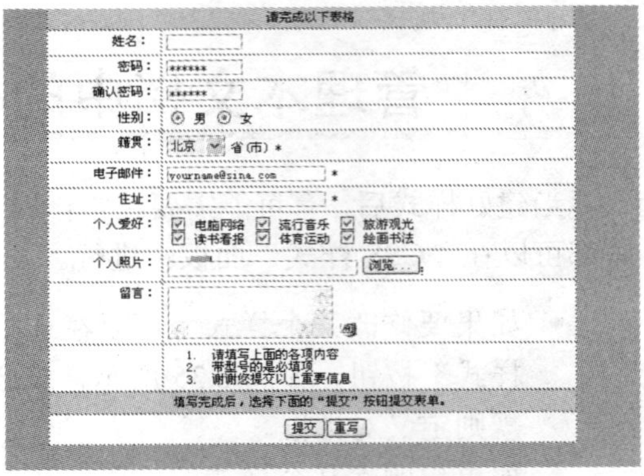

图 8.36 添加了<body>样式后的文档

## 8.6.2 定义<table>和<td>的样式

| 同步视频文件 | 同步教学文件\第 8 章\8.6.2 定义 table 和 td 的样式.avi |
|---|---|

定义完<body>的样式后，我们发现表格中的文字没有发生改变，因此还需要定义<table>和<td>的样式。

**Step 01** 在"CSS 样式"面板中单击"新建 CSS 规则"按钮，在打开的"新建 CSS 规则"对话框中进行设置，如图 8.37 所示。 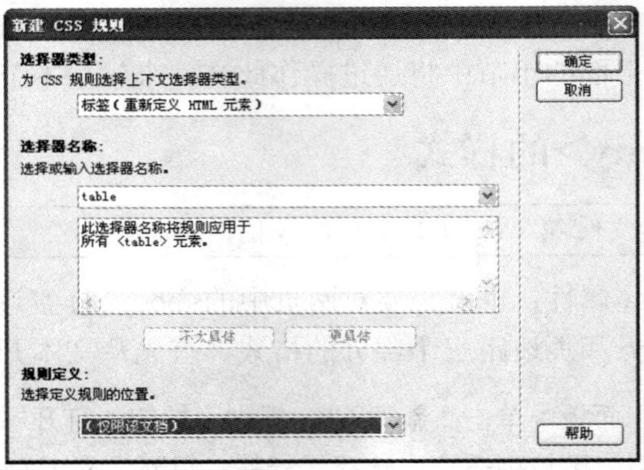

图 8.37 新建 CSS 规则

**Step 02** 单击"确定"按钮后，在打开的"table 的 CSS 规则定义"对话框中定义表格中默认的文本格式，参数和<body>样式的文本格式定义完全一致，如图 8.38 所示。按照同样的方式，定义<td>的样式，如图 8.39 所示。

> **提示** 这里之所以要定义 3 次文字的样式，是防止有文字不是出现在单元格中，而是出现在表格外或标签<th>中。

**Step 03** 由于单元格中的文字一般都是顶部对齐的，因此还需要修改<td>样式的垂直排列属性。切换到"区块"面板，然后在 Vertical-align（垂直对齐）下拉列表框中选择 top（顶部）选项，单击"确定"按钮。

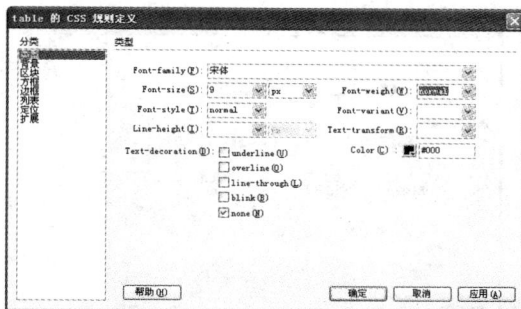

图 8.38　表格中默认的文本格式　　　　　图 8.39　&lt;td&gt;的样式定义

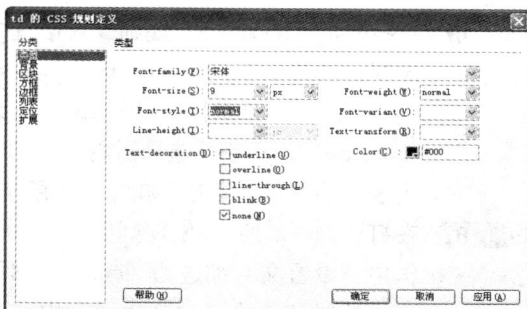

## 8.6.3　定义&lt;h1&gt;~&lt;h6&gt;的样式

| 同步视频文件 | 同步教学文件\第 8 章\8.6.3 定义 H1~H6 的样式.avi |
| --- | --- |

下面定义&lt;h1&gt;~&lt;h6&gt;所有标题的默认样式，首先定义最常用的三级标题&lt;h3&gt;。

**Step 01**　在"CSS 样式"面板中单击"新建 CSS 规则"按钮，在打开的"新建 CSS 规则"对话框中设置"选择器类型"为"标签（重新定义 HTML 元素）"，将它定义在 styles.css 中，然后在"选择器名称"文本框中输入 h3。

**Step 02**　单击"确定"按钮，在打开的"h3 的 CSS 规则定义"对话框中定义文本的格式，设置 Font-family（字体）为"宋体"，Font-size（大小）为 12px，Font-weight（粗细）为 bold（粗体），Color（颜色）为#FF0000（红色），Text-decoration（修饰）为 none（无），如图 8.40 所示。

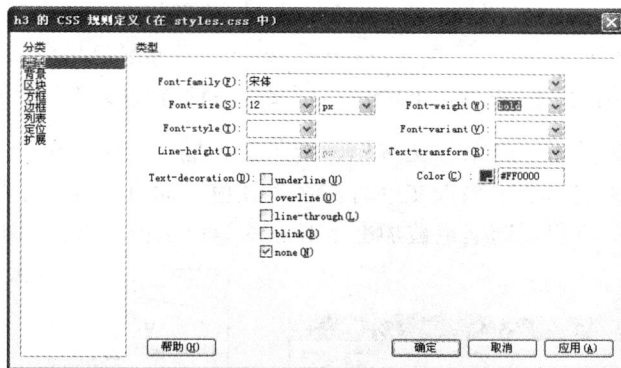

图 8.40　设定&lt;h3&gt;的样式

**Step 03**　按照同样的方式，设置好&lt;h1&gt;~&lt;h6&gt;所有的文本格式，所有的标题都设为红色、粗体，并且使用宋体，只有文字的大小根据标题级别的不同而改变。

## 8.6.4　设定段落格式

| 同步视频文件 | 同步教学文件\第 8 章\8.6.4 设定段落格式.avi |
| --- | --- |

到此为止，关于文本的定义已经基本完成，下面给段落定义格式，实现段落的首行缩进。

**Step 01** 在打开的"新建 CSS 规则"对话框中选择"选择器类型"为"标签（重新定义 HTML 元素）"，"规则定义"为 styles.css，然后在"选择器名称"下拉列表框中选择 p 选项，如图 8.41 所示。

**Step 02** 在打开的"p 的 CSS 规则定义"对话框中，设置文字缩进为 2em。这样页面中的段落前将自动产生两个中文字符高度的空格。

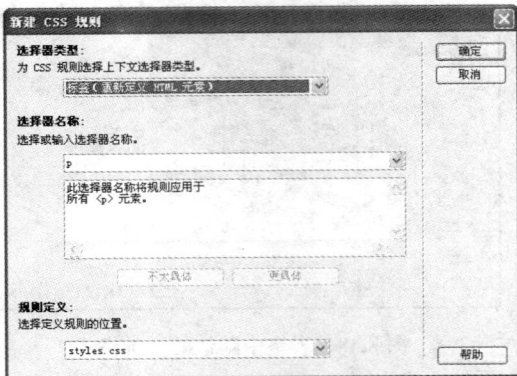

图 8.41 "新建 CSS 规则"对话框

## 8.6.5 定义表单元素的样式

下面定义标签<input>、<textarea>和<select>的样式。

### 1. 定义<input>标签的样式

<input>标签包括表单元素中的单行文本框、密码文本框、按钮、单选按钮和复选框。如果给<input>标签设置了样式，那么所有这些元素的样式都是一样的。

**Step 01** 在打开的"新建 CSS 规则"对话框中设置如图 8.42 所示。

**Step 02** 在打开的"input 的 CSS 规则定义"对话框中设置<input>的文本 Color（颜色）为#FF0000（红色），Font-family（字体）为"宋体"，Font-size（大小）为 9px，Text-decoration（修饰）为 none（无）。

**Step 03** 切换到"背景"面板，设置 Background-color（背景颜色）为#EEEEEE（浅灰色）。

**Step 04** 切换到"边框"面板，设置<input>的边框属性，将边框设为 1 像素的黑实线边框（solid）。

此时，可以看到页面中的单行文本框、密码文本框、按钮、单选按钮和复选框都有了一个浅色的背景，在文本框中输入文字时文字为红色，而且都加上了黑色的边框。但同时也出现问题，单选按钮和复选框也被加上了难看的黑色边框，如图 8.43 所示。

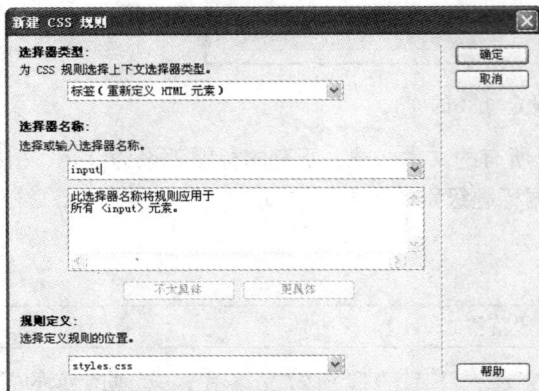

图 8.42 新建样式 input

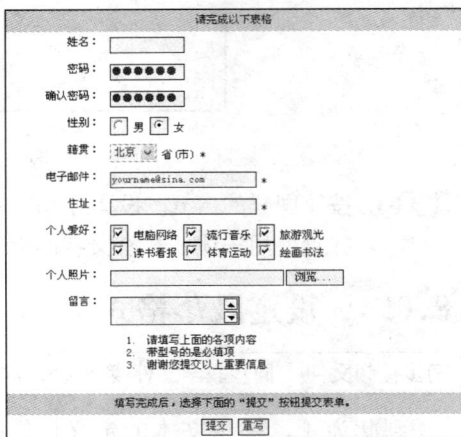

图 8.43 添加样式后的文档

### 2. 定义\<textarea\>和\<select\>

因为\<input\>标签不包括文本区域、菜单和列表，因此还要定义\<textarea\>和\<select\>的样式。

按照前面讲过的方法，在 styles.css 中分别定义两个重定义标签样式，它们分别为 textarea 和 select。将其文字、边框、背景色设置得和\<input\>的完全一样，此时页面中对应菜单以及多行文本框中的文字都变为了红色，如图 8.44 所示。

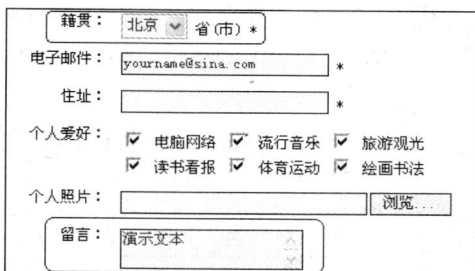

图 8.44　设定样式后的页面效果

## 8.6.6　设置页面中的滚动条

| 同步视频文件 | 同步教学文件\第 8 章\8.6.6 设置页面中的滚动条.avi |
| --- | --- |

图 8.45 所示的滚动条和普通的灰色调相比，更加简洁清新，看起来比较漂亮，那么这种滚动条是怎么做出来的呢？

在前面的练习过程中，设置格式时不需要手动修改代码，但是要实现这样的滚动条就需要手写 CSS 代码了。

**Step 01** 在"文件"面板中找到 styles.css 文件，双击将它打开。此时它的所有代码显示在文档编辑窗口中，代码中定义了我们在前面用　图 8.45　滚动条
Dreamweaver CS5 定义的所有样式。

**Step 02** 由于滚动条是页面的一部分，因此需要修改\<body\>的定义内容。在"body {"和"}"之间添加以下代码。

```
scrollbar-face-color: #FFFFFF;
scrollbar-shadow-color: #000000;
scrollbar-highlight-color: #000000;
scrollbar-darkshadow-color: #FFFFFF;
scrollbar-track-color: #FFFFFF;
scrollbar-arrow-color: #666666;
```

这些参数用来设定滚动条不同部分的颜色，参数具体的含义如图 8.46 所示。

滚动条的风格就是通过指定不同部位的颜色来实现的，用户可以结合该图来设计一个自己想要的滚动条。添加完后的代码关于\<body\>部分的定义如图 8.47 所示。

图 8.46　滚动条参数具体的含义

```
body {
    font-family: "宋体";
    font-size: 9pt;
    font-style: normal;
    font-weight: normal;
    color: #000000;
    text-decoration: none;
    background-color: #FF9900;
    margin: 0px;

    scrollbar-face-color: #FFFFFF;
    scrollbar-shadow-color: #000000;
    scrollbar-highlight-color: #000000;
    scrollbar-darkshadow-color: #FFFFFF;
    scrollbar-track-color: #FFFFFF;
    scrollbar-arrow-color: #666666;
}
```

图 8.47　关于\<body\>部分的定义

**Step 03** 保存样式表文件，再次打开示例网页文件时页面滚动条就会发生改变，如果有文本区域，它的滚动条也会相应地发生改变。

# 8.7　CSS 文件中的自定义样式

| 同步视频文件 | 同步教学文件\第 8 章\8.7 CSS 文件中的自定义样式.avi |
|---|---|

　　通过上面的制作，相信用户已经感觉到单独使用重定义标签样式很难完全达到想要的效果，此时还需用到自定义样式来补充。例如当定义标签&lt;input&gt;的边框为黑色后，单选按钮和复选框的边框都变成黑色线框，但如果不想要这些边框，就必须用到自定义样式。

**Step 01** 在"CSS 样式"面板中单击"新建 CSS 规则"按钮，在打开的"新建 CSS 规则"对话框中设置"选择器类型"为"类（可应用于任何 HTML 元素）"，"规则定义"为 styles.css，并在"选择器名称"文本框中输入 inputborder，如图 8.48 所示。

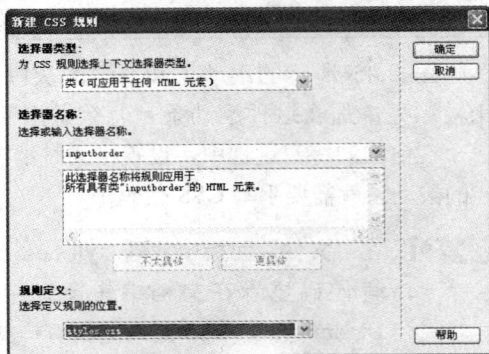

**Step 02** 切换到"边框"面板，设置 style（边框）为 none（无）。

**Step 03** 切换到"背景"面板，然后在 Background-color（背景颜色）文本框中输入颜色代码"#FFFFFF"。

图 8.48　"新建 CSS 规则"对话框

**Step 04** 单击"确定"按钮后，在"CSS 样式"面板中就会出现一个名为 inputborder 的自定义样式。

**Step 05** 选中页面中的单选按钮或复选框，然后在"属性"面板上的"类"下拉列表框中选择 inputborder 选项，如图 8.49 所示。

**Step 06** 当所有的单选按钮和复选框都设置好样式后，保存文档并在浏览器中打开该网页，此时网页中单选按钮和复选框的边框色以及背景色就被去除了，如图 8.50 所示。

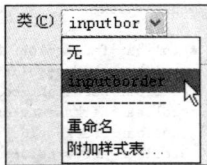

图 8.49　"属性"面板

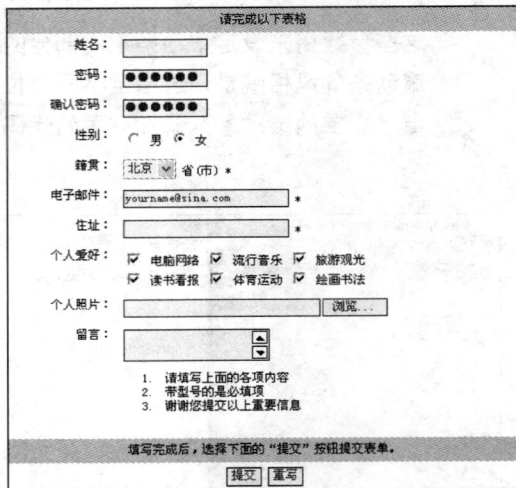

图 8.50　去掉单选按钮和复选框的边框后的页面

# 8.8 | CSS 文件中的 CSS 选择器样式

## 8.8.1 简单 CSS 选择器样式

### 1. a:link 的设定

**Step 01** 在"CSS 样式"面板中单击"新建 CSS 规则"按钮，在打开的"新建 CSS 规则"对话框中设置"选择器类型"为"复合内容（基于选择的内容）"，"规则定义"为 styles.css，并在"选择器名称"下拉列表框中选择 a:link 选项，如图 8.51 所示。

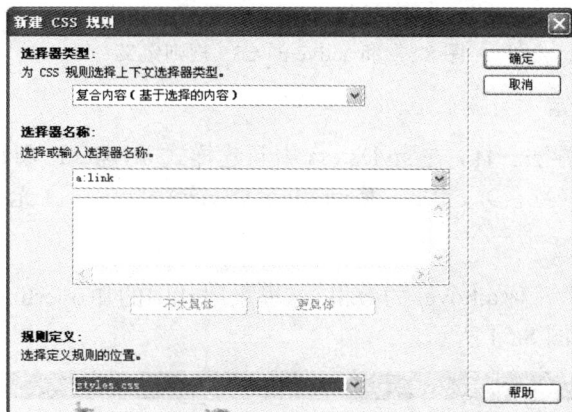

图 8.51 "新建 CSS 规则"对话框

**Step 02** 单击"确定"按钮，在打开的"a:link 的 CSS 规则定义"对话框中设置文本格式，如图 8.52 所示。

图 8.52 a:link 的 CSS 规则定义

### 2. a:active 的设定

与 a:link 的定义方法一样，在 styles.css 中新建样式 a:active，将按下鼠标时文字的 Color（颜色）设为#FF0000（红色），Font-size（文字大小）为 9px，Text-decoration（修饰）为 none（无），如图 8.53 所示。

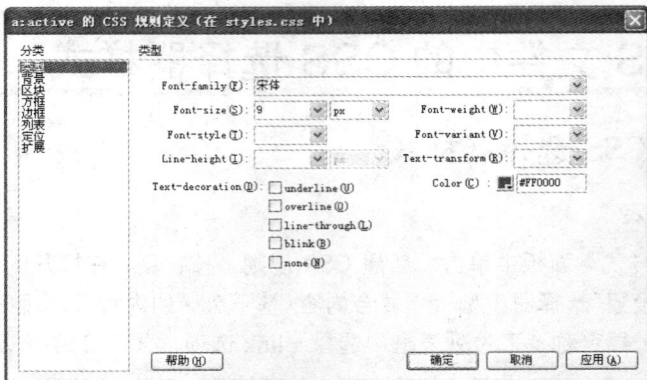

图 8.53　a:active 的 CSS 规则定义

### 3．a:visited 的设定

与 a:alink 的定义方法一样，在 styles.css 中新建样式 a:visited，将访问过后的文字 Color（颜色）设为#FF0000（红色），Text-decoration（修饰）为 none（无）。

### 4．a:hover 的设定

前面给大家介绍了几种 a:hover 的效果，这里采用其中的加 overline（上划线）和 underline（下划线）的效果，如图 8.54 所示。

图 8.54　a:hover 的 CSS 规则定义

## 8.8.2　独立 CSS 选择器样式

| 同步视频文件 | 同步教学文件\第 8 章\8.8.2 独立 CSS 选择器样式.avi |
| --- | --- |

有时候我们想让某一个区域的 CSS 选择器样式和整个页面的设置不一样，比如首页整个页面设置的链接颜色为黑色，但想让导航条上的链接颜色和整个页面的链接颜色不一样，让它为白色，如图 8.55 所示。此时，就需要创建一个独立的 CSS 选择器样式，让导航条的链接文字的样式和其他位置的不一样。

图 8.55　导航条链接颜色

**Step 01** 在 Dreamweaver CS5 中打开素材目录 mywebsite\exercise\css 下的文件 07_exer.htm，然后在其中定义一系列的样式。

**Step 02** 单击 "CSS 样式" 面板上的 "新建 CSS 规则" 按钮，在打开的 "新建 CSS 规则" 对话框中设置 "选择器类型" 为 "类（可应用于任何 HTML 元素）"，"规则定义" 为 "（仅限该文档）"，然后在 "选择器名称" 文本框中输入.linkmenu，如图 8.56 所示。

**Step 03** 单击 "确定" 按钮后，在打开的 ".linkmenu 的 CSS 规则定义" 对话框中设置 Font-size（文字大小）为 9px，颜色（Color）为#FFFFFF（白色），Text-decoration（修饰）为无（none），如图 8.57 所示。

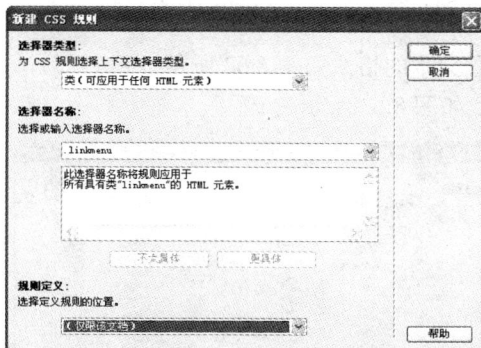

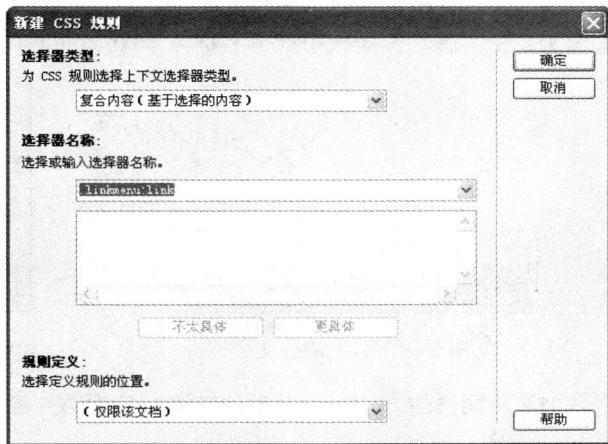

图 8.56　新建样式.linkmenu　　　　图 8.57　".linkmenu 的 CSS 规则定义" 对话框

**Step 04** 单击 "确定" 按钮后，就会在 "CSS 样式" 面板上出现一个名为.linkmenu 的自定义样式，如图 8.58 所示。

**Step 05** 再次单击 "新建 CSS 规则" 按钮，在 "新建 CSS 规则" 对话框中进行设置，如图 8.59 所示。

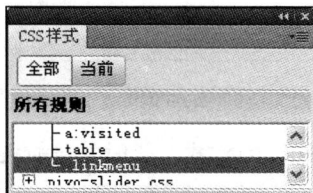

图 8.58　"CSS 样式" 面板　　　　图 8.59　新建样式.linkmenu:link

**Step 06** 单击 "确定" 按钮，在打开的 ".linkmenu:link 的 CSS 规则定义" 对话框中定义 Font-family（文字的字体）为 "宋体"，Color（颜色）为#FFFFFF（白色），Font-size（文字大小）为 9px，Text-decoration（修饰）为 none（无），如图 8.60 所示。

**Step 07** 用同样的方法定义样式.linkmenu:visited，设置文本的格式如图 8.61 所示。

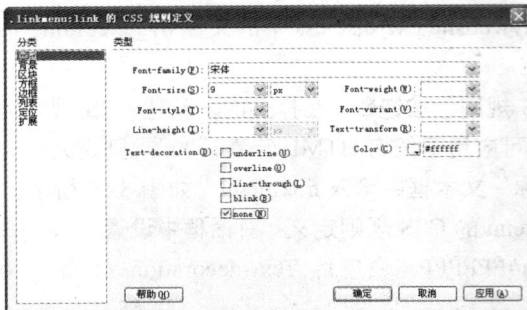

图 8.60　定义样式.linkmenu:link

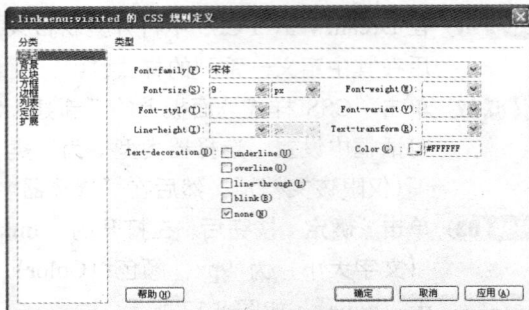

图 8.61　定义样式.linkmenu:visited

**Step 08** 用同样的方法定义样式.linkmenu:active，设置文本的格式如图 8.62 所示。

**Step 09** 最后定义样式.linkmenu:hover，设置文本格式如图 8.63 所示。

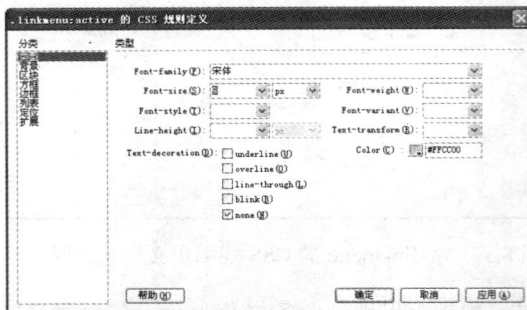

图 8.62　定义样式.linkmenu:active

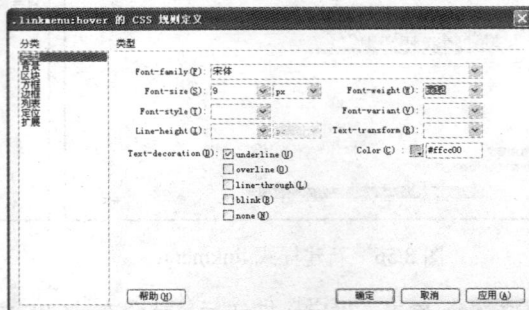

图 8.63　定义样式.linkmenu:hover

此时，在"CSS 样式"面板中就能看到定义好的一系列样式。

**Step 10** 在给链接添加自定义样式时，首先选中文档中要添加样式的链接文字，如图 8.64 所示。

**Step 11** 在"属性"面板中选择名称为 linkmenu 的样式，如图 8.65 所示。

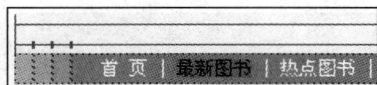

图 8.64　选中链接文字

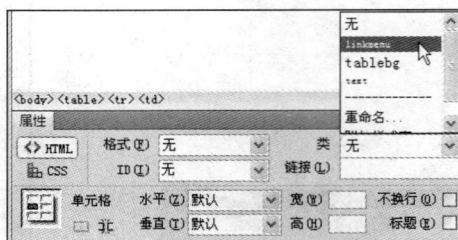

图 8.65　"属性"面板

**Step 12** 用同样的方法，给其他的链接文字都添加名称为 linkmenu 的样式，此时的导航条如图 8.66 所示。

图 8.66　添加样式后的效果

在导航条中还有一些黑色的竖线，下面将这些竖线变成白色。由于自定义样式.linkmenu 中定义文字的颜色就是白色，因此在整个单元格中应用该样式就可以了。

**Step 13** 将光标放在要应用样式的单元格中，如图 8.67 所示，然后在标记窗口底部单击<td>标签，如图 8.68 所示。此时，就会选中光标所在的整个单元格。

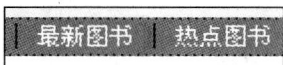

| 最新图书 | 热点图书 |

图 8.67 放置光标的位置

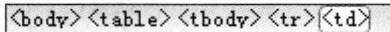

`<body> <table> <tbody> <tr> <td>`

图 8.68 单击<td>标签

**Step 14** 在"属性"面板上选择名为 linkmenu 的样式。

**Step 15** 保存文档，在资源管理器中双击该文档将其打开，此时文档中的导航条效果如图 8.69 所示。

| 首 页 | 最新图书 | 热点图书 | 新书预告 | 本月排行 | 案例下载 | 客户反馈 | 关于我们

图 8.69 导航条效果

## 8.9 管理 CSS 文件中的样式

### 8.9.1 样式表的链接和导入

| 同步视频文件 | 同步教学文件\第 8 章\8.9.1 样式表的链接和导入.avi |

如果新建文件也要使用前面定义好的 CSS 样式表文件 styles.css，此时只要将样式表链接到网页上即可。

**Step 01** 在"CSS 样式"面板上单击"附加样式表"按钮，如图 8.70 所示。此时，将打开"链接外部样式表"对话框，如图 8.71 所示。

图 8.70 "附加样式表"按钮

图 8.71 "链接外部样式表"对话框

**Step 02** 单击其中的"浏览"按钮，在打开的"选择样式表文件"对话框中找到素材目录 mywebsite\styles 中的样式表文件 styles.css。

**Step 03** 单击"确定"按钮后，样式表文件的路径就会加入到"链接外部样式表"对话框的"文件/URL"文本框中。

**Step 04** 在"添加为"选项组中，如果选中"链接"单选按钮，则会把所有的定义放在外部文件中；而如果选中"导入"单选按钮，则会把样式全部导入到本文档中。这里选中"链

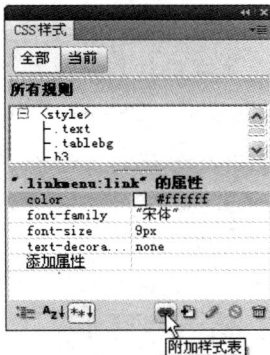

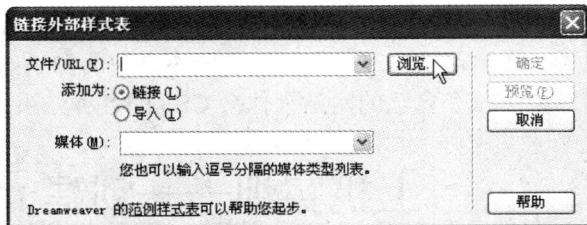

接″单选按钮，然后单击″确定″按钮，此时新建文档中的内容就会按照 CSS 文件中的定义进行格式化。

### 8.9.2 管理外部样式表中的样式

如果文档中链接了外部样式表，我们还可以修改其中的样式。单击"CSS 样式"面板上的"编辑样式"按钮即可。

如果用户还想再链接一个另外的样式表文件，可以单击"CSS 样式"面板上的"附加样式表"按钮。但这种方法不提倡，因为这样容易出现两个样式表样式定义冲突的情况。

> 注意
>
> 当所有的修改完成后，一定要保存文档以及自动打开的 CSS 样式表文件。

## 8.10 CSS 样式使用原则

在使用 CSS 样式表时，应当注意一些使用的基本原则。

#### 1. 存储位置尽量在外部 CSS 文件中

只有存储在外部的样式才能用在其他的文档上，而只有所有的网页用的都是一个或某几个样式表文件里的样式，才能方便控制整个网站的风格。

#### 2. 样式类型尽量使用重定义标签样式

重定义标签样式最大的优势是不应用就能将效果加在某个标签上，而且这样还可以避免管理众多的自定义样式。

结合以上两点，在选择样式表使用类型和方法时，首先考虑外部重定义标签样式，然后是外部自定义样式，接着是本文档内重定义标签样式，最后是本文档内自定义样式。

CSS 样式出现以前，利用 HTML 只能实现一些很简单的网页效果。CSS 样式的出现，使得网页排版变得更加轻松，以前很多只能用图片才能实现的效果，现在用 CSS 就可以实现了。在学习本章时，最好先按照本书中的例子熟悉和掌握 CSS 的创建和应用方法，然后通过制作一个自己的网站来体会 CSS 的各种效果。

## 8.11 上机实训——创建 main.css 样式文件

（1）在 Dreamweaver CS5 中打开站点内的任何一个网页文件，然后在其中创建一个 CSS 样式表文件 main.css，将其保存在站点根目录中。

（2）在该文件中创建文档可能用到的各种样式，包括自定义样式、重定义标签样式以及 CSS 选择器样式。

（3）在需要应用该 CSS 文件的网页上附加该样式表文件。

# 第9章

# 制作网站首页

　　前面我们已经定义好了站点，并将所有相关的文件复制到了站点目录中，下面要做的工作就是将网站的首页用表格拼起来。本章主要涉及页面制作中的很多重要技巧，特别是表格的使用技巧。在制作过程中要重点体会页面分段处理的方法。

　　学习目标：学完本章后，能制作一个完整的网页。

## 本章知识点

- ◎ 分析网页结构
- ◎ 页面整体设计
- ◎ 制作网页顶部
- ◎ 制作中部框架
- ◎ 制作网页底部
- ◎ 版式设计原则
- ◎ 创建链接
- ◎ 制作网页左侧部分
- ◎ 制作网页右侧部分
- ◎ 首页制作应注意的问题
- ◎ 升级"艺术展"页面

## *9.1* 分析网页结构

在 Dreamweaver CS5 中制作网站首页，其最终效果如图 9.1 所示。

图 9.1　网站首页的最终效果

由图 9.1 可以看出，整个页面可以分为顶部、中部和底部三大部分。

- 顶部主要包括网站图标、广告条、导航条等内容，可以将各种对象放置在一个表格的不同单元格中。
- 中部分为左右两个区域，左侧是"论坛入口"、"本站公告"、"本站链接"等栏目，右侧是"重要公告"、"办公流程"、"网上调查"、"特别推荐"等栏目。
- 底部主要是版权信息等内容，这部分也可以用一个表格进行排版。

清楚基本结构后就可以开始制作了。

## *9.2* 页面整体设计

| 同步视频文件 | 同步教学文件\第 9 章\9.2 页面整体设计.avi |
| --- | --- |

### 9.2.1　新建文件

**Step 01** 在 Dreamweaver CS5 窗口中选择菜单命令〝文件〞|〝新建〞，此时将打开〝新建文档〞对话框。

**Step 02** 选择〝空白页〞，然后在〝页面类型〞中选择 HTML，单击〝创建〞按钮后将打开一个新文档编辑窗口。

**Step 03** 选择菜单命令"文件"|"保存",将文件保存起来。将该文件保存到站点根目录 mywebsite 中,文件名为 index.htm。

## 9.2.2 使用跟踪图像

以往制作网页时,设计师总是一只手拿着网页效果图,一只手操纵着鼠标,很不方便。现在我们可以把网页效果图放在编辑窗口的背景上,这样在制作时就有了一个参照物。要实现这个功能,就需要用到跟踪图像。

网页效果图一般由美工制作完成,该效果图包含了网页中涉及的图形图像。制作效果图有两个目的:一方面是为了让网页的整体感更强;另一方面是为了获得网页中的图像。效果图制作完成后,可以对该图进行切割,将整张大图切割成很多小的图像。

> **提示** 关于图形图像的制作以及图像的切割不属于本书的讨论范围,请找一些有关 Fireworks 或 Photoshop 的书籍进行参考。

为了方便练习,这里使用素材目录 mywebsite\images\index 中已经做好的网页效果图,文件名为 index.png。

**Step 01** 选择菜单命令"修改"|"页面属性",此时将打开"页面属性"对话框。

**Step 02** 在其左侧的"分类"列表框中选择"跟踪图像"选项,切换到"跟踪图像"面板,如图 9.2 所示。单击"跟踪图像"文本框后的"浏览"按钮,在打开的"选择图像源文件"对话框中,找到素材目录 mywebsite\images\index 中的文件 index.png。

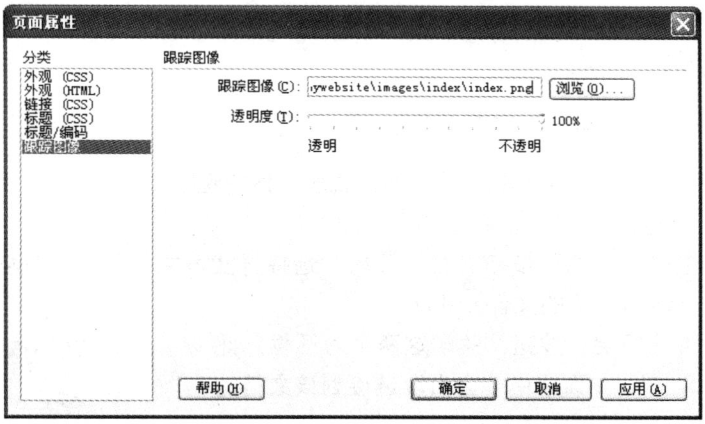

图 9.2 设置跟踪图像

**Step 03** 单击"确定"按钮,回到"页面属性"对话框,然后拖动"透明度"滑块,调整跟踪图像的透明度为 50%。

**Step 04** 单击"确定"按钮后,效果图就出现在编辑窗口中了。由于我们将透明度设成了 50%,因此图像不是很清晰,如图 9.3 所示。

> **提示** 跟踪图像不是网页背景图,它只是制作网页的辅助工具,在浏览器中是看不到的。为了便于观察和表述,下面的效果图中将不再包括跟踪图像。

图 9.3　添加跟踪图像的效果

## 9.2.3　调整页面属性

在"页面属性"对话框中切换到"外观"面板，在其中设置网页的各个边距为 0。再切换到"标题/编码"面板，然后修改标题文本为"北京大学资产管理部"。

> **提示** 在"页面属性"对话框中，一般只设置标题和边界的数值就可以了，其他参数可以用 CSS 样式表来控制。

## 9.2.4　链接样式表

下面将外部样式表链接到该网页中。

**Step 01**　在"CSS 样式"面板中单击"附加样式表"按钮，此时将打开"链接外部样式表"对话框，如图 9.4 所示。

**Step 02**　单击其中的"浏览"按钮，在打开的"选择样式表文件"对话框中，找到素材目录 mywebsite\styles 下的文件 main.css。

**Step 03**　连续单击"确定"按钮，关闭这两个对话框。此时"CSS 样式"面板中将会出现链接到该文档的外部样式表文件，如图 9.5 所示。

图 9.4　"链接外部样式表"对话框

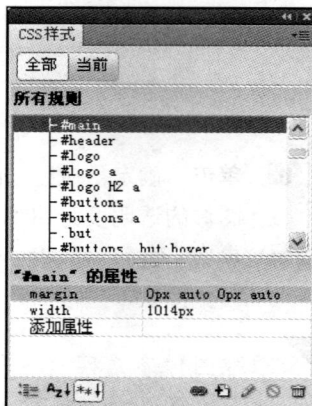

图 9.5　"CSS 样式"面板

由于该样式表中大部分都是重定义 HTML 样式，因此，当在网页中添加对象时，网页将会自动进行格式化。

# 9.3 制作网页顶部

整个页面分为顶部、中部、底部三大部分，现在从页面的顶部开始制作。

### 1. 第 1 行的制作

**Step 01** 在"常用"插入工具栏中单击"表格"按钮▦，在打开的"表格"对话框中设置行数为 5，列数为 1，宽度为 778 像素，边框粗细、单元格边距、单元格间距都为 0。

**Step 02** 单击"确定"按钮后，将在编辑窗口中插入一个 5 行 1 列的表格。

**Step 03** 将光标放在第 1 行的单元格中，然后在"常用"插入工具栏中单击"图像"按钮▣，在打开的"选择图像源文件"对话框中，找到素材目录 mywebsite\images\index\top 下的文件 about.gif。

**Step 04** 单击"确定"按钮后就会在单元格中插入一张图像。

**Step 05** 将光标放在刚才插入的图像右侧，然后用同样的方法插入素材目录 mywebsite\images\index\top 下的文件 homepage.gif。

**Step 06** 选中 about.gif 图片，然后在"属性"面板中将"对齐"选项的值设为"右对齐"。选中 homepage.gif 图片，也将"对齐"选项设置为"右对齐"，这样单元格中的图像将移动到单元格的右侧，此时的表格如图 9.6 所示。

图 9.6 修改后的表格

**Step 07** 下面给第 1 行单元格添加背景图片。将光标放在第 1 行中，在"标签编辑器"面板中单击"浏览器特定的"标签，然后单击右侧"背景图像"文本框后面的"浏览"按钮，如图 9.7 所示。

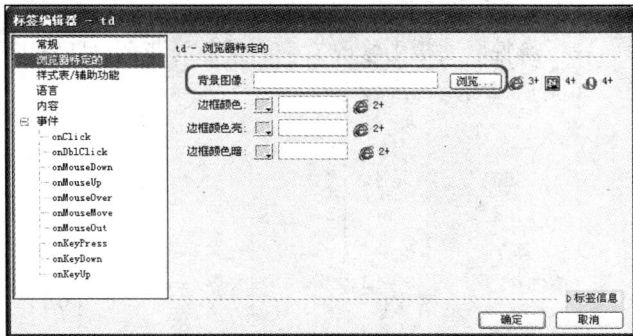

图 9.7 在"标签编辑器"面板中添加背景

167

**Step 08** 在打开的"选择图像源文件"对话框中，找到素材目录 mywebsite\images\index\top 下的
文件 topbg.gif。单击"确定"按钮后，单元格中就会出现一个背景条，如图 9.8 所示。

图 9.8 添加背景后的单元格

### 2. 修改表格的背景色

将表格的背景颜色修改为白色，具体操作步骤如下。

**Step 01** 单击表格的边框，选中整个表格。

**Step 02** 在"属性"面板上修改表格的背景色为白色（#FFFFFF），此时表格的背景色变为白色，
这样表格就盖住了文档的背景色。

### 3. 第 2 行的制作

**Step 01** 将光标放在第 2 行中，然后在"常用"插入工具栏中单击"表格"按钮，在打开的
"表格"对话框中设置行数为 1，列数为 3，宽度为 100%，边框粗细、单元格间距为
0，单元格边距为 3。

> **提示** 使用嵌套表格可以防止出现单元格宽度冲突的情况。如果直接拆分这一行，就必
> 然和第 1 行的单元格冲突。用户不妨试试直接拆分将会是什么效果。

**Step 02** 单击"确定"按钮，将在单元格中嵌套一个新表格，如图 9.9 所示。

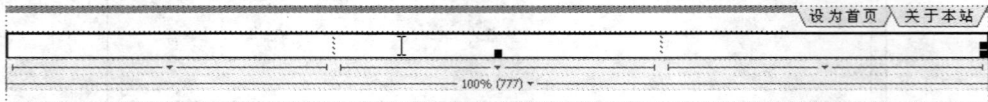

100% (777)

图 9.9 嵌套的新表格

**Step 03** 将光标放在新插入表格的第 1 个单元格内，然后在其中输入文本 ENTER，如图 9.10
所示。

**Step 04** 将光标放在两个字母之间，然后在按住 Shift 键的同时按下 Enter 键，让两个字母之间
出现换行，如图 9.11 所示。

**Step 05** 选中文本后，在"属性"面板上修改文字的颜色为灰色（#999999），此时文本颜色就
会变成灰色，如图 9.12 所示。

图 9.10 输入文本      图 9.11 换行后的文字      图 9.12 修改后的文本颜色

如果在"首选参数"对话框中，设置为"使用 CSS 而不是 HTML 标签"编辑方式（具

体的设置方法请参见 3.11.1 节），此时"属性"面板的"目标规则"下拉列表框中就会增加一个新样式 style1，如图 9.13 所示。

**Step 06** 将光标放在文字所在的单元格中，然后在"属性"面板中设置单元格的宽度为 15 像素，如图 9.14 所示。

图 9.13 增加的新样式 图 9.14 设置单元格的宽度

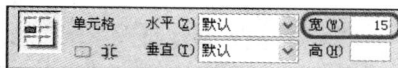

**Step 07** 将光标放在文字右侧的单元格中，然后在"常用"插入工具栏中单击"图像"按钮，在打开的"选择图像源文件"对话框中，找到素材目录 mywebsite\images\logos 下的文件 bdzcb.gif。单击"确定"按钮后，就会在该单元格中插入网站图标，如图 9.15 所示。

**Step 08** 在"属性"面板上修改该单元格的宽度为 210 像素，如图 9.16 所示。

图 9.15 插入网站 Logo 图 9.16 修改单元格的宽度

**Step 09** 将光标放在右侧的单元格中，然后在"常用"插入工具栏中单击 Flash 按钮，在打开的"选择文件"对话框中，找到素材目录 mywebsite\images\swf 下的文件 topbanner.swf。

**Step 10** 单击"确定"按钮后，文档编辑窗口如图 9.17 所示。

图 9.17 插入 Flash 文件后的文档编辑窗口

由于插入的 Flash 动画文件的宽度和高度比较大，把整个表格都撑大了，因此在"属性"面板中修改 Flash 动画的宽度为 533 像素，高度为 67 像素，其他属性如图 9.18 所示。

图 9.18 修改 Flash 动画的属性

**4. 导航条的制作**

**Step 01** 将光标放在第 3 行的单元格中，在其中插入 1 行 2 列的表格，选中插入的表格，在"属性"面板中修改其属性，如图 9.19 所示。

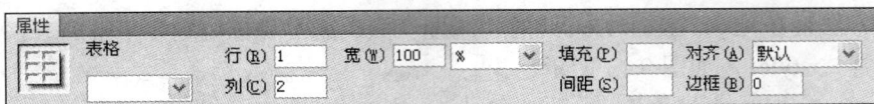

图 9.19 修改表格的属性

**Step 02** 将光标插入左侧的单元格中，然后在其中插入素材目录 mywebsite\images\index\top 下的文件 navagate.gif，此时的编辑窗口如图 9.20 所示。

图 9.20 插入导航图片后的编辑窗口

**Step 03** 将光标放在插入图片的单元格中，然后在"属性"面板上将该单元格的宽度设为 444 像素。此时，插入的图片就和左侧单元格的边框紧紧地贴在一起了，如图 9.21 所示。

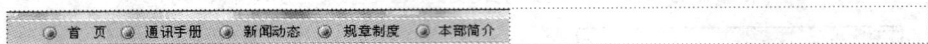

图 9.21 修改后图片和边框贴在一起

**Step 04** 将光标放在右侧的单元格中，在"标签编辑器"面板上给该单元格指定背景图像为素材目录 mywebsite\images\index\top 下的文件 navagate2.gif，如图 9.22 所示。

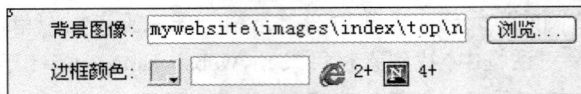

图 9.22 指定单元格背景图像

此时的文档编辑窗口如图 9.23 所示。

图 9.23 文档编辑窗口效果

## 5. 装饰条的制作

下面将导航条下面的两个单元格变成装饰条，具体操作步骤如下。

**Step 01** 将光标放在第 4 行单元格中，把该单元格的背景颜色设为灰色（#999999），高度设为 3 像素，如图 9.24 所示。

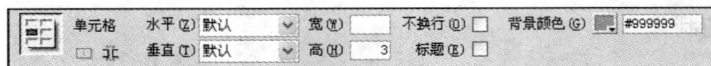

图 9.24 设置第 4 行单元格的属性

**Step 02** 将素材目录 mywebsite\images 下的图片文件 spacer.gif 插入到该单元格中，然后将光标移到单元格之外，此时该行的高度变为 3 像素，看起来就成了一条细线，如图 9.25 所示。

图 9.25　单元格变为细线

**Step 03** 将光标放入第 5 行单元格中，然后在"标签编辑器"面板上指定其背景图像为素材目录 mywebsite\images\index\top 下的文件 gride.gif，在"属性"面板中设置单元格的高度为 5 像素，如图 9.26 所示。

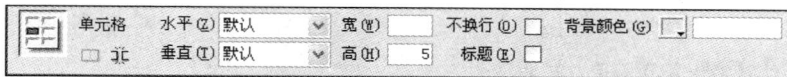

图 9.26　设置单元格的高度

**Step 04** 用同样的方法，在单元格中插入图像 spacer.gif，此时该单元格就会变成一条细线，如图 9.27 所示。

图 9.27　插入图像后的单元格

**Step 05** 到此为止，网页顶部就差不多完工了，保存该文件并将其在浏览器中打开，此时的效果如图 9.28 所示。

图 9.28　网页顶部的效果

## 9.4　制作中部框架

| 同步视频文件 | 同步教学文件\第 9 章\9.4 制作中部框架.avi |
| --- | --- |

下面开始搭建中部的左右结构框架，具体操作步骤如下。

**Step 01** 将光标放在已经插入的表格右侧，然后在"常用"插入工具栏中单击"表格"按钮，在打开的"表格"对话框中设置行数为 1，列数为 3，宽度为 778 像素，边框粗细、单元格间距、单元格边距均为 0。此时，将在导航条的下方插入一个新表格。

**Step 02** 选中该表格，在"属性"面板上将背景色设为白色，如图 9.29 所示。

图 9.29　插入的新表格

**Step 03** 将左侧单元格的宽度设为 180 像素，高度设为 200 像素，再将中间单元格的宽度设为 10 像素。

**Step 04** 将左侧单元格的背景色设为灰色（#CCCCCC），再给中间的单元格指定背景图片为素材目录 mywebsite\images\index\left 下的文件 linebg.gif，如图 9.30 所示。

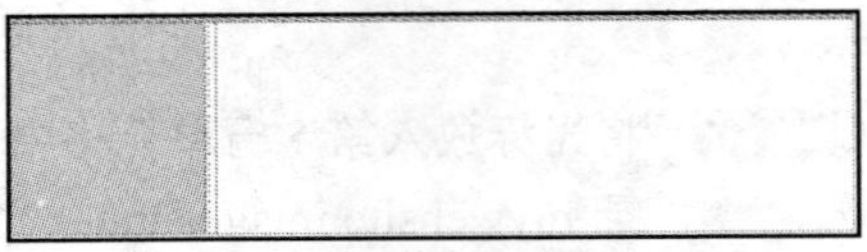

图 9.30　设置背景色和背景图片后的表格

# 9.5 制作网页底部

| 同步视频文件 | 同步教学文件\第 9 章\9.5 制作网页底部.avi |
|---|---|

下面制作底部的版权信息，具体操作步骤如下。

**Step 01** 插入一个 3 行 1 列的表格，宽度为 778 像素，在表格的"属性"面板中将填充、间距、边框均设置为 0，如图 9.31 所示。

图 9.31　插入的底部表格

**Step 02** 将光标放在左侧的单元格中，然后插入素材目录 mywebsite\images\index\bottom 下的文件 left.gif，如图 9.32 所示。

**Step 03** 将该单元格的宽度修改为 100 像素，然后在中间的单元格中输入一些文本，如图 9.33 所示。

图 9.32　插入的图片

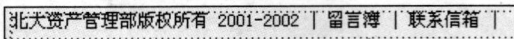

图 9.33　输入的文本

**Step 04** 将光标放在文本的左侧，然后将"插入"工具栏切换到"文本"插入工具栏，单击其中的"字符"下三角按钮，在展开的"字符"下拉菜单中选择"版权"命令，如图 9.34 所示。如果你的网页编码不使用西欧字符编码，就会打开一个提示框，这里不用理会。

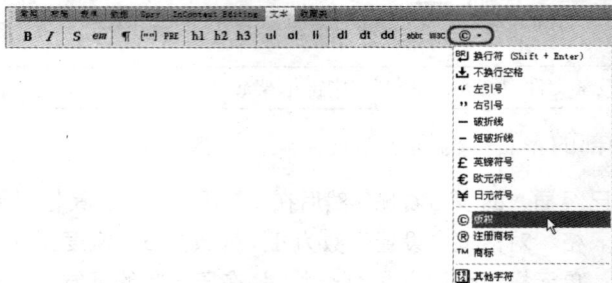

图 9.34　在"字符"下拉菜单中选择"版权"命令

**Step 05** 单击"确定"按钮，关闭对话框。此时将在文本左侧添加一个版权字符，如图 9.35 所示。

**Step 06** 将光标移到文本"留言簿"左侧，然后插入素材目录 mywebsite\images\index\bottom 下的文件 message.gif，效果如图 9.36 所示。

©北大资产管理部版权所有 2001-2002

图 9.35 添加版权字符

留言簿 | 联系信箱 |

图 9.36 插入的图像文件

**Step 07** 将光标放在右侧的单元格中，然后插入素材目录 mywebsite\images\index\bottom 下的文件 right.gif，并将右侧的单元格宽度设为 100 像素，效果如图 9.37 所示。

©北大资产管理部版权所有 2001-2002 | 留言簿 | 联系信箱 |

图 9.37 插入图像后的表格

**Step 08** 选中整个表格，然后在"标签编辑器"面板上指定整个表格的背景图片为素材目录 mywebsite\images\index\bottom 下的 linebg.gif，效果如图 9.38 所示。

©北大资产管理部版权所有 2001-2002 | 留言簿 | 联系信箱 |

图 9.38 指定背景图片后的表格

**Step 09** 选中文本"留言簿"，然后在"属性"面板的"链接"文本框中输入"mailto:image@263.net"，其中的"image@263.net"可以替换成自己的 E-mail 地址，如图 9.39 所示。到此为止，整个网页的框架就完成了，效果如图 9.40 所示。

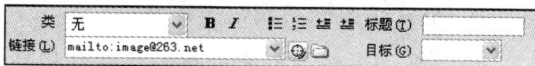

图 9.39 添加邮件链接

图 9.40 完成的整个网页框架

# 9.6 版式设计原则

有的网页在全屏状态下浏览时一点问题也没有，一旦调整了窗口大小，问题就出现了。类似这样的问题还很多，这都是由于页面表格中单元格的宽高等属性发生冲突引起的。为了防止冲突，我们应当遵循一些基本原则。

**1. 用大表格控制页面布局，嵌套表格控制内容**

由大表格负责整体的排版，由嵌套的表格负责具体内容的排版，并插入到大表格的相应位置上，这样单元格之间的宽和高就互不冲突了。

用嵌套表格，可以让结构更清晰，修改也更容易。

**2. 大表格宽度使用像素值，嵌套表格尽量使用百分比**

大表格和嵌套表格的宽度及高度的设置也需要遵循一定的原则。为了使页面在不同分辨率下外观一致，大表格的宽度一般使用像素值，而高度一般不定；同时，为了使嵌套表格的宽度和大表格不发生冲突，嵌套表格一般使用百分比设置宽和高。

**3. 一般不指定表格高度**

由于表格可以被里面的内容撑大，因此，设置的高度太小将没有意义，如果设置得太大又必然显得太空。如果没有特殊要求，一般不用指定高度，这样表格高度会随着里面内容的多少自动伸缩。

**4. 每行（列）只需设定一个单元格的宽度（高度）**

由于表格各行各列之间是相互关联的，调整一个单元格的高度，整行的高度都会同时变化；同样，调整一个单元格的宽度，整列的宽度也会同步改变。

**5. 不要轻易拖动表格边框**

通过拖动表格边框来调整表格宽度和高度时，Dreamweaver CS5 将给每个单元格都设置高度或者宽度，这样就给后面的制作埋下了隐患。因此，应尽量用"属性"面板调整表格的各项属性。

**6. 较长的页面至少要用表格分割成 3 个部分**

浏览器只有读完表格的全部代码后才能显示出表格中的内容。如果把所有的内容全部放在一个单元格内，那么必须等所有的内容全部下载完后才能显示出来，此前浏览器中是一片空白，而分割成几个表格后，每个表格的内容就会逐步显示出来，不至于让浏览者茫然地等待。

本例中就将整个页面用 3 个表格分成了三大块区域，这样在下载时就会首先显示顶部，然后逐渐显示，直到完成。

> **提示** 学习网页版式最有效的方法就是多分析大型网站的网页。比如，当你看到 SOHU 的首页时，第 1 个冲动就应当是将它保存到自己的硬盘上，然后用 Dreamweaver CS5 打开进行分析，看看里面的表格是怎样嵌套的，整个页面的布局是怎样实现的。分析多了，感受就多了，自然就有章法了，闭门造车绝对不是一个好方法。

## *9.7* 创建链接

| 同步视频文件 | 同步教学文件\第 9 章\9.7 创建链接.avi |
|---|---|

下面给首页添加各种超级链接，具体操作步骤如下。

**Step 01** 选中导航条中的图片，如图 9.41 所示。

**Step 02** 在"属性"面板上单击"矩形热点工具"按钮□，将光标移到图像上，拖动鼠标绘制出矩形热点区域，如图 9.42 所示。

图 9.41 选中导航条中的图片

图 9.42 绘制矩形热点区域

**Step 03** 此时"属性"面板上显示的是热点的属性，在其中单击"链接"文本框右侧的"浏览文件"按钮，如图 9.43 所示。

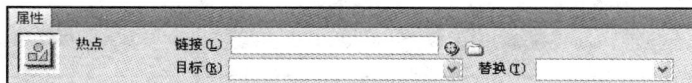

图 9.43 单击"浏览文件"按钮

**Step 04** 在打开的"选择文件"对话框中，找到素材目录下的网页文件 index.htm。选中该文件后，单击"确定"按钮，将文件路径添加到"属性"面板的"链接"文本框中，如图 9.44 所示。

图 9.44 添加链接文件

**Step 05** 用同样的方法，在"通讯手册"、"新闻动态"、"规章制度"、"本部简介"上都添加热点区域，如图 9.45 所示。

图 9.45 添加热点区域后的导航条

**Step 06** 将"通讯手册"上的热点链接到素材目录 mywebsite\address 下的文件 index.htm，将"新闻动态"上的热点链接到素材目录 mywebsite\news 下的文件 index.htm，将"规章制度"上的热点链接到素材目录 mywebsite\rules 下的文件 index.htm，将"本部简介"上的热点链接到素材目录 mywebsite\about 下的文件 index.htm。

**Step 07** 选中文档底部的文本"留言簿"，然后在"属性"面板上指定文本链接路径为素材目录 mywebsite\feedback 下的 index.htm，如图 9.46 所示。

图 9.46 设置"留言簿"文本的属性

**Step 08** 分别选中这 3 个大表格，将表格的"对齐"属性都设为"居中对齐"，如图 9.47 所示。

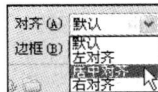

图 9.47 设定表格的对齐方式

**Step 09** 保存文件并在浏览器中打开，此时浏览器窗口中的页面效果如图 9.48 所示。

图 9.48　浏览器窗口中的效果

# 9.8　制作网页左侧部分

下面在网页左侧的灰色单元格内添加一些内容（最终效果见图 9.1）。

首先，从顶部的"论坛入口"栏目开始。

## 9.8.1　论坛入口

### 1. 插入表单域

将光标放在左侧的大单元格中，然后在"表单"插入工具栏中单击"表单"按钮，此时将在左侧的单元格中插入一个表单域，如图 9.49 所示。

图 9.49　插入的表单域对象

### 2. 插入表格

将光标放在表单域中，然后插入一个 5 行 1 列，宽度为 160 像素，单元格间距、边框粗细为 0，单元格边距为 3 的表格，如图 9.50 所示。

选中表格，在"属性"面板上将表格居中对齐，此时的表格如图 9.51 所示。

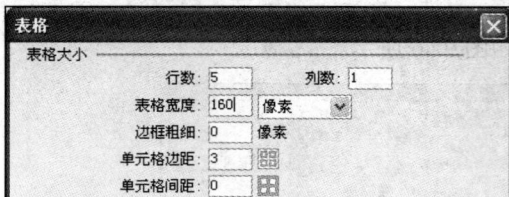

图 9.50　插入 5 行 1 列的表格

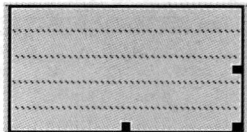

图 9.51　插入的表格效果

### 3. 插入图片

将光标放在第 1 行单元格中，然后插入素材目录 mywebsite\images\index\left 下的图片 login.gif，此时的表格如图 9.52 所示。

### 4. 插入文本框

**Step 01** 在第2行和第3行中分别输入文本"用户名"和"密码",如图9.53所示。

图 9.52　插入图片后的表格　　　　　　　图 9.53　输入文本

**Step 02** 选中文本所在的单元格,然后在"属性"面板中将单元格居中对齐,如图9.54所示。此时单元格中的文字将居中到单元格中央,如图9.55所示。

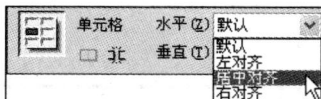

图 9.54　设置为居中对齐　　　　　　　　图 9.55　将文字居中到单元格中央

**Step 03** 将光标放在文本中,然后在"表单"插入工具栏中单击"文本字段"按钮,在单元格内各加入一个单行文本框,如图9.56所示。

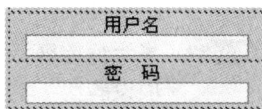

**Step 04** 显然这两个文本框太长了。选中第1个文本框,在"属性"面板中修改名称为 username,字符宽度为 12,最多字符数为 15,选择类型为"单行",如图9.57所示。

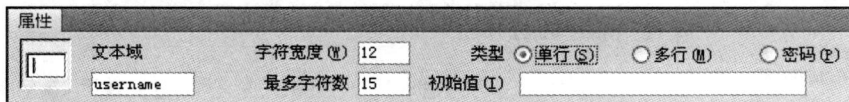

图 9.56　加入的文本框

图 9.57　修改第1个文本框的属性

**Step 05** 由于第2个文本框是用来输入密码的,因此要将其变为密码文本框。选中第2个文本框,在"属性"面板中修改名称为 password,字符宽度为 12,最多字符数为 15,类型为"密码"。此时单元格的高度又恢复正常了,如图9.58所示。

### 5. 插入图像域

下面插入"登录"按钮,具体操作步骤如下。

**Step 01** 将光标放在表格的第4行中,然后在"表单"插入工具栏中单击"图像域"按钮,在弹出的"选择图像源文件"对话框中,找到素材目录 mywebsite\images\index\left 下的图像文件 denglu.gif,单击"确定"按钮后,图像域就会出现在网页编辑窗口中,如图9.59所示。

图 9.58　修改后的单元格　　　　　　　　图 9.59　插入图像域

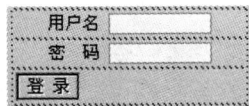

图像域是外观为图像的按钮，它的功能相当于提交按钮，可以用它来提交表单中的数据。

**Step 02** 将"插入"工具栏切换到"常用"插入工具栏，单击其中的"图像"按钮，将素材目录 mywebsite\images\index\left 下的文件 reply.gif 插入到单元格中，如图 9.60 所示。

**Step 03** 将光标放在图像所在的单元格中，然后在"属性"面板中将单元格设置为水平居中对齐，此时单元格中的图像域和图像就会移到单元格的中央，如图 9.61 所示。

图 9.60　插入的按钮

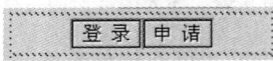

图 9.61　居中后的单元格

### 6. 插入第 2 个表格

**Step 01** 将光标放在表格的最后一行中，然后在其中插入一个 1 行 1 列，宽度为 159 像素，单元格边距、边框粗细、单元格间距均为 0 的表格，如图 9.62 所示。

图 9.62　插入的表格

**Step 02** 将光标放在该单元格中，在"属性"面板上修改表格的高度为 18 像素，将"水平"选项设置为"居中对齐"，在"标签编辑器"面板的"浏览器特定的"选项卡中指定单元格的背景图片为素材目录 mywebsite\images\index\left 下的文件 bottom.gif，如图 9.63 所示。

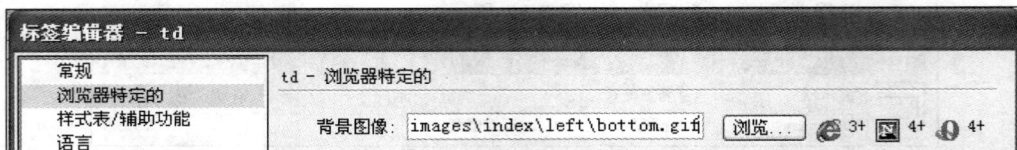

图 9.63　设置标签编辑器面板

**Step 03** 此时新插入的表格如图 9.64 所示。在该单元格中加入文本"游客参观"，此时的单元格如图 9.65 所示。

到此为止，整个"论坛入口"栏目就制作完成了，如图 9.66 所示。

图 9.64　新插入的表格

图 9.65　加入文本后的单元格

图 9.66　完成后的"论坛入口"

## 9.8.2　本站公告

下面开始制作"本站公告"部分。

### 1. 插入表格

**Step 01** 将光标放在"论坛入口"所在表格的右侧，然后插入一个 4 行 1 列，宽度为 160 像素，单元格间距、边框粗细为 0，单元格边距为 3 的表格。

**Step 02** 选中插入的表格，然后在"属性"面板上将"对齐"选项设为"居中对齐"，此时的表格如图 9.67 所示。

**Step 03** 将光标放在第 1 行中，然后插入素材目录 mywebsite\images\index\left 下的图片文件 big.gif，如图 9.68 所示。

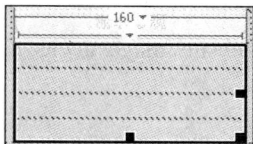

图 9.67　插入的表格

图 9.68　插入"本站公告"图像

### 2. 加入文本和图片

**Step 01** 将光标放在第 2 行中，然后插入素材目录 mywebsite\images\icons 下的图片文件 notice.gif，这是一个小图标，如图 9.69 所示。

**Step 02** 选中该图片后按快捷键 Ctrl+C 复制，然后将光标放在第 3 行的单元格中并按快捷键 Ctrl+V 粘贴，此时的表格如图 9.70 所示。

**Step 03** 在小图标后输入一些文本，如图 9.71 所示。

图 9.69　插入的小图标

图 9.70　粘贴小图标后的表格

图 9.71　输入文本

### 3. 复制表格

**Step 01** 选中"论坛入口"中"游客参观"文本所在的表格，然后用快捷键 Ctrl+C 进行复制，如图 9.72 所示。

**Step 02** 将光标移到"本站公告"表格的最后一行中，然后用快捷键 Ctrl+V 将表格粘贴到该单元格中，并将其中的文本"游客参观"选中并删除，此时整个表格如图 9.73 所示。

图 9.72　要复制的表格

图 9.73　最后的表格效果

### 9.8.3 本站链接

#### 1. 插入表格

**Step 01** 将光标放在"本站公告"所在表格的右侧，然后插入一个 3 行 1 列，宽度为 160 像素，单元格间距、边框粗细为 0，单元格边距为 5 的表格。

**Step 02** 选中插入的表格，然后在"属性"面板中将"对齐"选项设为"居中对齐"，此时的表格如图 9.74 所示。

#### 2. 加入文本和图片

**Step 01** 将光标放在第 1 行中，然后插入素材目录 mywebsite\images\icons 下的图片文件 icon.gif，这是一个小图标，如图 9.75 所示。

图 9.74　插入的表格

图 9.75　插入的小图标

**Step 02** 在该图片的后面输入文本"本站链接"，在第 3 行中输入说明性文本，如图 9.76 所示。

#### 3. 添加跳转菜单

将光标放在第 2 行的单元格中，然后用 7.11 节介绍的方法，在单元格中添加跳转菜单，如图 9.77 所示。

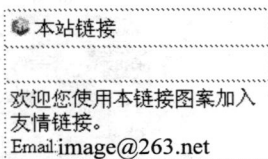

图 9.76　在第 3 行中输入文本

图 9.77　添加的跳转菜单

#### 4. 添加文本链接

选中文本 image@263.net，然后在"属性"面板上设置"链接"为 mailto:abc@sina.com.cn，如图 9.78 所示。

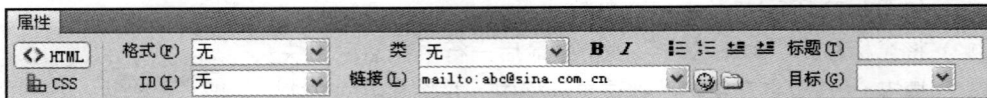

图 9.78　设置"链接"属性

### 9.8.4 创建库

"库"是 Dreamweaver CS5 为了重复使用网页中某一个区域的内容而设置的对象，该对象中可以放入任何网页元素，而一旦创建该对象后，它可以作为一个整体插入到其他网页中。这样可以减少重复劳动。

为了让左侧的内容能方便地用在其他页面中，下面将左侧单元格中的内容转换为库　对象。

**Step 01** 将光标放在左侧单元格中，然后在编辑窗口下的标签选择器中单击<form>标签，如图 9.79 所示。

**Step 02** 此时将会选中左侧单元格中的所有内容。选择菜单命令"修改"|"库"|"增加对象到库"，将会弹出一个提示对话框，如图 9.80 所示。

```
<body> <table> <tr> <td> <form>
```

图 9.79　标签选择器

图 9.80　提示对话框

**Step 03** 单击"确定"按钮后，这一部分将转化为库对象 left。

> **提示** 关于库的详细内容请见 10.1 节的介绍。

# 9.9 | 制作网页右侧部分

## 9.9.1 顶部

| 同步视频文件 | 同步教学文件\第 9 章\9.9.1 顶部.avi |
|---|---|

下面制作网页的右侧部分。首先，制作顶部的"重要公告"部分，这部分网页的最终效果如图 9.81 所示。

图 9.81　"重要公告"部分的效果

### 1. 插入表格

在右侧的单元格中插入一个 2 行 3 列，宽度为 100%，表格填充、边框、间距均为 0 的表格，如图 9.82 所示。

图 9.82　插入 2 行 3 列的表格

### 2. 插入图像

**Step 01** 在第 1 行第 1 列的单元格中插入素材目录 mywebsite\images\index\title 下的图片文件 notice.gif，如图 9.83 所示，并在"属性"面板中设置"对齐"选项为"左对齐"。

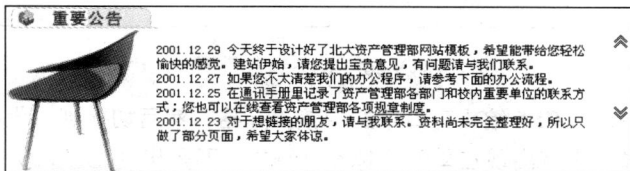

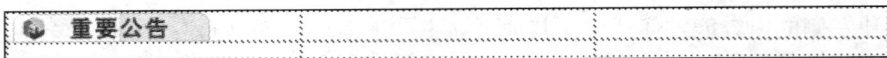

图 9.83　插入 notice.gif 图像

**Step 02** 在第 2 行第 1 列的单元格中插入素材目录 mywebsite\images\index\right 下的图片文件 chair.gif，并在"属性"面板中设置"对齐"选项为"左对齐"，如图 9.84 所示。

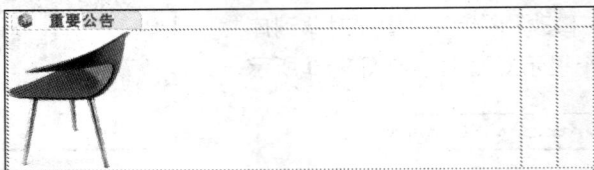

图 9.84　插入 chair.gif 图像

### 3. 修改背景

**Step 01** 选中第 1 行的 3 个单元格，在"属性"面板上单击"合并所选单元格，使用跨度"按钮 □，如图 9.85 所示，第 1 行将变成一个单元格。将光标放在该单元格中，然后在"标签编辑器"面板上指定单元格的"背景"为素材目录 mywebsite\images\index 下的图片文件 back.gif。

图 9.85　合并所选单元格

**Step 02** 此时编辑窗口中的单元格内出现了背景图像，但保存文件并在浏览器中打开该文件时，会发现该背景图不见了，如图 9.86 所示。

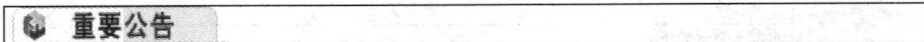

图 9.86　看不到背景图

**Step 03** 在 Dreamweaver CS5 编辑窗口中选中该单元格，然后切换到"代码"视图，上面添加的背景图像并没有出现在单元格标签<td>中，而是出现在了行标签<tr>中，如图 9.87 所示。

图 9.87　切换到"代码"视图

将<tr>标签中有关背景的代码剪切到<td>标签中，修改后的代码如图 9.88 所示。

图 9.88　修改后的代码

**Step 04** 再次保存文件并在浏览器中打开网页，背景图片显示出来了，如图 9.89 所示。

**重要公告**

图 9.89　显示出背景图片

### 4. 插入小表格

**Step 01** 切换到编辑窗口中，将光标放在第 2 行左侧的单元格中，并将其宽度设为 130 像素，然后将右侧的单元格宽度设为 25 像素。

**Step 02** 在右侧的单元格中插入一个 2 行 1 列，宽为 100%，高为 140 像素的表格，单元格间距、单元格边距、边框粗细都设为 0。

**Step 03** 在表格的第 1 行中插入素材目录 mywebsite\images\arrows 下的图片文件 up.jpg，在第 2 行中插入素材目录 mywebsite\images\arrows 下的图片文件 down.jpg，如图 9.90 所示。

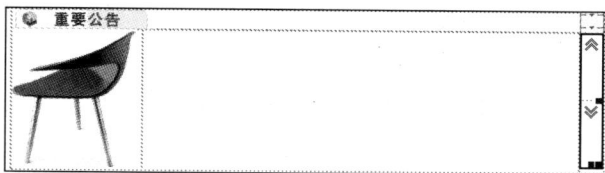

图 9.90　插入图片后的效果

### 5. 添加<iframe>标签

<iframe>称为内联框架，它和框架<frame>有很多共同之处。<frame>和<iframe>标记都可以有边框等属性，都可以在同一个窗口中显示很多个页面。但<iframe>相比<frame>更加自由，可以位于页面上的任意位置，甚至可以出现在某个单元格<td>内。

<iframe>各项属性的作用及含义说明如下。

- src 属性：表示引入文件的路径，这里选用素材目录 news 下的网页文件 note.htm。
- width 属性：用来定义<iframe>区域的宽度。
- height 属性：用来定义<iframe>区域的高度。
- scrolling 属性：确定是否显示 iframe 框架的滚动条，设为 yes 时始终显示；设为 no 时始终不显示；设为 auto 时，只有当插入内容的长度大于事先定义的 iframe 的宽度或高度时才会显示。
- frameborder 属性：该属性只有 0 和 1 两个值，0 表示没有边框；而 1 表示有边框。
- framespacing 属性：该属性用来控制边框的宽度。

添加<iframe>标签的具体操作步骤如下。

**Step 01** 将光标放在中间的单元格中，然后在编辑窗口底部的标签选择器上单击<td>标签，将该单元格选中。

**Step 02** 切换到"代码"视图中，选中单元格对应的 HTML 代码将会反白显示，如图 9.91 所示。

```
<td width="130"><img height=145 src="images/index/right/china.gif" width=125></td>
<td> </td>
<td width="25"><table height="140" border="0" cellpadding="0" cellspacing="0">
```

图 9.91　选中单元格对应的代码

**Step 03** 选中代码中的空白占位符，将其替换为<iframe>标签，具体的代码如下。

**183**

```
<iframe width=100%  frameborder=0 framespacing=5 scrolling=no
src="news/note.htm" id=new_date></iframe>
```

替换完成后的代码如图 9.92 所示。

图 9.92  替换后的代码

**Step 04** 此时在浏览器中打开该网页，"重要公告"部分的效果如图 9.93 所示。

图 9.93  插入<iframe>后的效果

这样做的好处是，如果要修改新闻标题，就无须再次打开首页了，只要修改 note.htm 里的内容就可以了。

## 9.9.2  中部

| 同步视频文件 | 同步教学文件\第 9 章\9.9.2 中部.avi |
|---|---|

这个部分的制作方法和上面的类似，最终的效果如图 9.94 所示。

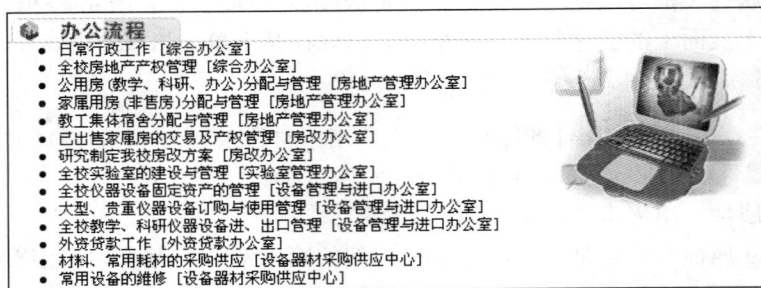

图 9.94  中部的最终效果

### 1. 插入表格

**Step 01** 插入一个 2 行 2 列，宽度为 100%，单元格边距、边框粗细、单元格间距均为 0 的表格，如图 9.95 所示。

图 9.95  插入 2 行 2 列的表格

**Step 02** 将第 1 行的单元格合并，将第 2 行右侧的单元格宽度设为 170 像素，如图 9.96 所示。

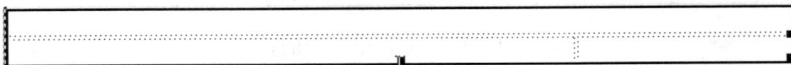

图 9.96  修改后的表格

### 2. 插入图像

**Step 01** 在第 1 行单元格中插入素材目录 mywebsite\images\index\title 下的图像文件 officeline.gif，再将该单元格的背景设置为素材目录 mywebsite\images\index 下的图片文件 back.gif，此时的表格如图 9.97 所示。

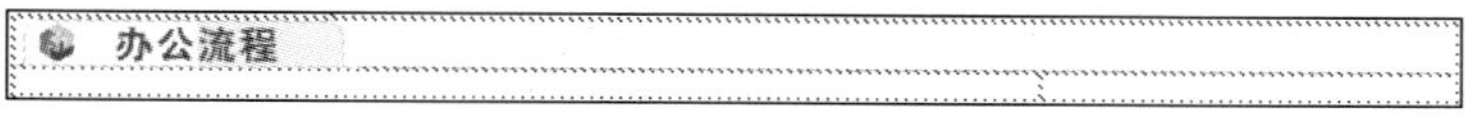

图 9.97 修改第 1 行单元格后的表格

**Step 02** 在第 2 行右侧的单元格中插入素材目录 mywebsite\images\index\title 下的图像文件 computer.gif，此时的表格如图 9.98 所示。

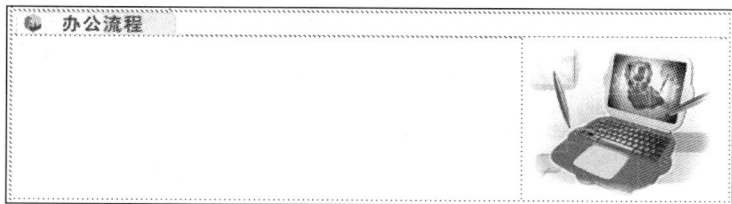

图 9.98 插入图片后的表格

### 3. 输入文字

在第 2 行第 1 个单元格中输入文字，就完成了网页右侧中部的制作。

## 9.9.3 底部

| 同步视频文件 | 同步教学文件\第 9 章\9.9.3 底部.avi |
|---|---|

下面制作右侧底部的 3 个栏目"友情链接"、"网上调查"、"特别推荐"，如图 9.99 所示。

图 9.99 右侧底部的栏目

### 1. 插入水平线

**Step 01** 将光标放在上面插入的大表格右侧，选择"插入记录"|HTML|"水平线"命令，此时将在文档中插入一条水平线，如图 9.100 所示。

图 9.100 插入的水平线

Step **02**　选中该水平线，然后在"属性"面板上将水平线的"高"设为 3 像素，取消选中"阴影"复选框，如图 9.101 所示。

图 9.101　水平线的"属性"面板

Step **03**　下面修改该水平线的颜色。选中该水平线，右击并在弹出的快捷菜单中选择"编辑标签"命令，弹出"标签编辑器"面板，在"浏览器特定的"选项卡中修改该水平线的颜色，如图 9.102 所示。

图 9.102　在"标签编辑器"面板中修改水平线的颜色

Step **04**　将其中的值设为灰色（#CCCCCC），如图 9.103 所示。

图 9.103　设置颜色值

Step **05**　保存文件并在浏览器中打开该文件，将会出现一条灰色的水平线。

### 2. 插入大表格

Step **01**　插入一个 1 行 3 列，宽度为 100%，单元格边距、边框粗细、单元格间距均为 0 的表格，如图 9.104 所示。

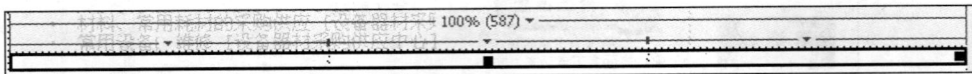

图 9.104　插入 1 行 3 列的表格

Step **02**　将左侧的单元格宽度设为 150 像素，中间的单元格宽度也设为 150 像素，此时的单元格宽度如图 9.105 所示。

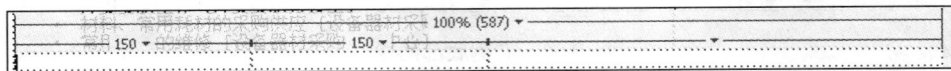

图 9.105　单元格宽度

### 3. 制作"友情链接"栏目

Step **01**　在左侧的单元格中插入一个 5 行 1 列，长度和宽度为空，边框粗细、单元格间距为 0，单元格边距为 5 的表格，然后在"属性"面板上将表格居中到单元格中央，如图 9.106 所示。

图 9.106　插入的新表格

**Step 02** 在第 1 行单元格内插入素材目录 mywebsite\images\icons 下的图像文件 links.gif，并在其右侧输入文本"友情链接"，如图 9.107 所示。

**Step 03** 在下面的 4 个单元格中插入素材目录 mywebsite\images\logos 下的 4 个图标文件 youngth.gif、school.gif、shockunion.gif、flash.gif，如图 9.108 所示。

图 9.107　插入的图像和文本

图 9.108　插入的图标文件

此时就可以分别在图像上添加链接了。

### 4. 制作"网上调查"栏目

**Step 01** 将光标放在中间的单元格内，然后在"表单"插入工具栏中单击"表单域"按钮，在单元格内插入一个表单域，如图 9.109 所示。

**Step 02** 将光标放在表单域中，然后插入一个 2 行 1 列，边框粗细、单元格间距为 0，单元格边距为 5 的表格，并在"属性"面板上将表格居中到单元格中央，如图 9.110 所示。

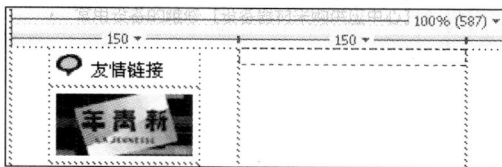

图 9.109　插入的表单域

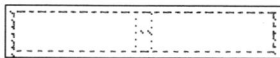

图 9.110　插入 2 行 1 列的新表格

**Step 03** 在表格的第 1 行中插入素材目录 mywebsite\images\index\title 下的图像文件 research.gif，如图 9.111 所示。

**Step 04** 在表格的第 2 行中插入素材目录 mywebsite\images\icons 下的图像文件 book.gif，并输入一些说明性文字，如图 9.112 所示。

图 9.111　插入 research.gif 图像

图 9.112　插入 book.gif 图像和文字

**Step 05** 插入 4 个复选框，并分别附加说明文字，如图 9.113 所示。

**Step 06** 使用相同的方法，插入"确定"和"查看"两个按钮，如图 9.114 所示。

### 5. 制作"特别推荐"栏目

**Step 01** 在 Fireworks 中打开素材目录 mywebsite\images\index\table 下的文件 table.png，如图 9.115 所示。

图 9.113 插入的复选框和文字　　图 9.114 插入的按钮　　图 9.115 打开的图像文件

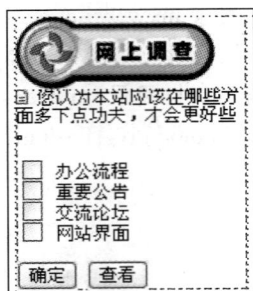

**Step 02** 在 Fireworks 窗口中选择菜单命令"文件"|"导出预览"，将打开"导出预览"对话框，如图 9.116 所示。

**Step 03** 在左侧的"选项"选项卡中选择"格式"为 GIF，然后单击"导出"按钮，打开"导出"对话框。

**Step 04** 在其中找到素材目录 mywebsite\images\index\table，在"文件名"文本框中输入 table，在"保存类型"下拉列表框中选择"HTML 和图像"选项，在 HTML 下拉列表框中选择"导出 HTML 文件"选项，在"切片"下拉列表框中选择"导出切片"选项，并且选中"包括无切片区域"和"将图像放入子文件夹"两个复选框，如图 9.117 所示。

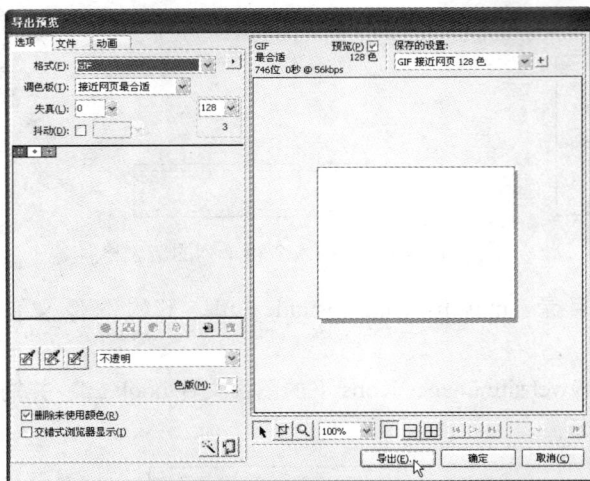

图 9.116 "导出预览"对话框　　　　图 9.117 设置"导出"对话框

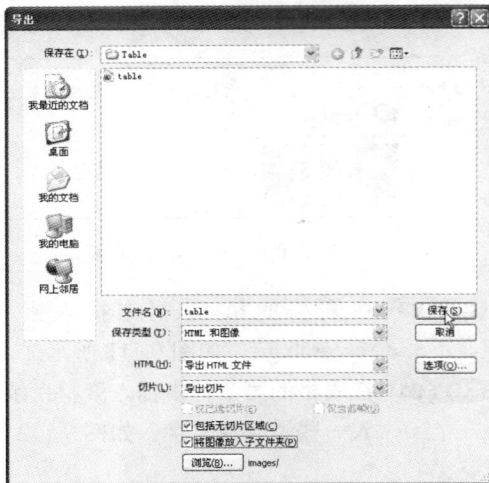

**Step 05** 单击"保存"按钮后，将在该目录下生成一个网页文件和一个名为 images 的文件夹，如图 9.118 所示。images 文件夹中是网页中用到的所有图像。

**Step 06** 关闭 Fireworks，然后切换到 Dreamweaver CS5 窗口。将光标放在右侧的单元格中，然

后在"常用"插入工具栏中单击"图像"按钮旁的下三角按钮，在展开的下拉菜单中
选择 Fireworks HTML 命令，如图 9.119 所示。

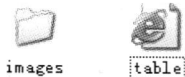

图 9.118　生成的网页和文件夹　　　　　　图 9.119　选择 Fireworks HTML 命令

此时将打开"插入 Fireworks HTML"对话框，如图 9.120 所示。

图 9.120　"插入 Fireworks HTML"对话框

**Step 07**　单击其中的"浏览"按钮，在打开的"选择 Fireworks HTML
文件"对话框中，找到上面导出的 HTML 网页文件。

**Step 08**　选中后单击"打开"按钮，返回"插入 Fireworks HTML"
对话框，单击"确定"按钮后，该网页中的内容就被插入
到单元格中了，这实际上是一个包含很多小图片的表格，
如图 9.121 所示。

**Step 09**　选中插入的表格，在"属性"面板中将"对齐"选项设置
为"居中对齐"，将表格居中到单元格的水平中央，如图 9.122 所示。

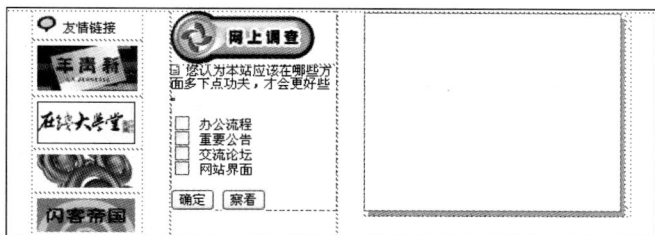

图 9.121　插入的网页内容

图 9.122　居中的大表格

**Step 10**　将中部的大块白色图片选中并删除，这块区域可以填入其他内容。

**Step 11**　在其中插入一个 5 行 1 列，边框粗细、单元格间距为 0，单元格边距为 3 的表格，然
后在"属性"面板上将表格居中到单元格中央。

**Step 12**　在第 1 行中插入素材目录 mywebsite\images\icons 下的
图片文件 hand.gif，并在其右侧输入文本"特别推荐"，
如图 9.123 所示。

图 9.123　第 1 行中的内容

**Step 13** 在第2行中插入素材目录 mywebsite\images\logos 下的图片文件 qianqian.gif，如图9.124 所示。

**Step 14** 在 第 3 行 中 输 入 文 本 "==www.XinLi.net=="，并 在 文 本 上 添 加 链 接 http://www.XinLi.net，然后在第4行中输入一些介绍性文本，如图9.125所示。

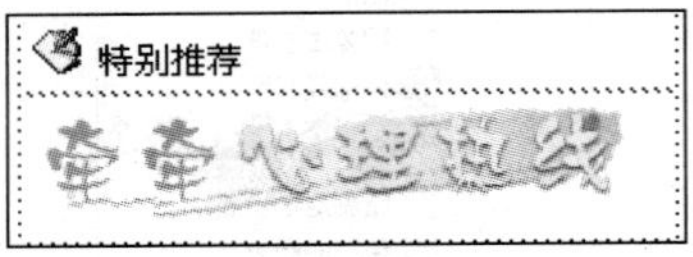

图 9.124　插入 qianqian.gif 图片

图 9.125　输入的文本

**Step 15** 在最后的单元格中插入素材目录 mywebsite\images\index\left 下的图像文件 enter.gif， 同样在图像上添加链接 http://www.XinLi.net，此时整个表格如图9.126所示。

图 9.126　插入图像后的表格

到此为止，网站首页就完成了，保存文件并将其关闭。

# 9.10 首页制作应注意的问题

在浏览别人的网站时，你会发现很多问题。这些问题往往不是技术上的，而是习惯上的，它们会给浏览者的浏览带来一些不便，直接影响到网站的访问量。下面总结了5个首页制作应注意的问题。

### 1. 不要醒目的欢迎文字

"欢迎光临"之类的语句一般不会给人很好的感觉，如果文字很大，反而更让人反感。所以，一般把这类语句放在页面的标题栏中。

### 2. 忌"建设中"

在浏览网页时经常会碰到这样的事情——花了好几分钟才打开一个页面，对方却放上一个大大的图片，告诉你"对不起，本栏目建设中，请稍后再来"，这是让人感觉很不愉快的事情。最好的方法是，在没有完成基本网站结构之前，不要将网站发布出去。

### 3. 主页长度限在3屏以内

有的网站主页过长，浏览者翻半天才能找到喜欢的内容，有些人就会放弃浏览。一般主页长度应限定在 3 屏以内，一屏半最佳。如果内容实在太多，多分几个栏目或者把内容放在下一级页面中就可以了。

### 4．导航条的位置

导航条能让浏览者在浏览时轻松到达不同的页面，是网页元素中非常重要的部分，所以导航条一定要清晰、醒目。导航条最好放在页面的顶端，而且最好采用横向放置的导航条。

### 5．首页中最好不要自我介绍

浏览者是来看网页的，不是来了解你的。如果你认为这个很有必要，可以在主页面中做个链接，单独做一页来介绍自己。这样如果浏览者觉得你的网站做得好，就会很自然地去访问你的自我介绍页面。

## 9.11 上机实训——升级"艺术展"页面

在站点 mysamplesite\best 目录下新建文件 best1.htm，然后在其中插入表格，并在表格的单元格中插入图片和文字（图片在素材目录 mysamplesite\images 中），最终的效果如图 9.127 所示（可参见素材目录 mysamplesite\best 下的文件 best1.htm）。

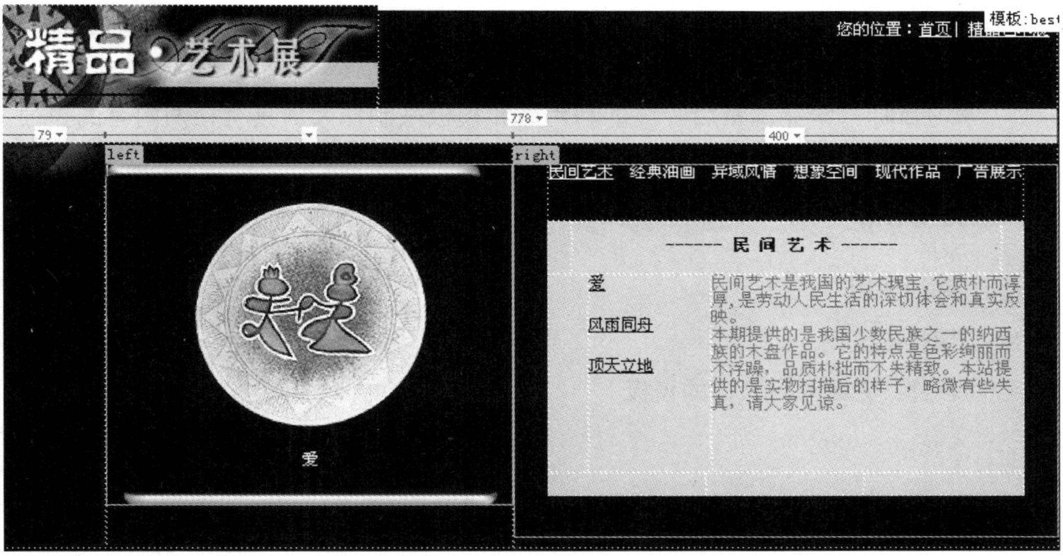

图 9.127　最终的页面效果

# 第10章

# 使用库和模板

当制作好关键页面后，就可以批量制作网页了。在网页制作中很多劳动都是重复的，例如，页面的顶部和底部在很多栏目的页面中都一样，而同一栏目中除了某一块区域外，版式、内容也完全一样。如果能够将这些工作简化，就能大幅度提高工作效率。而 Dreamweaver 中的库和模板就可以解决这一问题。模板主要用于同一栏目中的页面制作，而库主要用于各栏目间公用内容块的制作。

学习目标：学完本章后，应能利用库和模板来制作大量具有相同内容的页面。

## 本章知识点

◎ 库的使用

◎ 模板的使用

◎ 创建"艺术展"页面的模板

# 10.1 库的使用

通常，页面中的顶部和底部在整个网站中会多次使用，因此我们希望能将它们作为一个整体保存起来，在想用它们时，像插入图片一样将它们整个插入到页面中去，这样就能节省大量的制作时间。

这样的整体在 Dreamweaver CS5 中就是"库"，我们可以将网页中常用到的多个对象转换为库，然后作为一个对象插入到其他的网页中。库的操作主要在"库"面板上进行。

## 10.1.1 创建库

| 同步视频文件 | 同步教学文件\第 10 章\10.1.1 创建库.avi |
|---|---|

要使用库必须先创建库。创建库有两种方法：新建库，或将已经做好的网页内容转换为库。

在打开的网页中，由于顶部的内容已经做好了，因此只需将其转成库对象即可。

**Step 01** 选择菜单命令"窗口"|"资源"，打开"资源"面板，在左侧的按钮中单击"库"按钮，切换到"库"面板，如图 10.1 所示。

**Step 02** 选中文档顶部的整个表格，如图 10.2 所示。

**Step 03** 选择菜单命令"修改"|"库"|"增加对象到库"，此时会打开一个提示框。单击"确定"按钮关闭提示框后，新建的库对象就出现在"库"面板上。这里给新建的库重新命名为 top，如图 10.3 所示。

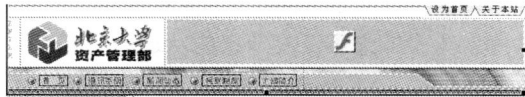

图 10.1　"库"面板　　　　图 10.2　选中顶部表格　　　　图 10.3　新建的库对象

此时网页中选定的表格成为一个不可编辑的整体，显示为淡黄色。如果要对这部分内容进行修改，必须修改库中的内容。

> **提示**　库的外观可能和网页中内容的外观不同，这是因为网页中使用了 CSS 样式。如果将来插入该库的网页中有这个样式，这部分内容的外观会变得和原网页中的一致。

### 课堂实训 10.1　将底部表格转换为库对象

**Step 01** 选中底部的表格，如图 10.4 所示。

**Step 02** 选择菜单命令"修改"|"库"|"增加对象到库"，此时会打开一个提示框。

［北大资产管理部版权所有 2001-2002 │ 留言簿│联系信箱│

图 10.4　选中底部的表格

**Step 03** 单击"确定"按钮关闭提示框后，新建的库对象就出现在"库"面板上。这里给新建的库重新命名为 bottom。此时，"库"面板中出现了两个对象。

创建的库都作为单独的文件保存到站点目录下的 Library 目录中，库的扩展名为.lbi。

## 10.1.2　插入库

| 同步视频文件 | 同步教学文件\第 10 章\10.1.2 插入库.avi |
| --- | --- |

创建好库对象之后，就可以在新文档中使用它了。

### 课堂实训 10.2　将库对象 top 插入到页面的顶部

**Step 01** 新建文档，将文档保存在站点目录 about 下，覆盖文件 index.htm，然后在"库"面板中选中要插入的库对象 top，单击面板下方的"插入"按钮，如图 10.5 所示。
此时就在页面中出现了一个库对象，但插入的对象与 index.htm 中的有一些区别，如文字变大了，而且文档的属性也还没有进行任何设置，如图 10.6 所示。

图 10.5　单击"插入"按钮 　　　　　　　　　　　图 10.6　插入的对象

这主要是因为插入对象的格式需要用 CSS 样式表进行格式化。下面将 CSS 样式表链接到页面上，让库对象里的文字恢复原来的状态。

**Step 02** 选择菜单命令"窗口"|"CSS 样式"，打开"CSS 样式"面板，在面板中单击"附加样式表"按钮，此时将打开"链接外部样式表"对话框。

**Step 03** 单击其中的"浏览"按钮，在打开的"选择样式表文件"对话框中，找到素材目录 mywebsite\styles 下的文件 main.css，单击"确定"按钮后，库对象又变回原样。

由于各栏目的中部和首页不同，因此这里需要在中部插入一个表格。

**Step 01** 插入一个 1 行 2 列的表格，在"属性"面板上设置表格宽度为 778 像素，单元格间距、单元格边距以及边框粗细均为 0，在表格的"标签编辑器"中将背景色设置为白色（#FFFFFF），如图 10.7 所示。

**Step 02** 将光标放在左侧的单元格内，然后设置左侧单元格的宽度为 180 像素，高度为 100 像素，单元格背景色为浅灰色（#EBEBEB），垂直对齐属性为"顶端"，如图 10.8 所示。

图 10.7 设置"属性"面板

图 10.8 设置左侧单元格的格式

**Step 03** 将右侧单元格的垂直对齐属性设置为"顶端",此时整个表格如图 10.9 所示。

采用将库对象 top 插入到页面顶部的方法,将 bottom 插入到页面的底部,最后修改网页标题为"北京大学资产管理部",此时的文档编辑窗口如图 10.10 所示,保存并关闭文档。

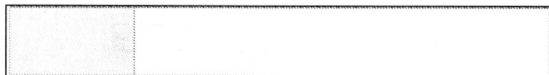

图 10.9 修改后的表格

图 10.10 插入库对象 bottom 后的文档编辑窗口

## 10.1.3 编辑库

如果想修改所有插入库对象中的内容,只要修改库就可以了。

**Step 01** 在"库"面板中双击要修改的库 top,就会在文档编辑窗口中打开该对象,如图 10.11 所示。

图 10.11 打开的库

195

**Step 02** 将光标放在导航条右侧的单元格中，然后插入一个 1 行 2 列，宽度为 200 像素，边框粗细、单元格间距、单元格边距都为 0 的表格，如图 10.12 所示。

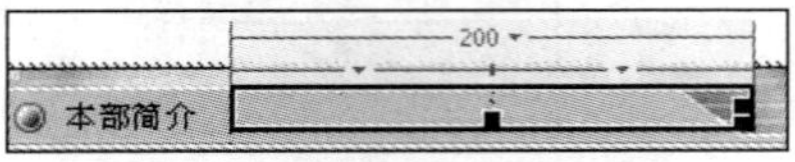

图 10.12　插入 1 行 2 列的表格

**Step 03** 选中该表格，然后在"属性"面板上修改表格的高度为 18 像素，将左侧单元格的宽度设为 20 像素，此时的表格如图 10.13 所示。

**Step 04** 选中两个单元格，然后在"属性"面板中将单元格的垂直对齐属性设为"底部"，再在左侧的单元格中插入素材目录 mywebsite\images\icons 下的图片 book.gif，此时的表格如图 10.14 所示。

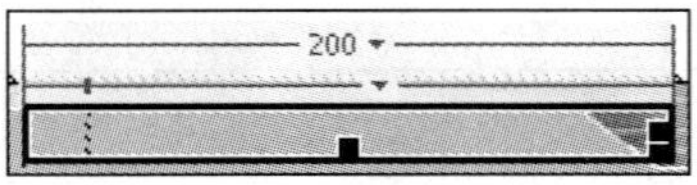

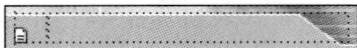

图 10.13　修改后的表格

图 10.14　插入图片后的表格

**Step 05** 将光标放在右侧的单元格中，然后切换到"代码"视图，在其中插入一段 JavaScript 脚本，如图 10.15 所示。

```
<table width="200" height="18" border="0" cellpadding="0" cellspacing="0">
 <tr valign="bottom">
  <td width="20"><img src="../images/Icons/book.gif" width="8" height="10"></td>
  <td><SCRIPT language=JavaScript src="Scripts/showdate.js"></script></td>
 </tr>
</table>
```

图 10.15　插入的 JavaScript 脚本

这段代码的作用是调用素材目录 mywebsite\scripts 下的文件 showdate.js，该文件中的代码用来显示当前系统的时间，其源代码如下。

```
today=new Date();
var day;
var date;
var time_start = new Date();
var clock_start = time_start.getTime();
if(today.getDay()==0)   day="星期日"
if(today.getDay()==1)   day="星期一"
if(today.getDay()==2)   day="星期二"
if(today.getDay()==3)   day="星期三"
if(today.getDay()==4)   day="星期四"
if(today.getDay()==5)   day="星期五"
if(today.getDay()==6)   day="星期六"
   date=(today.getYear())+"年"+(today.getMonth()+1)+"月"+
       today.getDate()+"日 ";
document.write("<span style='font-size: 9pt'>");
document.write(date);
document.write(day);
document.write("</span>");
```

**Step 06** 用快捷键 Ctrl+S 保存文件，此时将打开"更新库项目"对话框，其中显示的是包含正在编辑的库对象的网页文件，如图 10.16 所示。

**Step 07** 单击"更新"按钮，将更新网站内所有使用了该库的网页。此时将打开"更新页面"对话框开始自动更新，在里面显示正在更新的页面，如图 10.17 所示。

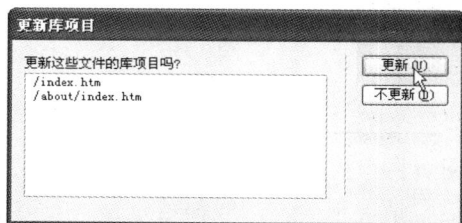

图 10.16 "更新库项目"对话框

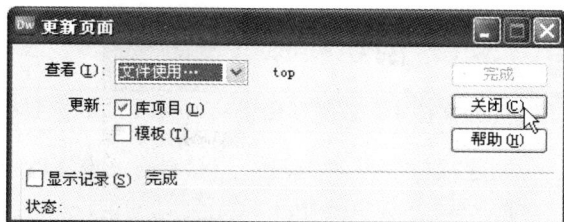

图 10.17 "更新页面"对话框

如果在"更新库项目"对话框中单击的是"不更新"按钮,Dreamweaver CS5 将会停止更新操作。

如果想在之后进行补救,可以选择菜单命令"修改"|"库"|"更新页面",这样也会打开"更新页面"对话框,如图 10.18 所示。

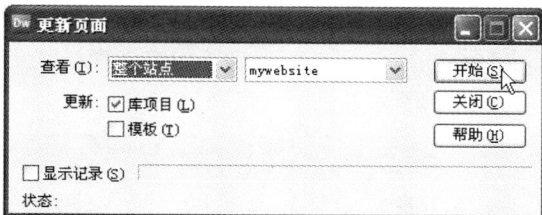

图 10.18 选择菜单命令打开的"更新页面"对话框

**Step 08** 单击"开始"按钮,可以更新站点内所有使用过该库的网页。

**Step 09** 完成后单击"关闭"按钮,关闭对话框。

## 10.1.4 使库对象脱离源文件

有时我们可能需要将网页中的库和源文件分离,进而能够在网页中直接编辑。这时可以选中页面中的库对象,此时"属性"面板如图 10.19 所示。

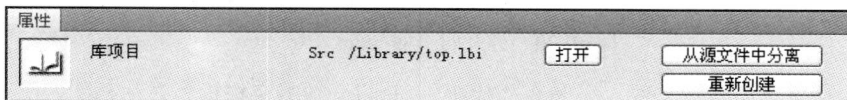

图 10.19 库对象的"属性"面板

单击"从源文件中分离"按钮,原来的库对象就又变成普通的表格和图像,我们又可以在网页中直接编辑了。

> **注意**
> 分离后的网页和库就没有任何联系了。即使修改了库,该页面也不会自动更新。

# 10.2 模板的使用

利用库,可以将部分页面内容作为一个对象插入到新的页面中。这种方法主要用于不同栏目间共用相同内容的情况。但假如是在相同栏目中,页面大部分的内容都是相同的,只有一个区域是不同的,像这样的情况使用库显然不太方便。此时就希望有一种方式能将这个页面的整体结构保存,只让其中的部分区域可以进行修改,这就是模板。

## 10.2.1　创建模板

| 同步视频文件 | 同步教学文件\第 10 章\10.2.1 创建模板.avi |
| --- | --- |

创建模板有两种方法：直接创建模板和将普通网页另存为模板。

前一种方法主要用于从无到有的情况。实际上这种情况很少，一般都是先有了关键性页面（如首页），然后将它保存为模板。这里介绍将普通网页另存为模板。

**课堂实训 10.3　创建全站公用的模板**

**Step 01** 在 Dreamweaver CS5 中打开素材目录 mywebsite 下的文件 index_exer.htm，如图 10.20 所示。

图 10.20　打开的页面 index_exer.htm

**Step 02** 选择菜单命令"文件"|"另存为模板"，将打开"另存模板"对话框，如图 10.21 所示。

**Step 03** 在该对话框的"另存为"文本框中输入名称 index，然后单击"保存"按钮将模板保存起来。此时将打开一个对话框，询问是否要更新链接，如图 10.22 所示。

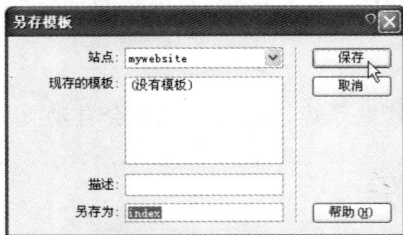

图 10.21　"另存模板"对话框

图 10.22　询问是否更新链接

**Step 04** 单击"是"按钮后，文档编辑窗口标题栏中的名称由原来的 index.htm 变成了"index.dwt"，如图 10.23 所示。

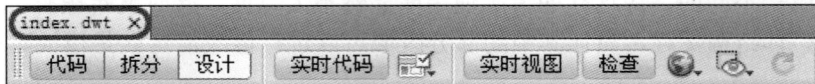

图 10.23　文档编辑窗口的标题栏

## 10.2.2 设置可编辑区域

| 同步视频文件 | 同步教学文件\第 10 章\10.2.2 设置可编辑区域.avi |
| --- | --- |

下面在模板中设置可编辑区域，也就是将来能进行修改的区域。

**Step 01** 将光标放在页面中部左侧的单元格内，然后单击鼠标右键，在弹出的快捷菜单中选择"模板"|"新建可编辑区域"命令，如图 10.24 所示。

**Step 02** 此时将打开"新建可编辑区域"对话框，在该对话框中输入区域名称 left，如图 10.25 所示。

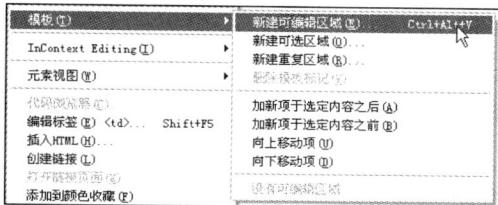

图 10.24　选择"新建可编辑区域"命令

图 10.25　"新建可编辑区域"对话框

**Step 03** 单击"确定"按钮后，模板文件中将产生一个名为 left 的可编辑区域标记，如图 10.26 所示。用同样的方法，在右侧的单元格内创建一个可编辑区域 right，如图 10.27 所示。

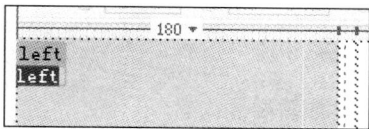

图 10.26　新建可编辑区域 left

图 10.27　创建的可编辑区域 right

**Step 04** 保存文件，Dreamweaver CS5 将在站点根目录下自动生成一个名为 Templates 的文件夹，里面存放着刚创建好的模板，文件名为 index.dwt。

> **注意**　模板一定要存放在 Templates 文件夹中，其他文件不要存放在 Templates 文件夹中。Templates 文件夹必须位于站点根目录下。

## 10.2.3 从模板创建新文件

| 同步视频文件 | 同步教学文件\第 10 章\10.2.3 从模板创建新文件.avi |
| --- | --- |

模板创建好后，用户就可以利用它来创建新的网页。用模板创建网页的方法有两种，一种是从模板创建新的网页，另外一种是将模板应用于已经存在的网页上。首先我们来看怎样从模板创建新文件。

### 课堂实训 10.4　从模板创建新网页

**Step 01** 选择菜单命令"文件"|"新建"，在打开的对话框中切换到"模板中的页"面板，然后选择刚创建好的模板 index，如图 10.28 所示。

图 10.28　"新建文档"对话框

**Step 02** 单击"创建"按钮后，将打开网页编辑窗口，此时会发现，页面外观的基本结构已经有了，而且标题、CSS 样式也都存在了，如图 10.29 所示。

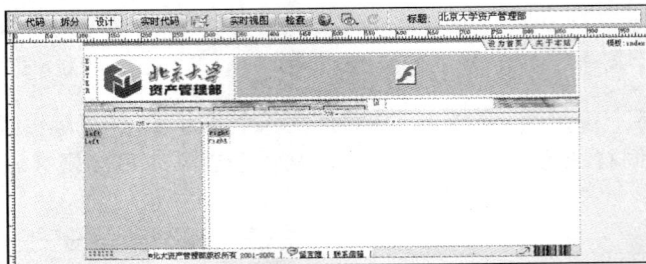

图 10.29　网页编辑窗口中的模板文件

**Step 03** 这一步要做的事情就是在左右两侧的单元格中添加需要的内容。

**Step 04** 将文件保存在素材目录 mywebsite\feedback 下，覆盖文件名为 index.htm 的文件。

## 10.2.4　将模板应用于已存在的网页

| 同步视频文件 | 同步教学文件\第 10 章\10.2.4 将模板应用于已存在的网页.avi |
|---|---|

除了新建模板以外，用户也可以将模板套用在已有一些内容的网页上。

---
**课堂实训 10.5　将模板套用于已存在内容的网页中**
---

**Step 01** 打开素材目录 mywebsite\address 下要套用模板的网页 index_exer.htm，其中的内容如图 10.30 所示。

图 10.30　已存在内容的页面效果

**Step 02** 选择菜单命令"修改"|"模板"|"应用模板到页",此时将打开"选择模板"对话框,如图 10.31 所示。在其中选择要套用的模板 index,然后单击"选定"按钮。如果在"站点"下拉列表框中选择的是其他站点,也可以套用其他站点的模板。

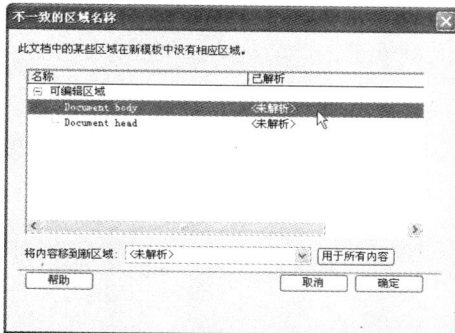

**Step 03** 此时将打开"不一致的区域名称"对话框,该对话框主要是将网页上的内容分配到可编辑区域中,如图 10.32 所示。

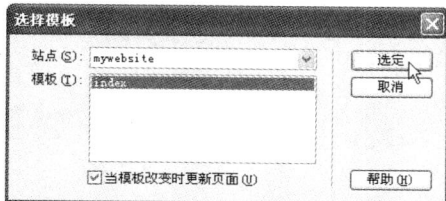

图 10.31 "选择模板"对话框　　　　　　　图 10.32 "不一致的区域名称"对话框

**Step 04** 这里需要分配的有文档的主体和头部两部分。首先选中 Document body,然后在"将内容移到新区域"下拉列表框中选择可编辑区域 right。用同样的方法,选中 Document head,然后在下面的下拉列表框中选择 head。

**Step 05** 单击"确定"按钮,网页就套用了已有的模板,如图 10.33 所示。

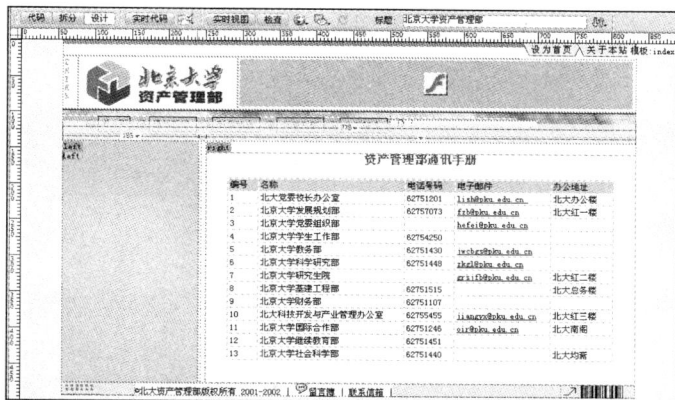

图 10.33 套用模板的页面

**Step 06** 将文件另存为同一目录下的 index.htm,覆盖原来的空白文件 index.htm。

> **提示** 如果用户觉得套用的模板不合适,可以选择菜单命令"编辑"|"撤销应用模板",但这一步必须紧跟套用模板的操作之后才有效。

## 10.2.5 更新模板内容

| 同步视频文件 | 同步教学文件\第 10 章\10.2.5 更新模板内容.avi |
|---|---|

　　模板的应用不仅在创建网页时可以节省大量的时间,而且在修改网页时也能提高用户

的效率。假如有 100 个同栏目的网页，如果不是使用模板，一旦要修改相同部分的内容，就必须打开每个文件去修改，工作量之大可想而知。

如果使用了模板，用户就不需要打开每个页面进行修改，而只要修改模板即可，此时 Dreamweaver CS5 会自动更新所有应用了该模板的页面。比如，要修改所有使用模板 index 的文件，只需修改模板 index 即可。

更新模板内容的具体操作步骤如下。

**Step 01** 选择菜单命令"窗口"|"资源"，在打开的"资源"面板上单击"模板"按钮，切换到"模板"面板，如图 10.34 所示。

**Step 02** 在其中双击模板名称 index，将会在文档编辑窗口中打开该模板，如图 10.35 所示。此时可以在其中对模板进行修改。这里将光标放在左侧的单元格中，然后单击编辑窗口下方的标签名称<td>，选中该单元格，如图 10.36 所示。

图 10.34 "模板"面板

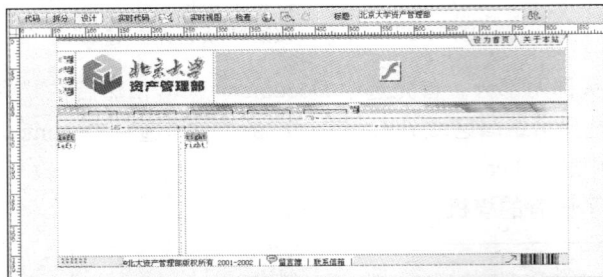

图 10.35 打开的模板 index

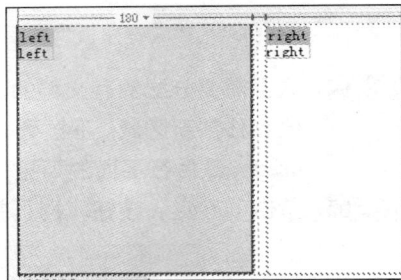

图 10.36 选中单元格

**Step 03** 在"属性"面板上修改单元格的宽度为 182 像素，如图 10.37 所示。

**Step 04** 保存模板文件 index.dwt，将打开"更新模板文件"对话框，如图 10.38 所示。

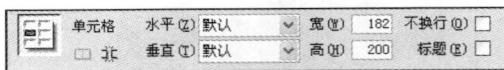

图 10.37 修改单元格的宽度

**Step 05** 单击其中的"更新"按钮后，将会把列表中所有文档都更新一遍，并打开"更新页面"对话框，在其中显示更新后的结果，如图 10.39 所示。

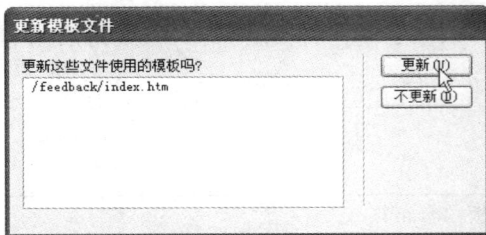

图 10.38 "更新模板文件"对话框

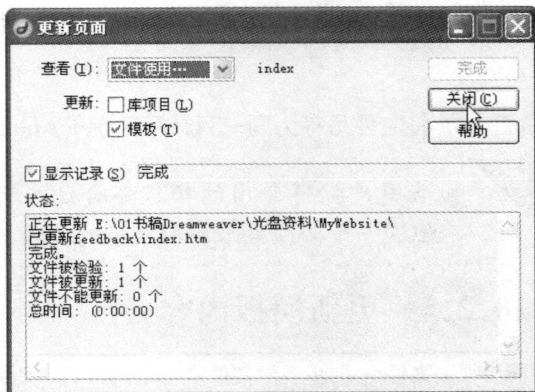

图 10.39 "更新页面"的结果

> **注意** 如果此时有应用过模板的网页处于打开状态，还需要将打开的文件保存一下，这样改动才能保存到文件中。

### 10.2.6　使网页脱离模板

有时用户需要对模板中的不可编辑区域进行编辑，例如添加网页的样式、行为等，此时就必须让网页脱离原来的模板。

打开使用模板的网页，然后选择菜单命令"修改"|"模板"|"从模板中分离"，此时的网页就会变成普通页面。

## 10.3　上机实训——创建"艺术展"页面的模板

（1）在 Dreamweaver CS5 中打开素材目录 mysamplesite\best 下的文件 best1.htm，将其第 2 个表格中的具体内容删除，并将其另存为模板 best.dwt，然后在表格中创建两个可编辑区域 left 和 right。

（2）使用模板新建文件，然后在两个可编辑区域中分别插入新的图片和文字（图片在素材目录 mysamplesite\images 文件夹中），并另存为 best2.htm，最终效果如图 10.40 所示（可参见素材目录 mysamplesite\best 下的文件 best2.htm）。

图 10.40　网页文件 best2.htm

（3）使用同样的方法，创建其他的网页文件 best3.htm，最终效果如图 10.41 所示。

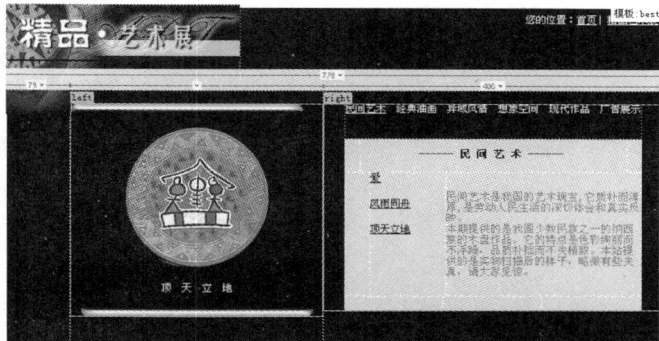

图 10.41　网页文件 best3.htm

# 第11章

# 使用框架

　　框架用来拆分浏览器窗口，在不同的区域显示不同的网页。框架可以更好地组织结构比较复杂的网站页面。一般可以将导航页面放置在某个框架之中，单击其中的某个链接，链接的网页将出现在另外的框架中，而导航页面本身不发生变化。本章将通过一个具体的实例介绍如何创建、修改和保存框架网页。

　　学习目标：学完本章后，应能创建框架。

## 本章知识点

◎　创建框架的步骤

◎　创建框架

◎　框架的练习

## *11.1* 创建框架的步骤

创建框架网页的步骤和创建普通网页有所区别，具体的创建步骤如下。

**Step 01** 创建框架结构。首先需要创建一个新网页，该网页将作为控制框架结构的页面，然后在 Dreamweaver CS5 中对该网页进行拆分，从而获得自己需要的框架结构。

**Step 02** 设置框架集与框架的属性。给每个框架指定或新建一个显示具体内容的页面。

**Step 03** 创建链接。给每个框架命名，通过"属性"面板给文本或图像指定链接。

**Step 04** 保存框架网页。将所有的框架网页文件保存起来。

## *11.2* 创建框架

### 11.2.1 创建框架结构

| 同步视频文件 | 同步教学文件\第 11 章\11.2.1 创建框架结构.avi |
| --- | --- |

在 Dreamweaver CS5 窗口中新建一个文件，然后在该文件中创建框架结构。

在 Dreamweaver CS5 中创建框架结构有两种方法。

- 使用预设方式创建框架结构：这种方法可以使用 Dreamweaver CS5 预设的框架结构形式，这些结构已经事先指定了框架的结构形式和长宽比例。

- 自定义框架结构：用户可以通过拖曳网页边框的方法创建框架结构。

**1. 使用预设方式创建框架结构**

**Step 01** 将"插入"工具栏，切换到"布局"插入工具栏，在其中单击"框架"按钮旁的下三角按钮，此时将展开一个框架下拉列表，如图 11.1 所示。

**Step 02** 选择"左侧和嵌套的顶部框架"命令，此时将打开"框架标签辅助功能属性"对话框，在其中为每个框架设置一个标题，如图 11.2 所示。

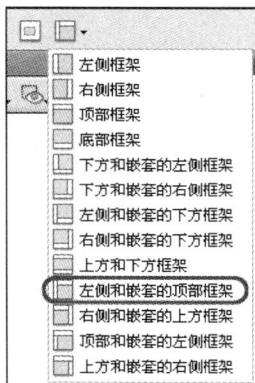

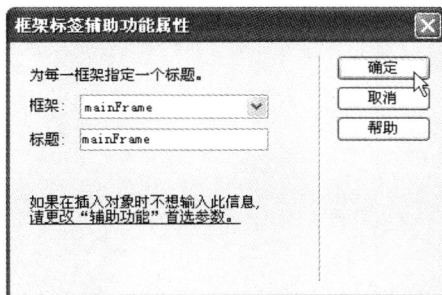

图 11.1　框架下拉列表　　　　图 11.2　"框架标签辅助功能属性"对话框

此时，网页变成如图 11.3 所示。

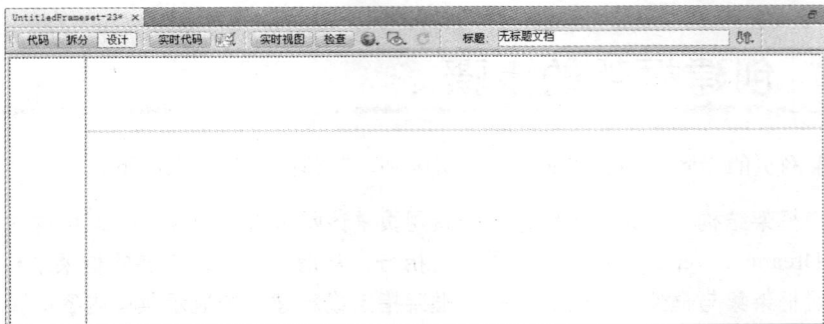

图 11.3　修改后的网页

**Step 03**　如果要调整框架的宽度或高度，可以直接用鼠标拖动框架的边框。

### 2. 自定义框架结构

自定义创建框架具有更大的自由度，可以任意控制拆分的方式，控制框架的高度与宽度。要创建框架，首先要在编辑窗口中将框架的边框显示出来。选择菜单命令"查看"|"可视化助理"|"框架边框"，框架的边框就会显示出来。

> **注意**　框架边框只是在编辑窗口中显示。在浏览器中，框架网页是否有边框，以及边框的宽度、颜色等都可以通过框架的设置来控制。

**Step 01**　将鼠标指针放置于网页编辑窗口边缘，当出现双向箭头时将框架边框拖动到适当的位置，框架结构就创建出来了，如图 11.4 所示。

图 11.4　拖动创建出的框架边框

**Step 02**　将光标放在右侧框架网页中，然后在"布局"插入工具栏上展开"框架"下拉列表，在其中选择"顶部框架"命令，此时将在右侧的框架中插入一个嵌套的子框架，如图 11.5 所示。

图 11.5 插入子框架后的效果

### 3. 删除框架

如果要删除框架，可以将光标放置于要删除的框架的边框上，然后拖动框架边框到父框架边框或者网页编辑窗口边缘，即可删除该框架结构。

## 11.2.2 设置框架集的属性

| 同步视频文件 | 同步教学文件\第 11 章\11.2.2 设置框架集的属性.avi |
| --- | --- |

设置框架集的属性，需要在其"属性"面板中完成，如图 11.6 所示。

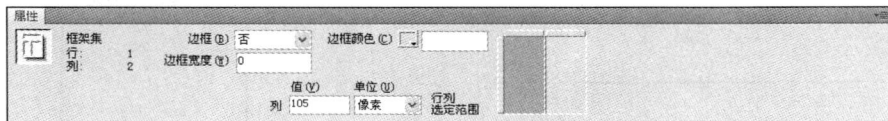

图 11.6 框架集的"属性"面板

其中，各选项的含义和作用如下。

- 边框：用来设置框架是否有边框。"是"为有边框；"否"为无边框；"默认"是根据浏览器的默认设置决定是否有边框。对于大多数浏览器而言，这一项都默认有边框。
- 边框宽度：用来设置框架结构中边框的宽度，单位是像素。
- 边框颜色：用来设置边框的颜色，可以单击颜色框，在打开的拾色器中进行选择。

### 课堂实训 11.1 设置框架集的属性

**Step 01** 选择菜单命令"窗口"|"框架"，打开"框架"面板，如图 11.7 所示。

**Step 02** 单击其中框架最外侧的边框，此时将会选中最高一层的框架集，如图 11.8 所示。

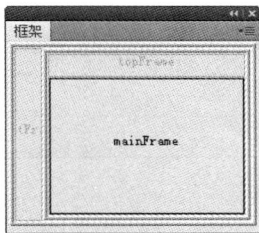

图 11.7 "框架"面板

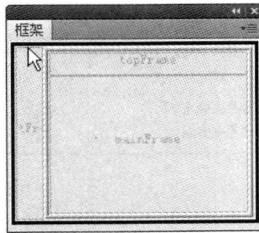

图 11.8 选中的框架集

**Step 03** 在"属性"面板中修改"边框"为"否"，将"边框宽度"设为 0。

**Step 04** 如果要设置框架结构的拆分比例，也可以在"属性"面板上进行。在"属性"面板右侧的示意图中选择要进行设置的框架，选择后会在"值"和"单位"两项下出现该框架对应的值，如图 11.9 所示。

"值"项对于"行"来说就是高度，对于"列"来说就是宽度。"值"的取值与"单位"有关，共有像素、百分比、相对 3 种单位可供选择。

这里在示意图中单击左侧的矩形块，然后在"单位"下拉列表框中选择"像素"，将"值"设为 170，如图 11.10 所示。选择右侧的矩形块，然后将"单位"改为"相对"，"值"设为 1，如图 11.11 所示。

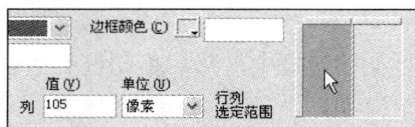

图 11.9　选择框架的属性　　　　图 11.10　设置左侧框架的宽度

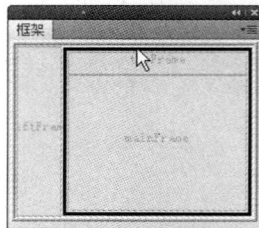

**Step 05** 设置第 2 级框架集。在"框架"面板上单击垂直方向的边框，将选中第 2 级框架集，如图 11.12 所示。

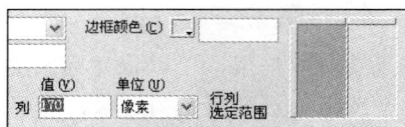

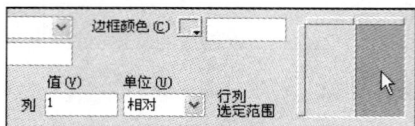

图 11.11　设置右侧框架的宽度　　　　图 11.12　选中第 2 级框架集

**Step 06** 在"属性"面板上设置"边框"为"否"，"边框宽度"为 0，然后设置两行的高度，将顶部的高度设为 30 像素。

**Step 07** 将底部框架的"单位"设为"相对"，"值"设为 1。因为顶部框架使用了绝对值，底部就只能使用相对值了。

## 11.2.3　设置框架的属性

同步视频文件 | 同步教学文件\第 11 章\11.2.3 设置框架的属性.avi

设置框架的属性，同样是在其"属性"面板中完成的，如图 11.13 所示。

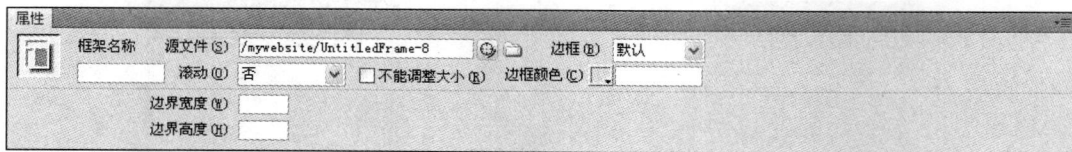

图 11.13　框架的"属性"面板

其中，主要选项的含义和作用如下。

- 框架名称：用来给当前选中的框架命名。用户可以根据框架在整个框架网页中的位置命名，比如在上面的叫做 topframe，在左面的叫做 leftframe 等。框架名称必须是英文字母或数字，允许使用下划线 "_"，但不允许使用特殊字符和空格，而且框架名称必须以字母起始，而不能以数字起始。另外，框架名称区分大小写。
- 源文件：用来给选中的框架指定其中要显示网页的路径。
- 滚动：用来设置当框架中的内容超出框架范围时是否出现滚动条，该项包括几个选项。其中，"自动"表示只在内容超出框架范围的情况下才显示滚动条，"默认"是浏览器的默认值，在大部分浏览器中等同于"自动"。
- 不能调整大小：如果选择了此项，浏览者就不能再拖动框架的边框。
- 边框：设置框架是否有边框。在大多数情况下，不应该让框架网页出现边框。取消边框的方法有以下两种。

  - 将当前框架和所有与之相邻的框架的"边框"属性都设为"否"。
  - 将当前框架的"边框"属性设为"默认"，而将当前框架所在的框架集的"边框"属性设为"否"。

- 边界宽度和边界高度：设置框架边框和框架内容之间的空白区域。"边界宽度"设置的是框架左侧和右侧边框与内容之间的空白区域；"边界高度"设置的是上面和下面的边框与内容之间的空白区域。

---

**课堂实训 11.2　设置框架的属性**

**Step 01** 在"框架"面板上单击左侧框架，选中该框架，如图 11.14 所示。

**Step 02** 将左侧的框架重命名为 leftFrame，指定"源文件"为素材目录 mywebsite\Exercise\frame 下的 navigator.htm，如图 11.15 所示。

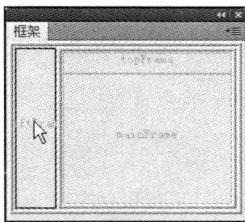

图 11.14　选中左侧框架　　　　　　　图 11.15　左侧框架的属性

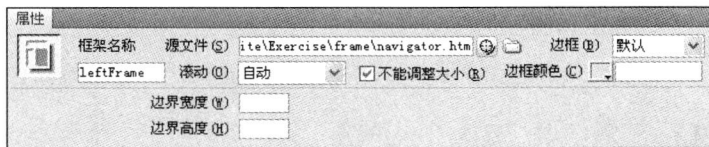

**Step 03** 用同样的方法，指定顶部框架的名称为 topFrame，指定"源文件"为素材目录 mywebsite\Exercise\frame 下的 FrameTop.htm。

**Step 04** 再指定右侧下部框架的名称为 rightFrame，指定"源文件"为素材目录 mywebsite\Exercise\frame 下的 desktop.htm。

## 11.2.4　设置无框架内容

| 同步视频文件 | 同步教学文件\第 11 章\11.2.4 设置无框架内容.avi |
|---|---|

　　有些浏览器可能并不支持框架，对于这样的浏览器应该给一些提示性信息，让这部分浏览者也能够了解框架网页的大致内容。通过设置无框架内容可以解决这个问题。

**Step 01** 在框架网页的编辑窗口下，选择菜单命令"修改"|"框架集"|"编辑无框架内容"，此时网页框架消失，同时出现完整的编辑窗口，窗口上方标注"无框架内容"，如图 11.16 所示。

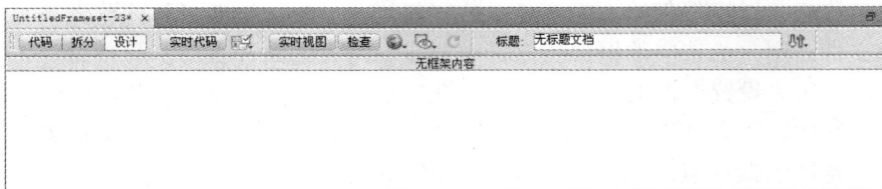

图 11.16　无框架内容编辑窗口

**Step 02** 此时就可以和编辑普通网页一样，在其中添加或编辑无框架时显示的内容。一般给出一些提示信息，让浏览者知道自己的浏览器不支持框架就可以了，如图 11.17 所示。

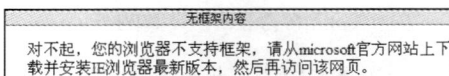

> 无框架内容
> 对不起，您的浏览器不支持框架，请从 microsoft 官方网站上下载并安装 IE 浏览器最新版本，然后再访问该网页。

图 11.17　加入的提示信息

**Step 03** 完成无框架内容编辑后，再次选择菜单命令"修改"|"框架集"|"编辑无框架内容"，就可以退出编辑无框架内容状态了。此时网页的框架结构就基本完成了，如图 11.18 所示。

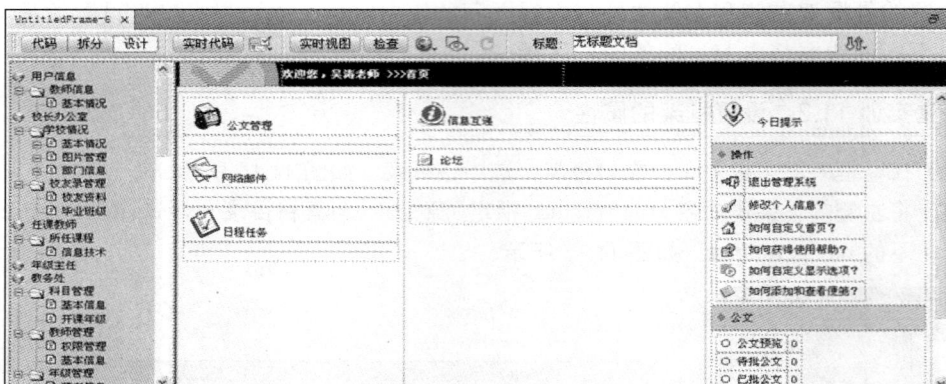

图 11.18　完成网页框架结构后的效果

## 11.2.5　框架内的链接

此时每个框架网页都是一个单独的网页，在对框架网页进行编辑时，只要将光标放在框架中的页面内，就可以和编辑普通页面一样对框架网页进行编辑了。

这里在左侧的页面中给文本"基本情况"添加链接，当单击该链接后，将在右侧的框架中显示素材目录 mywebsite\Exercise\frame 下的文件 update.htm。

**Step 01** 选中文字"基本情况"，在"属性"面板上的"链接"文本框中指定要链接的网页 update.htm。

**Step 02** 打开"目标"下拉列表框，如图 11.19 所示。其中各选项的含义如下。

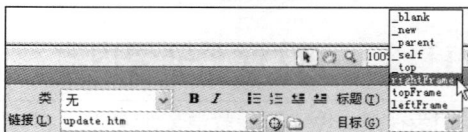

图 11.19　设置链接

- _blank：在新的窗口中打开链接的网页。

- _parent：在当前框架的父框架结构中打开链接的网页。
- _self：在框架自己内部打开链接的网页。
- _top：在浏览器窗口中打开链接的网页，并取消所有的框架结构。
- rightFrame：在 rightFrame 框架中打开链接的网页。
- topFrame：在 topFrame 框架中打开链接的网页。
- leftFrame：在 leftFrame 框架中打开链接的网页。

这里选择 rightFrame 选项。

## 11.2.6 保存框架

选择菜单命令"文件"|"保存全部"，此时 Dreamweaver CS5 会自动打开"另存为"对话框，在其中指定文件名为 index.htm，将其保存在素材目录 mywebsite\exercise\Frame 中，如图 11.20 所示。

图 11.20 "另存为"对话框

这时框架中各个网页都会自动保存下来。

> **注意** 框架是比较常用的网页技术，经常在软件系统的后台中使用。设置框架属性的时候，要从框架集开始，然后是框架。初学者需要特别注意，在设置框架或框架集前，必须首先选中该框架或框架集。

# 11.3 上机实训——框架的练习

结合本章的课堂实训，重点练习以下内容。

（1）创建、修改、删除框架。
（2）修改框架集和框架的属性。
（3）在框架内的网页中创建链接，让链接页面在指定的框架中显示。

# 第12章

# 使用行为

很多网站在页面上添加了用 JavaScript 来实现的动态特效，这些效果在 Dreamweaver 中通过行为也可以实现。行为给用户提供了友好的操作界面，使作者无需书写任何代码就可以实现很复杂的动态特效。

学习目标：学完本章后，应对行为有所了解，并能够在网页中设置简单的行为。

## 本章知识点

◎ 关于行为

◎ 弹出信息框

◎ 打开浏览器窗口

◎ 设置状态栏文本

◎ 插入 JavaScript 脚本

◎ Spry 构件

◎ 扩展管理器

◎ 其他常用的行为

## *12.1* 关于行为

行为由 3 部分组成，分别是对象、事件和动作。

- 对象：行为的主体。网页中的元素（如图像、文字等）都可以成为对象。
- 事件：触发动态效果的条件，如鼠标指针放置在图像上或网页下载完毕时。不同浏览器能支持的事件是不一样的，高版本的浏览器能支持的事件更多。表 12.1 中列举的是 Dreamweaver CS5 中经常使用的一些事件。
- 动作：最终产生的动态效果，也就是让浏览器完成什么功能。

表12.1　在Dreamweaver CS5中经常使用的事件

| 事件名称 | 事件的含义 |
| --- | --- |
| onBlur | 当浏览者不再对对象进行互动操作时，例如浏览者在文字域内部单击鼠标后，在文字域外部单击鼠标 |
| onChange | 当浏览者改变页面元素的取值时，例如浏览者在表单的菜单中取值，或者改变了文字域中的填写项目 |
| onClick | 当浏览者单击页面元素时，页面元素可以是链接文字、图像、图像地图等 |
| onDblClick | 当浏览者双击页面元素时 |
| onError | 当网页下载过程中出现错误时 |
| onFocus | 当浏览者对网页的对象进行操作时，例如在表单的文本域中单击 |
| onKeyDown | 当浏览者按键盘上的任意键时 |
| onKeyPress | 当浏览者按键盘又松开后 |
| onKeyUp | 当浏览者松开按的键盘后 |
| onLoad | 当网页或者图像的下载完成后 |
| onMouseDown | 当浏览者按下鼠标时 |
| onMouseMove | 当浏览者的鼠标在特定对象（如图像）上方移动时 |
| onMouseOut | 当浏览者的鼠标移出特定的对象时 |
| onMouseOver | 当浏览者的鼠标移到对象上方时 |
| onMouseUp | 当按下的按钮被松开时 |
| onReset | 当按下表单中的 Reset 键，恢复表单到初始状态时 |
| onScroll | 当浏览者拖动网页的滚动条时 |
| onSubmit | 当浏览者提交表单时 |
| onUnload | 当浏览者离开当前网页时 |
| onSelect | 当浏览者选中表单文本域中的文字时 |

在创建行为时，首先应选中对象，然后在该对象上添加动作，最后修改触发动作的事件。

## *12.2* 弹出信息框

| 同步视频文件 | 同步教学文件\第 12 章\12.2 弹出信息框.avi |
| --- | --- |

当打开某一网页时，例如打开素材目录 mywebsite\exercise\behavior 下的文件 01.htm，还会打开如图 12.1 所示的对话框。

单击"确定"按钮，然后在 IE 浏览器中单击窗口右上角的"关闭"按钮将窗口关闭，此时又会弹出一个新的对话框，如图 12.2 所示。这些对话框都是通过在"行为"面板中设置实现的。

图 12.1　打开时的对话框

图 12.2　退出时的对话框

### 课堂实训 12.1　创建弹出信息框

#### 1. 创建行为

**Step 01** 新建文件，选择菜单命令"窗口"|"行为"，打开"行为"面板，然后在"行为"面板上单击"添加行为"按钮，如图 12.3 所示。

**Step 02** 在弹出的菜单中选择"弹出信息"命令，如图 12.4 所示。

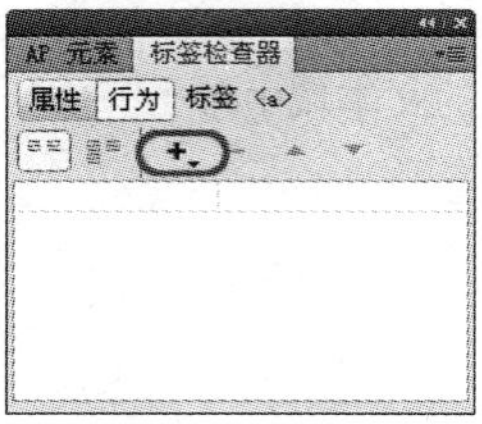

图 12.3　单击"添加行为"按钮

图 12.4　选择"弹出信息"命令

**Step 03** 此时将弹出"弹出信息"对话框，在其中输入打开网页时弹出的对话框中的文字，如图 12.5 所示。

**Step 04** 单击"确定"按钮关闭对话框，此时将会在"行为"面板上出现新建的行为，如图 12.6 所示。其中，"行为"面板左侧的 onLoad 是一个触发事件，而右侧的"弹出信息"代表在触发事件出现时将会产生的动作。整个行为的作用是在网页载入时触发弹出信息这个动作。

图 12.5　"弹出信息"对话框

图 12.6　新建的行为

#### 2. 再次创建行为

**Step 01** 再次单击"添加行为"按钮，在弹出的菜单中选择"弹出信息"命令，在弹出的"弹出信息"对话框中输入新的说明文字，如图 12.7 所示。

**Step 02** 单击"确定"按钮关闭该对话框，此时将在"行为"面板上出现一个新行为，如图 12.8 所示。

图 12.7　输入新的说明文字

图 12.8　出现新行为

### 3．修改事件

**Step 01** 在新增的行为左侧的触发事件 onLoad 上单击，展开该行为支持的所有事件的列表，在其中选择 onUnload，如图 12.9 所示。此时，该行为变成如图 12.10 所示。

图 12.9　展开的事件列表

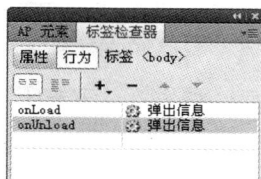

图 12.10　修改后的行为

**Step 02** 保存网页文件后将其在浏览器中打开，就会弹出前面演示的对话框。

## *12.3*　打开浏览器窗口

| 同步视频文件 | 同步教学文件\第 12 章\12.3 打开浏览器窗口.avi |
| --- | --- |

　　在很多大型网站中，打开网页的同时显示广告窗口。例如，这里打开素材目录 mywebsite\exercise\behavior 下的文件 02.htm，在打开该网页的同时会打开另外一个网页窗口，如图 12.11 所示。

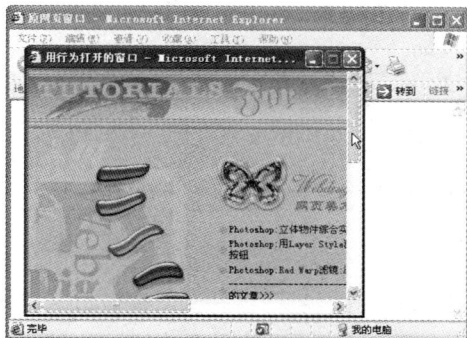

图 12.11　浏览效果

课堂实训 12.2　弹出浏览器窗口

### 1．创建行为

**Step 01**　新建文件，然后在"行为"面板上单击"添加行为"按钮 **+.**，在弹出的菜单中选择"打开浏览器窗口"命令，此时将弹出"打开浏览器窗口"对话框，如图 12.12 所示。

**Step 02**　单击"浏览"按钮，在打开的"选择文件"对话框中找到要同时打开的网页文件，这里选择素材目录 mywebsite\exercise\behavior 下的文件 image.htm，然后在"打开浏览器窗口"对话框中设置"窗口宽度"为 400 像素，"窗口高度"为 300 像素，如图 12.13 所示。

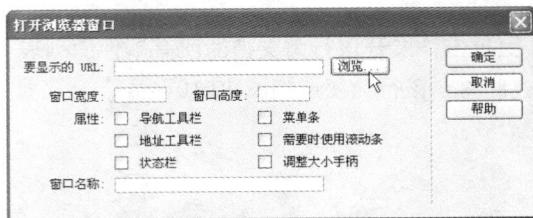

图 12.12　"打开浏览器窗口"对话框

图 12.13　设置窗口宽度和高度

**Step 03**　单击"确定"按钮关闭该对话框，此时将在"行为"面板上出现如图 12.14 所示的行为。

### 2．修改动作

图 12.14　"打开浏览器窗口"行为

将网页保存起来并在浏览器中打开，此时将会弹出两个浏览器窗口，如图 12.15 所示。但此时用行为打开的网页窗口中没有滚动条，导致页面的其他部分看不到，因此需要修改行为中的动作。

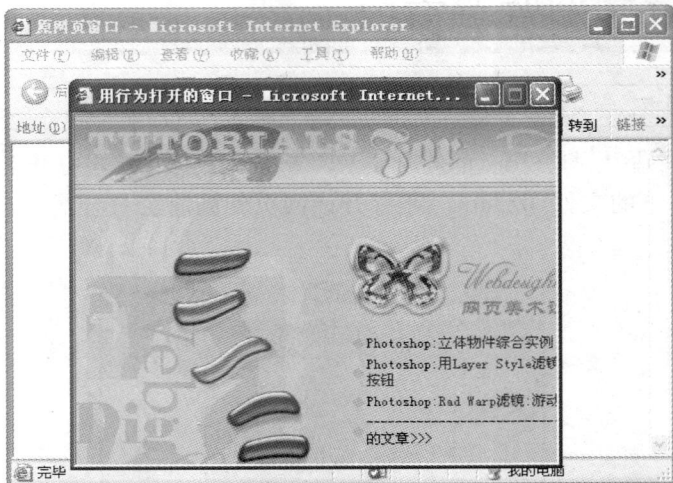

图 12.15　出现的两个浏览器窗口

**Step 01**　在"行为"面板中双击动作名称"打开浏览器窗口"，将会再次打开"打开浏览器窗口"对话框，在其中选中"需要时使用滚动条"复选框。

**Step 02**　再次保存网页并在浏览器中打开，此时用行为打开的窗口中就出现了滚动条。

### 3．修改事件

当然，用户也可以修改触发该动作的事件。默认情况下，当载入网页时会弹出新窗口，现在我们修改为单击网页弹出新窗口。

**Step 01** 在"行为"面板的触发事件 onLoad 上单击，会显示事件列表，如图 12.16 所示。

**Step 02** 选中列表中的 onClick 选项，如图 12.17 所示。

图 12.16 事件列表

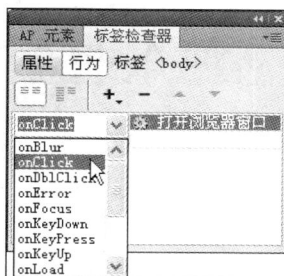

图 12.17 选择 onClick 选项

**Step 03** 保存文件并再次打开网页，会发现只弹出了一个浏览器窗口。用鼠标单击该浏览器窗口中的任何位置，都会弹出新的浏览器窗口。

# 12.4 设置状态栏文本

| 同步视频文件 | 同步教学文件\第 12 章\12.4 设置状态栏文本.avi |
| --- | --- |

设置状态栏文本可以通过触发事件 onLoad 实现。

#### 课堂实训 12.3 设置状态栏中出现的文本

**Step 01** 新建文件，然后将光标放在编辑窗口中，接着在"行为"面板上单击"添加行为"按钮，在展开的菜单中选择"设置文本"|"设置状态栏文本"命令。在打开的"设置状态栏文本"对话框中，输入要在状态栏上显示的文字，如图 12.18 所示。

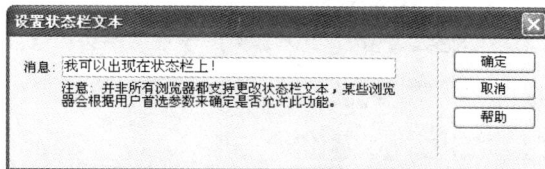

图 12.18 "设置状态栏文本"对话框

**Step 02** 单击"确定"按钮关闭对话框，此时将在"行为"面板上出现一个新的行为，修改其触发事件为 onLoad，如图 12.19 所示。

**Step 03** 保存文件并在浏览器中打开该文件，此时将在浏览器的状态栏上显示行为中设置的文本，如图 12.20 所示。

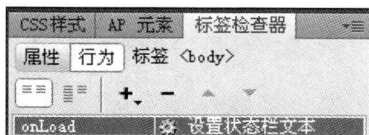

图 12.19 "设置状态栏文本"行为

| 我可以出现在状态栏上！ | 我的电脑 |
|---|---|

图 12.20　设置好的状态栏文本

> **提示**　在"行为"面板上还有很多行为，限于篇幅，这里不再一一详细介绍。具体的使用方法请参见 Dreamweaver CS5 中的相关帮助。

# 12.5　插入 JavaScript 脚本

**同步视频文件** | 同步教学文件\第 12 章\12.5 插入 JavaScript 脚本.avi

　　用户如果觉得其他网站上用 JavaScript 制作的特效比较好，可以将其代码复制到自己的网页中来。

**Step 01** 打开素材目录 mywebsite\exercise\behavior 下的文件 04.HTML，该网页能显示出当前的系统日期和星期，如图 12.21 所示。

图 12.21　网页中的内容

**Step 02** 查看其源文件，其中就有一段 JavaScript 代码。

**Step 03** 在 Dreamweaver CS5 中新建文件，然后切换到"代码"视图，此时将显示新建文件的源代码。选中 04.HTML 中的 JavaScript，用快捷键 Ctrl+C 复制，然后在新文件"代码"视图中的\<body>和\</body>之间粘贴源代码，如图 12.22 所示。

```
<SCRIPT language=JavaScript>
<!--
  var enable=0; today=new Date();
  var day; var date;
  var time_start = new Date();
  var clock_start = time_start.getTime();

  if(today.getDay()==0)    day="星期日"
  if(today.getDay()==1)    day="星期一"
  if(today.getDay()==2)    day="星期二"
  if(today.getDay()==3)    day="星期三"
  if(today.getDay()==4)    day="星期四"
  if(today.getDay()==5)    day="星期五"
  if(today.getDay()==6)    day="星期六"

  date=(today.getYear())+"年"+(today.getMonth()+1)+"月"+today.getDate()+"日 ";
  document.write("<span style='font-size: 9pt;color:#000000;'>"+date);
  document.write(day+"</span>");
// -->
</SCRIPT>
```

图 12.22　粘贴后的源代码

**Step 04** 保存文件并浏览该网页，此时将会在网页中显示当前的系统日期和星期。

## 12.6 Spry 构件

Spry 框架是一个 JavaScript 库，Web 设计人员使用它可以向站点访问者提供更丰富的 Web 页。有了 Spry，就可以使用 HTML、CSS 和极少量的 JavaScript 将 XML 数据合并到 HTML 文档中、创建构件（如折叠构件和菜单栏）、向各种页面元素中添加不同种类的效果等。Spry 框架的标记非常简单且便于那些具有 HTML、CSS 和 JavaScript 基础知识的用户使用。

Spry 构件是一个页面元素，通过启用用户交互来提供更丰富的用户体验。Spry 构件由以下 3 个部分组成。

- 构件结构：用来定义构件结构组成的 HTML 代码块。
- 构件行为：用来控制构件如何响应用户启动事件的 JavaScript。
- 构件样式：用来指定构件外观的 CSS。

Spry 框架支持一组用标准 HTML、CSS 和 JavaScript 编写的可重用构件。可以方便地插入这些构件（采用最简单的 HTML 和 CSS 代码），然后设置构件的样式。框架行为包括允许用户执行下列操作的功能：显示或隐藏页面上的内容、更改页面的外观（如颜色）、与菜单项交互等。

Spry 框架中的每个构件都与唯一的 CSS 和 JavaScript 文件相关联。CSS 文件中包含设置构件样式所需的全部信息，而 JavaScript 文件则赋予构件功能。当使用 Dreamweaver CS5 界面插入构件时，Dreamweaver CS5 会自动将这些文件链接到页面中，以便构件中包含该页面的功能和样式。与构件相关联的 CSS 和 JavaScript 文件根据该构件命名，因此，很容易判断哪些文件对应于哪些构件。例如，与折叠构件关联的文件称为 SpryAccordion.css 和 SpryAccordion.js。当在已保存的页面中插入构件时，Dreamweaver CS5 会在站点中创建一个 SpryAssets 目录，并将相应的 JavaScript 和 CSS 文件保存到其中。

## 12.7 扩展管理器

Dreamweaver 中的行为虽然不少，但是毕竟有限。为了解决这个问题，Dreamweaver 专门提供了强大的扩展功能，该功能集中在 Adobe 扩展管理器中，用来管理 Fireworks、Flash 和 Dreamweaver 相关的各种插件。

这些插件可以是第三方开发的，因而让 Dreamweaver 可以进行无限的扩展。用户可以通过在"开始"页上单击"扩展"选项组中的链接 Dreamweaver Exchange，打开浏览器，并访问 Dreamweaver 提供的扩展组件交流中心，如图 12.23 所示。

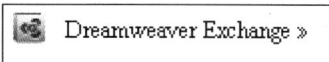

图 12.23 "开始"页中的链接

这些插件可以扩展 Dreamweaver 中的对象，如行为、命令以及对象，所有这些插件的安装方法都完全相同。

其中，"行为"以实现 JavaScript 动态效果为主；"命令"以简化软件操作为主，有时也能实现 JavaScript 动态特效；而"对象"则以增加插入网页中的对象为主。

## 12.8 上机实训——其他常用的行为

本章只讲解了 3 个比较常用的行为，还有很多行为需要用户自己去试着用一用。这些行为相关的实例文件位于素材目录 mywebsite\exercise\behavior 中。限于本书的篇幅，这里不再进行详细介绍。练习实例如表 12.2 所示。

表12.2　行为实例相关文件对照表

| 练习实例名 | 对应的示例文件 |
| --- | --- |
| 检查浏览器 | checkbrowser.htm |
| 检查插件 | checkplugin.htm |
| 检查表单 | checkvalue.htm |
| 播放声音 | mid.htm |
| 设置层文本 | Setlayer.htm |
| 交换图像 | swapimage.htm |

# 第13章

# 使用 AP 元素

　　AP 元素是网页中比较特殊的对象，它可以自由地移动、显示或隐藏，同时还可以相互嵌套、叠加，所以很大程度上弥补了表格排版的不足。但是 AP 元素的定位比较难处理，同一个网页在不同版本的浏览器中位置有差别，因此完全使用 AP 元素排版的网页很少，它主要用来完成一些动态特效。

　　学习目标：学完本章后，应能创建和编辑 AP 元素、使用 AP 元素排版。

## 本章知识点

- ◎　AP 元素的创建与编辑
- ◎　使用 AP 元素排版
- ◎　AP 元素上的行为
- ◎　AP 元素的练习

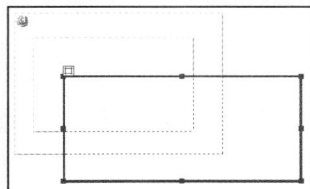

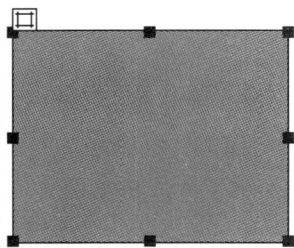

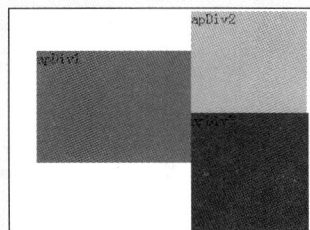

# *13.1* AP 元素的创建与编辑

## 13.1.1 AP 元素的创建

| 同步视频文件 | 同步教学文件\第 13 章\13.1.1 AP 元素的创建.avi |
| --- | --- |

新建文件，并将"插入"工具栏切换到"布局"插入工具栏，然后单击其中的"绘制 AP div"按钮，此时的鼠标指针将变成十字形，在文档中按住鼠标左键并拖动就会画出一个矩形的层，如图 13.1 所示。

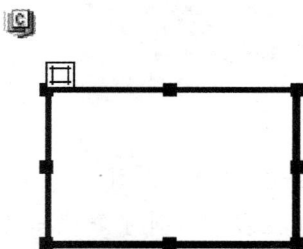

图 13.1 绘制的层

> **提示** 为了便于选择 AP 元素，最好能在页面中显示 AP 元素的锚点。显示 AP 元素锚点的方法为：选择菜单命令"编辑"|"首选参数"，在打开的"首选参数"对话框中切换到"不可见元素"面板，在其中选中"AP 元素的锚点"复选框。这样就会出现图 13.1 中的 AP 元素的锚点。

## 13.1.2 AP 元素的调整与移动

### 1. 调整 AP 元素的大小

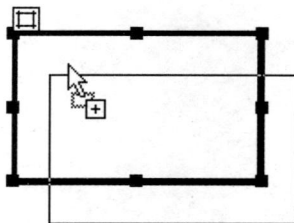

单击层的边框选中该 AP 元素，此时 AP 元素上就会出现 8 个用来调整大小的控制点，将光标放在某个控制点上按住鼠标左键拖动，就可以调整 AP 元素的大小了，如图 13.2 所示。

### 2. 移动 AP 元素

选中要移动的 AP 元素，然后将鼠标指针放在 AP 元素的边框上，按住鼠标左键拖动就可以将 AP 元素拖到合适的位置上了，如图 13.3 所示。

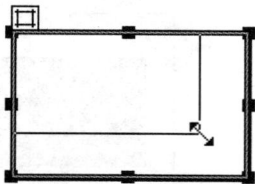

图 13.2 调整 AP 元素的大小          图 13.3 移动 AP 元素

## 13.1.3　在 AP 元素中添加内容

将光标放在 AP 元素中，就可以在 AP 元素中插入文字、图像、表格等对象，插入的方法和在网页中完全相同。

## 13.1.4　创建嵌套 AP 元素

### 1. 使用菜单命令

在 AP 元素中可以使用菜单命令创建嵌套 AP 元素，具体操作步骤如下。

将光标放置在 AP 元素中，然后选择菜单命令"插入"|"布局对象"| AP Div，就会在其中绘制出一个嵌套的 AP 元素，如图 13.4 所示。

嵌套 AP 元素的明显标志是子层图标出现在母层中。

图 13.4　创建的嵌套 AP 元素

> **提示**　另外，拖动 AP 元素的图标到已经创建的 AP 元素中，也可以将普通 AP 元素转换为嵌套 AP 元素。

### 2. 使用工具

如果想直接通过工具栏按钮绘制嵌套 AP 元素，需要进行一些设置，具体操作步骤如下。

**Step 01**　选择菜单命令"编辑"|"首选参数"，在打开的"首选参数"对话框中切换到"AP 元素"面板，选中其中的"在 AP div 中创建以后嵌套"复选框，如图 13.5 所示。

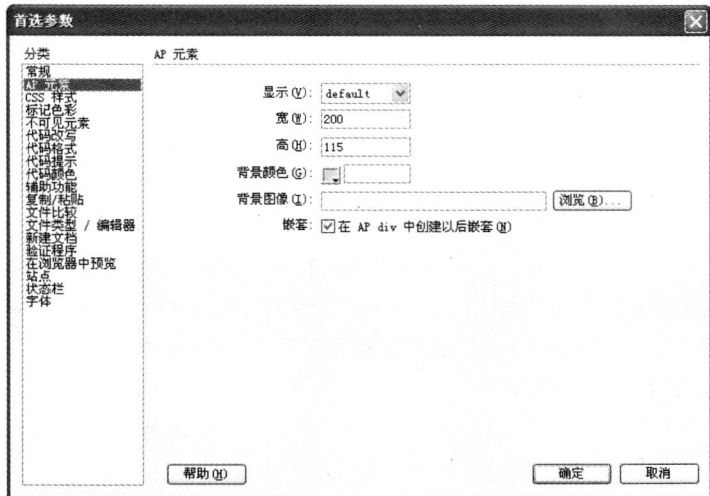

图 13.5　设置"AP 元素"面板

**Step 02**　单击"确定"按钮关闭该对话框。

**Step 03**　单击"布局"插入工具栏中的"绘制 AP div"按钮，此时在已有的层中绘制的 AP 元素都会成为嵌套 AP 元素。

## 13.1.5 "AP 元素"面板

使用 Dreamweaver CS5 中的"AP 元素"面板可以对层进行全面管理。选择菜单命令"窗口"｜"AP 元素"，此时将打开"AP 元素"面板，其中显示的是当前文档中所有的层，如图 13.6 所示。

### 1. 显示/隐藏 AP 元素

单击左侧眼睛图标列的位置，可以设置 AP 元素的显示或隐藏。默认情况下，该位置没有眼睛图标，表示该 AP 元素的显示属性为"默认"。单击一次该位置，就会出现一个闭着眼睛的图标，此时网页中的 AP 元素就会被隐藏起来，如图 13.7 所示。

再次单击该位置，该图标又会变成睁开眼睛的图标，表示该 AP 元素被指定为始终显示，如图 13.8 所示。

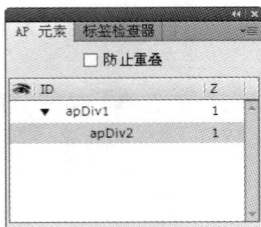

图 13.6　"AP 元素"面板　　　　图 13.7　隐藏 AP 元素　　　　图 13.8　显示 AP 元素

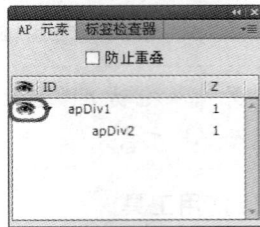

### 2. 修改 AP 元素的名称

当给 AP 元素添加行为时需要给它命名，默认情况下都会有一个默认名称，双击该名称，就可以修改该层的名称，如图 13.9 所示。

### 3. 修改 Z 轴顺序

网页中可以使用 X 轴和 Y 轴来给各种对象定位。但自从有了 AP 元素之后，就多了一个 Z 轴，因为 AP 元素之间还可以相互重叠。Z 轴的作用就是指定各个 AP 元素的叠加顺序。Z 轴数值大的 AP 元素就在数值小的 AP 元素上面，覆盖数值小的 AP 元素。

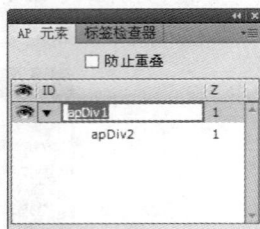

图 13.9　修改层的名称

**Step 01** 在文档中再绘制一个 AP 元素 apDiv3，此时 3 个 AP 元素之间的关系如图 13.10 所示。

**Step 02** 在"AP 元素"面板中选中 AP 元素 apDiv3 的名称，然后按住鼠标左键将其拖动到 apDiv1 的名称下，如图 13.11 所示，松开鼠标左键后，"AP 元素"面板中各 AP 元素的 Z 轴顺序就会发生相应的改变。

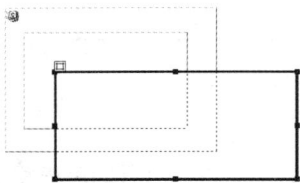

图 13.10　文档中的 AP 元素　　　　图 13.11　修改 Z 轴顺序

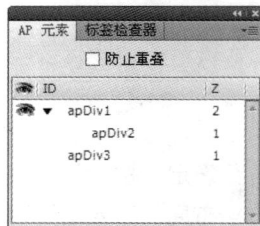

#### 4. 插入嵌套 AP 元素

确保已取消选中"防止重叠"复选框。

**Step 01** 选中要嵌入 AP 元素的 AP 元素，如图 13.12 所示。

**Step 02** 在文档窗口的"设计"视图中，选择菜单命令"插入"|"布局对象"|AP div。这样就嵌套了一个 AP 元素，如图 13.13 所示。

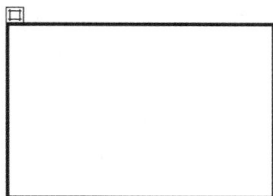

图 13.12　选择 AP 元素　　　　图 13.13　修改后的"AP 元素"面板

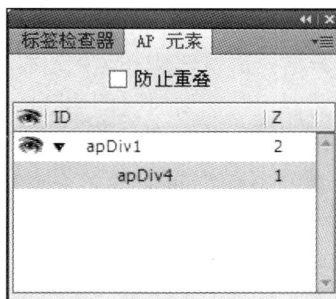

## 13.1.6　AP 元素的属性

选中 AP 元素后，在"属性"面板上就可以显示该 AP 元素的属性，如图 13.14 所示。

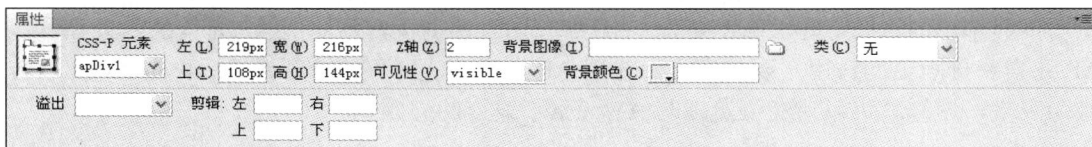

图 13.14　AP 元素的"属性"面板

其中，用户不熟悉的选项的含义如下。

- CSS-P 元素：每个 AP 元素都必须有自己唯一的 AP 元素编号，其名称只能使用标准的字母或数字字符，而不能使用空格、连字符、斜杠或句号等特殊字符。
- 左：指定 AP 元素的左上角相对于页面（如果嵌套，则为父 AP 元素）左上角的水平距离。
- 上：指定 AP 元素的左上角相对于页面（如果嵌套，则为父 AP 元素）左上角的垂直距离。

> **提示**　位置和大小的默认单位为 px（像素）。用户也可以指定以下单位：pc（pica）、pt（点）、in（英寸）、mm（毫米）、cm（厘米）或%（父 AP 元素相应值的百分比）。缩写必须紧跟在值之后，中间不留空格。例如，3mm 表示 3 毫米。

- Z 轴：确定 AP 元素的 Z 轴顺序。
- 可见性：指定该 AP 元素最初是否是可见的。其中，default（默认）不指定可见性属性。当未指定可见性时，大多数浏览器都会默认为 inherit（继承）；inherit 指定使用该 AP 元素父级的可见性属性；visible（可见）指定显示该 AP 元素的内容，而不管父级的值是什么；hidden（隐藏）指定隐藏 AP 元素的内容，而不管父级的值是什么。

- 背景颜色：指定 AP 元素的背景颜色。如果将此选项留为空白，则可以指定透明的背景。

- 溢出：控制当 AP 元素的内容超过 AP 元素的指定大小时如何在浏览器中显示 AP 元素。visible（可见）指定在 AP 元素中显示额外的内容，实际上，该 AP 元素会通过延伸来容纳额外的内容；hidden（隐藏）指定不在浏览器中显示额外的内容；scroll（滚动）指定浏览器应在 AP 元素上添加滚动条，而不管是否需要滚动条；auto（自动）使浏览器仅在需要时（即当 AP 元素的内容超出其边界时）才显示 AP 元素的滚动条。

- 剪辑：用来定义 AP 元素的可见区域。指定左侧、顶部、右侧和底边坐标，可在 AP 元素的坐标空间中定义一个矩形（从 AP 元素的左上角开始计算）。AP 元素经过"剪辑"后，只有指定的矩形区域才是可见的。例如，若要使一个 AP 元素中位于左上角的 50 像素宽、75 像素高的矩形区域可见而其他内容均不可见，请将"左"设置为 0，将"上"设置为 0，将"右"设置为 50，并将"下"设置为 75。

# *13.2* 使用 AP 元素排版

AP 元素相对于表格的灵活性决定了它很适合形式自由的排版。但是直到现在，不同浏览器下显示出的 AP 元素排版效果会大相径庭，还有些浏览器不支持 AP 元素的效果。所以，AP 元素在排版上的作用主要体现在，先用 AP 元素创建网页的轮廓，然后再将 AP 元素转换为表格，这样就可以避免浏览器与 AP 元素不兼容的问题。

## 13.2.1 防止重叠

AP 元素排版最终要转换为表格，这就要求 AP 元素不可以有嵌套，不可以相互叠加。

选择"窗口"|"AP 元素"命令打开"AP 元素"面板，然后选中"AP 元素"面板上的"防止重叠"复选框，如图 13.15 所示。

这样在绘制 AP 元素时，就不会有相互重叠的现象。

图 13.15　选中"防止重叠"复选框

## 13.2.2 对齐 AP 元素

绘制 AP 元素后最好将相关的 AP 元素对齐，这样在将 AP 元素转换为表格后，表格的复杂性会大幅度降低。

**Step 01** 选中要对齐的 AP 元素。按住 Shift 键的同时，在"AP 元素"面板上连续单击，选中要参与对齐的 AP 元素的名称。

**Step 02** 在编辑窗口下选择菜单命令"修改"|"排列顺序"|"左对齐"，如图 13.16 所示。此时选中的 AP 元素按照 AP 元素的左侧边缘对齐。其他的依此类推。

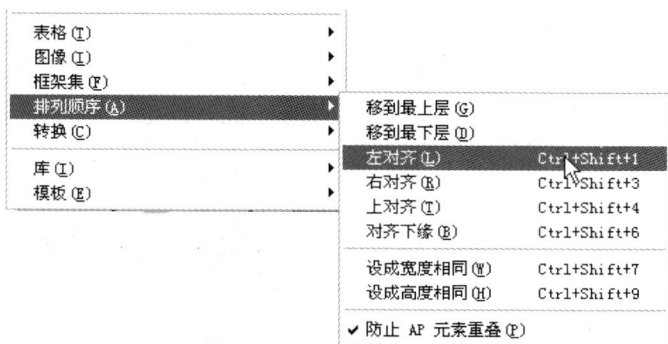

图 13.16　AP 元素的对齐方式

## 13.2.3　将 AP 元素转换为表格

使用 AP 元素排版结束后，要将 AP 元素排版转换为表格排版。

**Step 01** 选择"修改"|"转换"|"将 AP Div 转换为表格"命令，此时将打开"将 AP Div 转换为表格"对话框，如图 13.17 所示。

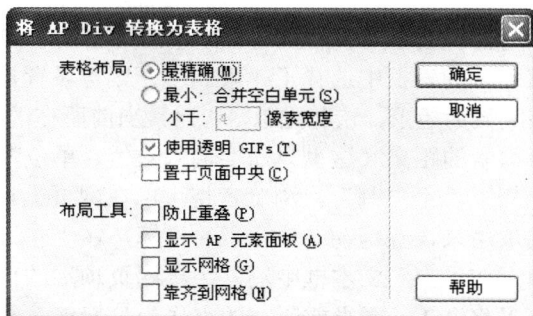

图 13.17　"将 AP Div 转换为表格"对话框

其中，"表格布局"选项组中各选项的含义和作用如下。

- 最精确　选中后会严格按照 AP 元素的排版生成表格，但表格结构会很复杂。
- 最小　选中后可以设置删除宽度小于某个具体宽度的单元格，在"像素宽度"前的文本框中可以设置此宽度。
- 使用透明 GIFs　选中此复选框后，将在表格中插入透明图像，以起到支撑作用。
- 置于页面中央　选中此复选框后，将会把表格居中到页面中央。

**Step 02** 设定完毕后单击"确定"按钮，此时 AP 元素将会被转换为表格。

## 13.3　AP 元素上的行为

AP 元素有两个非常重要的特性：可移动，能显示或隐藏。利用这两个特性可以实现很多动态特效，这些特效可以通过"行为"面板上的行为来实现。

### 13.3.1 拖动 AP 元素

拖动 AP 元素效果是利用 AP 元素可移动的特点，允许浏览者自己拖动网页上的 AP 元素。

打开"行为"面板，单击面板上的"添加行为"按钮，在展开的菜单中选择"拖动 AP 元素"命令，此时打开的对话框中有两个选项卡，其中的"基本"选项卡如图 13.18 所示。

图 13.18　"基本"选项卡

其中，各选项的含义和作用如下。

- AP 元素：从该下拉列表框中可以选择要创建拖动效果的 AP 元素。
- 移动：如果在该下拉列表框中选择了"限制"，则可设置拖动 AP 元素能够移动到的区域范围，该区域为矩形，该范围以 AP 元素当前所在的位置算起，向上、向下、向左、向右多少像素的距离（这里只需要输入数值，单位默认为像素）；如果在该下拉列表框中选择了"不限制"，浏览者将可以在网页上自由地拖动 AP 元素。
- 放下目标：该选项用来设置拖动 AP 元素的目标，在"左"文本框中输入距离网页左边界的像素值，在"上"文本框中输入距离网页顶端的像素值。单击"取得目前位置"按钮，可以将 AP 元素当前所在的点作为目标点，并自动将对应的值输入在"左"和"上"两个文本框中。
- 靠齐距离：该选项用来设置一旦 AP 元素距离目标点小于规定的像素值时，松开鼠标后 AP 元素会自动地吸附到目标点。

切换到"高级"选项卡，如图 13.19 所示。

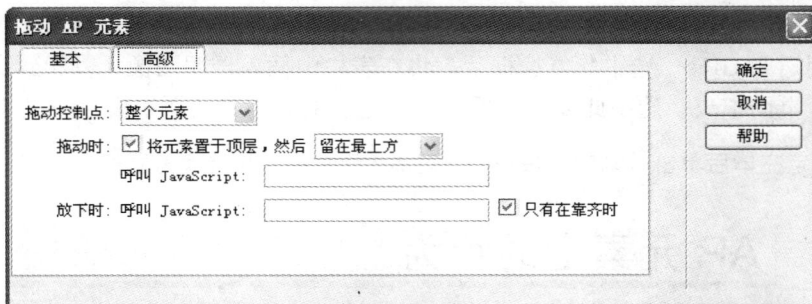

图 13.19　"高级"选项卡

228

其中，各选项的含义和作用如下。

- 拖动控制点：用来设置 AP 元素上可拖动的区域。如果选择"整个元素"，则光标放在 AP 元素的任意位置都可以拖动 AP 元素；如果选择"AP 元素内区域"，则可以确定 AP 元素上的固定区域为拖动区域。
- 将元素置于顶层：选中该复选框，会使 AP 元素在被拖动的过程中，位于所有 AP 元素的最上方。
- 然后：用来设置拖动结束后，AP 元素是依旧留在各个 AP 元素的最上面，还是恢复原来的 Z 轴位置。

### 课堂实训 13.1　拖动 AP 元素效果

| 同步视频文件 | 同步教学文件\第 13 章\课堂实训 13.1 拖动 AP 元素效果.avi |
|---|---|

**Step 01** 新建文件并在网页上绘制一个 AP 元素，然后在"属性"面板上设置该 AP 元素的背景色为"#0099CC"，如图 13.20 所示。

> **提示** 当然，用户还可以在 AP 元素中加入一些图片或文字。

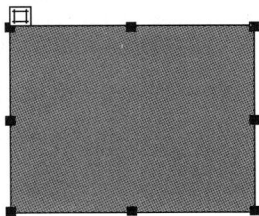

图 13.20　设定 AP 元素的背景颜色

**Step 02** 打开"行为"面板，单击面板上的"添加行为"按钮，在展开的菜单中选择"拖动 AP 元素"命令，此时将打开"拖动 AP 元素"对话框（见图 13.18）。

**Step 03** 这里不做任何设置，直接单击"确定"按钮关闭对话框，然后在"行为"面板中指定触发该行为的事件为 onMouseDown，如图 13.21 所示。

**Step 04** 保存文件并在浏览器中打开，此时在 AP 元素上按下鼠标左键就可以用鼠标拖动该 AP 元素了，如图 13.22 所示。

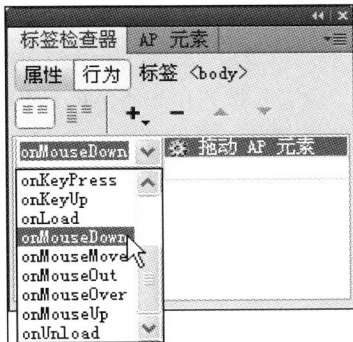

图 13.21　修改触发事件

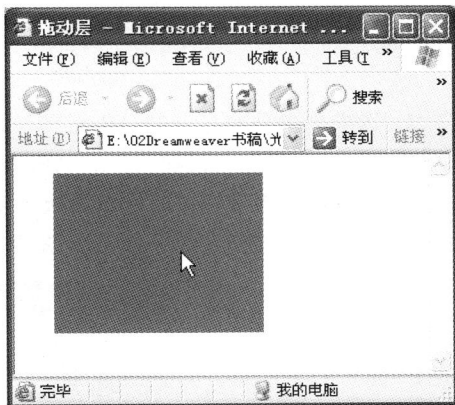

图 13.22　最终效果

## 13.3.2　显示和隐藏 AP 元素

用户可以使用行为控制 AP 元素的显示和隐藏。

课堂实训 13.2　显示和隐藏 AP 元素效果

| 同步视频文件 | 同步教学文件\第 13 章\课堂实训 13.2 显示和隐藏 AP 元素效果.avi |
| --- | --- |

**Step 01**　新建文件，然后在网页上插入 3 个 AP 元素，将它们的"CSS-P 元素"分别设为 apDiv1、apDiv2、apDiv3，并分别设置背景色为红色、绿色、蓝色，如图 13.23 所示。

**Step 02**　在文档中插入两个表单按钮，在"属性"面板上分别设置按钮的标签为"隐藏"和"显示"，此时的按钮如图 13.24 所示。

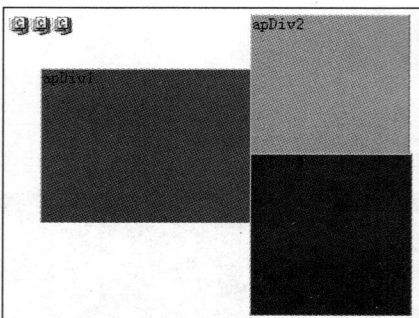

图 13.23　插入的 3 个 AP 元素　　　　　图 13.24　插入的按钮

**Step 03**　选中"隐藏"按钮，然后在"行为"面板中单击"添加行为"按钮，在展开的菜单中选择"显示-隐藏元素"命令，将打开"显示-隐藏元素"对话框，如图 13.25 所示。

图 13.25　"显示-隐藏元素"对话框

**Step 04**　选中要隐藏或显示的 AP 元素，然后单击"显示"、"隐藏"、"默认"按钮中的一个。其中，"显示"按钮用来让 AP 元素显示出来；"隐藏"按钮用来将 AP 元素隐藏起来；"默认"将保留"属性"面板上设置的显示或隐藏属性。这里选中 apDiv1，然后单击"隐藏"按钮。用同样的方法，将所有的 AP 元素设为隐藏，如图 13.26 所示。

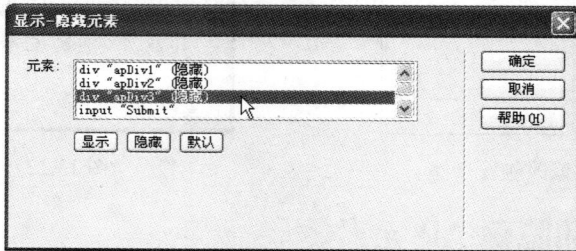

图 13.26　将所有的 AP 元素设为隐藏

**Step 05** 单击"确定"按钮关闭对话框。

**Step 06** 选中"显示"按钮，然后打开"显示-隐藏元素"对话框，在其中设置所有的 AP 元素为显示状态，如图 13.27 所示。

**Step 07** 单击"确定"按钮关闭对话框后保存文件，再将其在浏览器中打开，如图 13.28 所示。

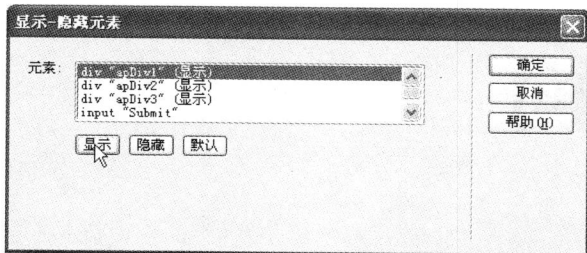

图 13.27　将所有的 AP 元素设为显示

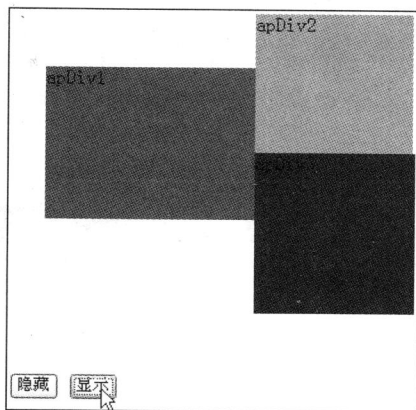

图 13.28　打开的网页效果

**Step 08** 此时单击左侧的"隐藏"按钮，就会将所有的 AP 元素隐藏起来；单击右侧的"显示"按钮将重新显示这些 AP 元素。

另外，还有一些和 AP 元素相关的行为（如设置 AP 元素文本等），这里就不再逐个详细介绍了。

## 13.4　上机实训——AP 元素的练习

本章介绍了与 AP 元素相关的重要知识点，如果有时间最好能将素材目录 mywebsite\exercise\layer 下的文件实例都做一做。

# 第14章

# 创建动态页面

前面我们已经学习了制作静态页面。下面要做的就是如何把静态页面与数据库联系起来，即创建动态页面。本章主要涉及使用 Dreamweaver CS5 连接数据库，创建 VBScript 服务器脚本，最终完成动态页面的创建。

学习目标：学完本章后，应能制作一个动态网页。

## 本章知识点

- ◎ 动态页面概述
- ◎ 什么是 ASP
- ◎ 设置 ASP 服务器环境
- ◎ ASP 中的服务器脚本
- ◎ 连接 Access 数据库
- ◎ 创建动态网页——登录页面
- ◎ 创建动态网页——新闻页面
- ◎ ASP 的学习方法
- ◎ 购物网站

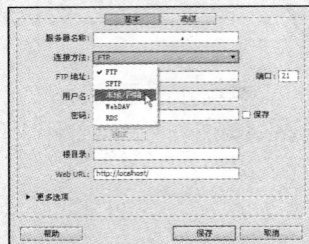

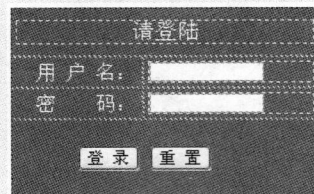

## 14.1 动态页面概述

所谓"动态"，主要体现在不同的访问者、不同的访问时间在访问同一个页面时可能得到不同的浏览页面。访问内容具有实时性，访问的过程具有交互性。动态网页主要有以下 5 个主要特征：网页的显示内容可以实时动态更新；用户和网站可以进行交互式信息交流；提供对数据库的管理和使用；提供对文件的管理操作；支持对"组件"的使用。

静态网页的运行只要在用户的计算机上装有浏览器即可，而对于动态网页的运行方式就不同了，在 Web 服务器中必须安装相应的服务器软件，由服务器软件来完成动态网页的解释工作及网站应用程序服务工作，如 ASP、ASP.NET、JSP 等，如登录页面就是动态页面。登录是如何实现的呢？

用户在登录页面输入用户名和密码，然后单击"登录"按钮，浏览器即可将数据传输到服务器。服务器将浏览器传输的用户名和密码进行匹配，若一致则登录成功，反之则登录失败。

对于不同的操作系统工作平台，可以选择安装不同的 Web 服务器软件。现在比较常用的是 Windows 操作系统平台下的 IIS 和 Linux 操作系统平台下的 Apache 服务器软件。IIS（Internet Information Server）是微软公司主推的 Web 服务器，允许在 Internet 上发布信息。

## 14.2 什么是 ASP

ASP（Active Server Page）是一个服务器端脚本编写环境，用于创建动态的交互式 Web 服务器应用程序。它实际上是对标准的 HTML 网页文件做了一定的扩展，在其中加入了与服务器端相通信的脚本语言，比如 VBScript 和 JavaScript，通过这些脚本语言就可以在网页中对数据库中的内容进行管理和显示。ASP 文件的扩展名就是.asp，但它和一般 HTML 网页的唯一区别就是其中多了一些脚本语言。另外，ASP 提供了一些内建对象，比如 Request、Response 等。通过这些对象，服务器端就能接收用户提交的表单数据，进行处理并返回用户一些信息等。ASP 还包含了标准的 ActiveX 组件，这些组件的使用可以给 ASP 网页提供更复杂的功能，比如连接数据库等，而且还可以自由地使用其他第三方的 ActiveX 组件，比如上传文件组件等。使用 ASP 网页可以和多种数据库挂接，但建议使用 Access 或 SQL Server 这两种数据库。ASP 语言与 Windows 系统的兼容性很好。如果网站规模比较小，内容不是很复杂，可以使用小巧的 Access。当然，ASP 网页还要依赖 IIS 发布后才能看到效果。

"ASP 网页+Access 数据库+IIS"对于小型网站是一种不错的组合。本章将采用这种组合来练习使用 Dreamweaver CS5 创建动态网页。

## 14.3 设置 ASP 服务器环境

ASP 网页跟 HTML 网页不一样，它需要用 IIS 来运行。因此，新建站点时的设置将会有所不同。

**Step 01** 安装和启动 IIS（关于 IIS 的相关操作详见 15.7 节）。

**Step 02** 在"Internet 信息服务"窗口中，创建一个名为 mywebsite 的虚拟目录。

**Step 03** 选择"站点"|"新建站点"命令，打开"站点设置对象 mywebsite"对话框，在"站点"选项卡中进行如图 14.1 所示的设置。

**Step 04** 在"服务器"选项卡中单击"添加新服务器"按钮，如图 14.2 所示。

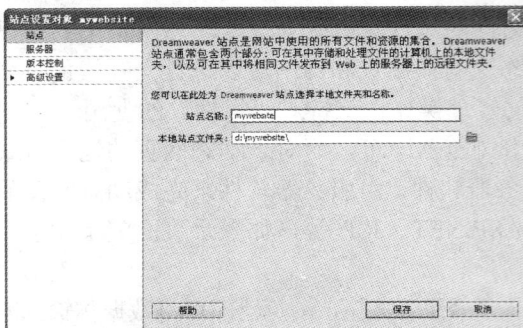

图 14.1 "站点"选项卡

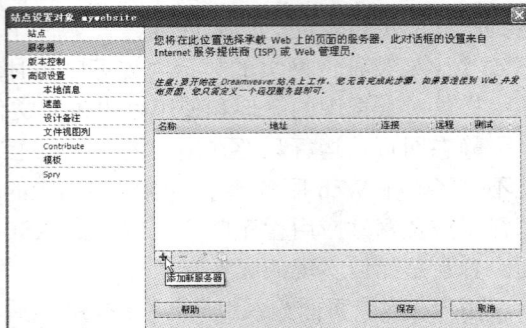

图 14.2 "服务器"选项卡

**Step 05** 在弹出的设置面板中将"服务器名称"设为 mywebsite，"连接方法"为"本地/网络"，"服务器文件夹"为"D:\MyWebsite"，Web URL 为计算机的 IP 地址，如图 14.3、图 14.4 所示，然后选择"高级"选项卡。

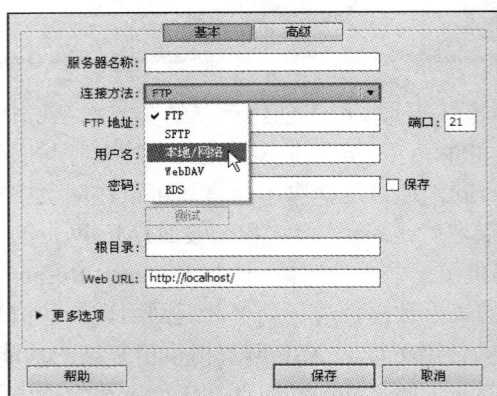

图 14.3 服务器设置"基本"选项卡

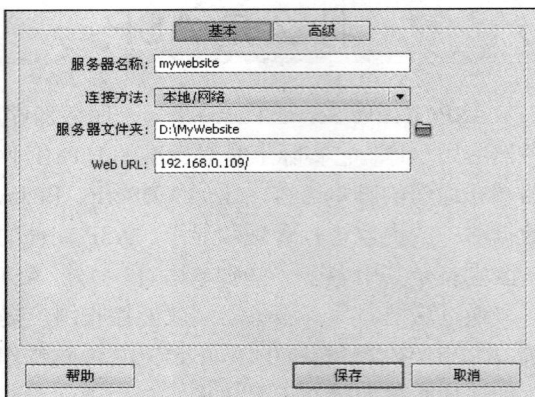

图 14.4 服务器设置"基本"选项卡

**Step 06** 在"高级"选项卡中，把"服务器模型"选择为 ASP VBScript，如图 14.5 所示，然后单击"保存"按钮。

**Step 07** 此时就会看见刚设置完成的服务器项目，在"测试"一栏中，选中"测试"选项的对钩，如图 14.6 所示。

**Step 08** 选择"高级设置"|"本地信息"选项卡，把"默认图像文件夹"设为"D:\MyWebstie\image"，然后单击"保存"按钮，如图 14.7 所示。

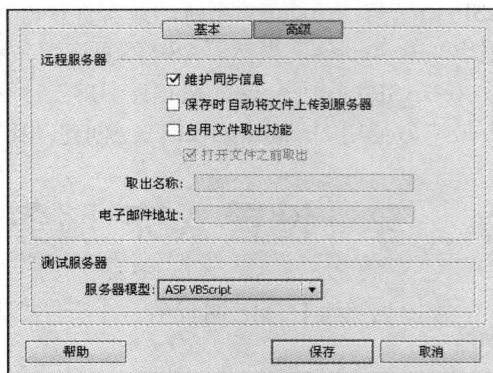

图 14.5 服务器设置"高级"选项卡

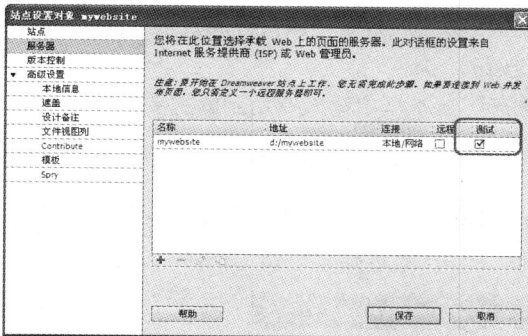

图 14.6　选中"测试"选项的对钩　　　　图 14.7　设置"默认图像文件夹"

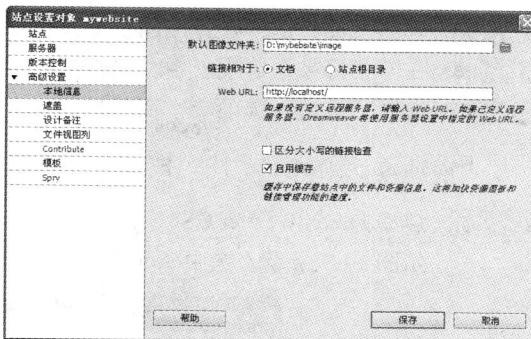

上面所述的是设置动态网站的操作，跟前面所述的创建站点有所不同。若需要在已有的站点上新建 ASP 网页，可以通过编辑站点来完成上述设置，即选择"站点"|"管理站点"命令，打开"管理站点"对话框，单击"编辑"按钮，打开"站点设置对象 mywebsite"对话框来进行设置。

## 14.4　ASP 中的服务器脚本

服务器脚本是一系列指令，用于向 Web 服务器发出命令。若要在 ASP 页面中插入服务器端脚本，首先需要设置所使用的脚本语言，有以下 3 种设置方式。

### 1．使用@ Language 指令

@ Language 指令用于解释脚本命令的语言，语法格式如下。

```
<%@ Language=脚本语言 %>
```

> **注意**　@ Language 指令必须放在文档的第一行；在 "@" 符号与关键字 Language 之间要有一个空格。

### 2．使用<Script> 标记的相关属性

若要在文档中包含服务器脚本，也可以使用<Script>标记的 Language 属性来设置所有的脚本语言，并使用 Runat 属性指明脚本是在服务器端运行的。示例代码如下。

```
<script language="VBScript" runat="server">
......
</script>
```

### 3．使用 Internet 信息服务管理单元

用户可以使用 Internet 信息服务管理单元来为安装在 Web 服务器端上的所有 ASP 动态网页设置默认的脚本语言。

**Step 01**　在 Windows XP 中，选择"开始"|"程序"|"管理"|"Internet 服务器"命令。

**Step 02**　在 Internet 信息服务管理单元窗口中，选择默认站点。

**Step 03** 单击鼠标右键，在弹出的快捷菜单中选择"属性"命令，以打开属性表。

**Step 04** 在"主目录"选项卡中，单击"配置"按钮。

**Step 05** 选择"选项"选项卡，在"默认 ASP 语言"文本框中输入要用到的主要脚本语言。

下面通过一个显示字体 5 种大小的简单实例来巩固本小节所述知识。

**Step 01** 启动 Dreamweaver CS5。首次启动 Dreamweaver CS5，会打开"默认编辑器"对话框，如图 14.8 所示。选中 Active Server Pages（asp）复选框，单击"确定"按钮。

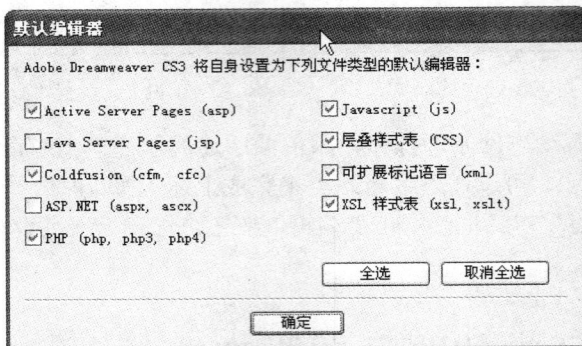

图 14.8 "默认编辑器"对话框

**Step 02** 在打开的 Dreamweaver CS5 界面中选择"新建"选项组中的 ASP VBScript 选项，如图 14.9 所示，即可创建一个服务器脚本语言为 VBScript 的 ASP 网页。或者选择"文件"|"新建"命令，打开"新建文档"对话框，如图 14.10 所示。在"新建文档"对话框中的"页面类型"选项组中选择 ASP VBScript 选项，单击"创建"按钮，也可创建一个服务器脚本语言为 VBScript 的 ASP 网页。新建 ASP 文档中的代码如图 14.11 所示。

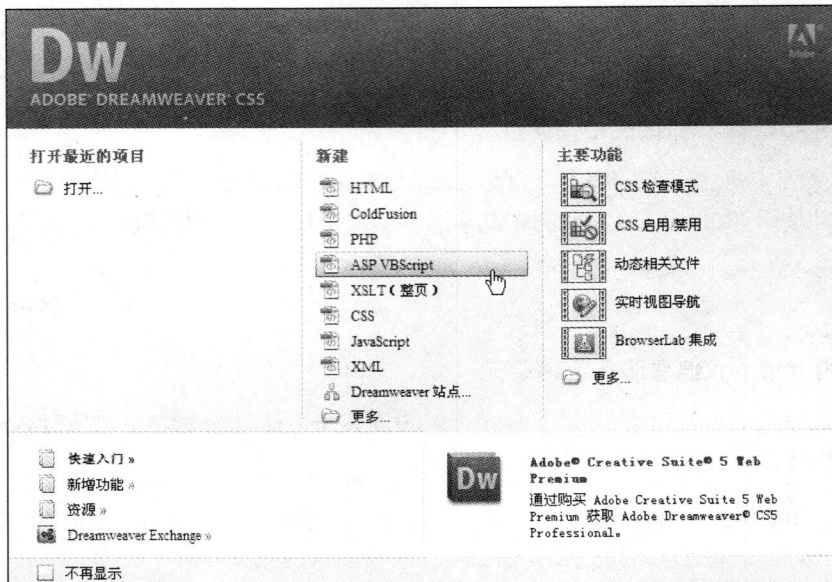

图 14.9 Dreamweaver CS5 界面

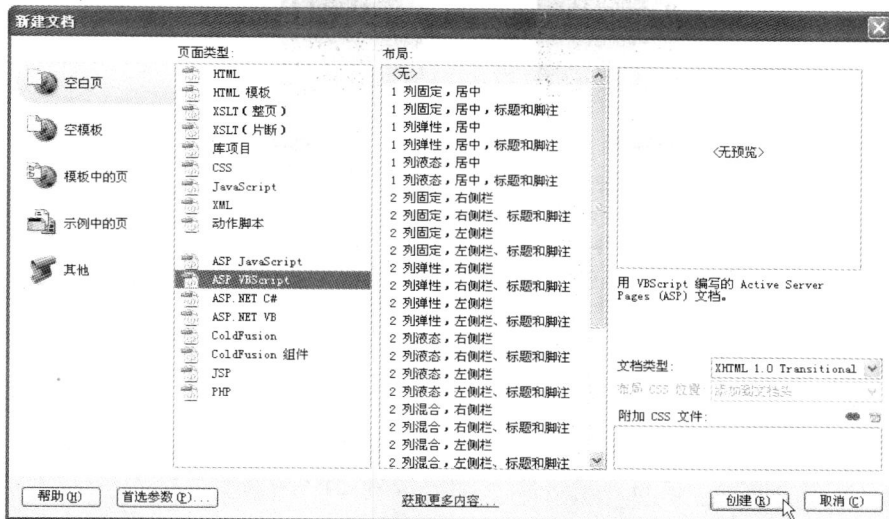

图 14.10　"新建文档"对话框

图 14.11　VBScript 的 ASP 网页代码

**Step 03** 在"标题"文本框中输入"北京大学欢迎您",然后在<body></body>标签中加入如下代码。

```
<% for i=3 to 7 %>
<Font color="red" size=<%= i %>>北京大学欢迎您<br>
</font>
<% next %>
```

这是一段 VBScript 脚本,使用一个循环分别以从 3 到 7 的 size 用红色字体显示"北京大学欢迎您"。此时"拆分"视图如图 14.12 所示。

**Step 04** 保存网页。选择"文件"|"保存"命令,或者按 Ctrl+S 组合键,打开"另存为"对话框,选择文件保存路径为 D:\mywebsite\ASP,在"文件名"文本框中输入"001.asp",如图 14.13 所示,然后单击"保存"按钮。

**Step 05** 单击"在浏览器中预览/调试"按钮 ,在弹出的下拉列表中选择"预览在 IExplore"选项,即可在浏览器中预览效果,如图 14.14 所示。

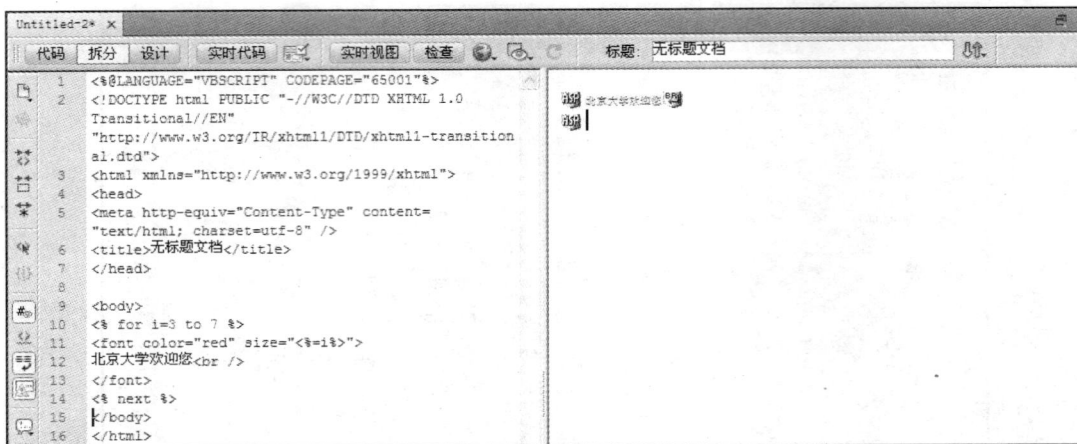

图 14.12 "拆分"视图下的代码及设计效果

图 14.13 "另存为"对话框

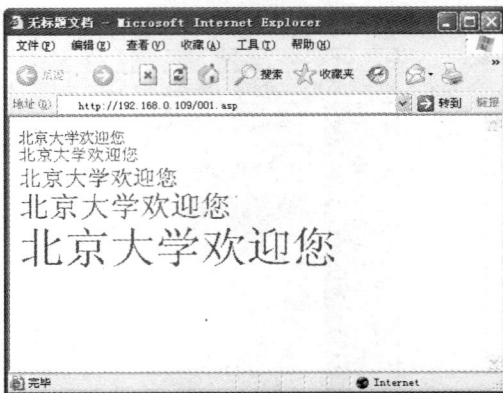

图 14.14 显示字体的 5 种大小页面

# 14.5 连接 Access 数据库

在 Dreamweaver CS5 中开始创建 ASP 程序前，必须在 Dreamweaver CS5 站点中创建好 Access 数据库连接。要使用数据库连接，必须先创建 Adobe Dreamweaver CS5 站点。

在第 14 章中我们对创建网页有了较深的认知。为了完成动态页面的创建，首先练习一下如何在 Adobe Dreamweaver CS5 中连接 Access 数据库，具体操作步骤如下。

**Step 01** 在 Dreamweaver CS5 中选择"窗口"|"数据库"命令，然后在打开的"数据库"面板中单击"+"按钮，在弹出的下拉菜单中，选择"自定义连接字符串"命令，如图 14.15 所示，即可打开"自定义连接字符串"对话框。

图 14.15 "数据库"选项组

**Step 02** 在"连接名称"文本框中输入 conn，在"连接字符串"文本框中输入"DRIVER={Microsoft Access Driver (*.mdb)};DBQ= D:\mywebsite \data \Data1.mdb"，如图 14.16 所示。其中，

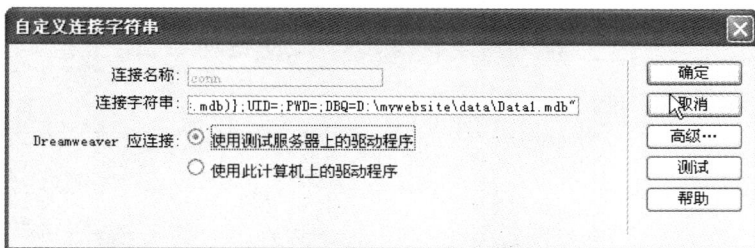

图 14.16 "自定义连接字符串"对话框

- conn 连接数据库的文件名。
- D:\ mywebsite \data\Data1.mdb 连接的数据库的存储路径和名称。

**Step 03** 输入完成后单击"测试"按钮进行连接测试，弹出"成功创建连接脚本"提示框，表示数据库连接成功，如图 14.17 所示。

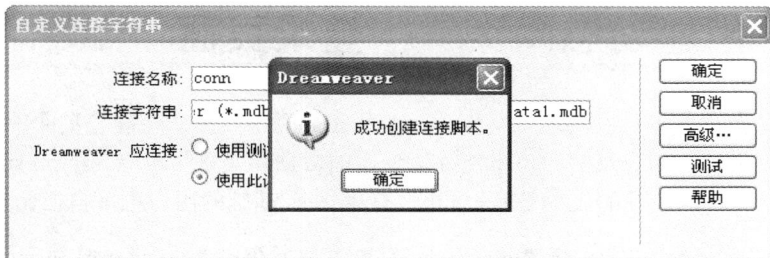

图 14.17 连接成功显示效果

测试成功后，Dreamweaver CS5 会在素材目录下生成一个名为 Connections 的文件夹，文件夹里面就存放着名为"conn.asp"的数据库连接文件，该文件的源代码如下。

```
<%
' FileName="Connection_ado_conn_string.htm"
' Type="ADO"
' DesigntimeType="ADO"
' HTTP="false"
' Catalog=""
' Schema=""
Dim MM_conn_STRING
MM_conn_STRING = "Driver={Microsoft Access Driver (*.mdb)};
UID=;PWD=;DBQ=D:\mywebsite\data\Data1.mdb"
%>
```

数据库连接成功后，即可在"数据库"面板中出现一个名为 conn 的连接，如图 14.18 所示。用户可以在 Dreamweaver CS5 中查看连接的数据表和表中的数据，具体操作步骤如下。

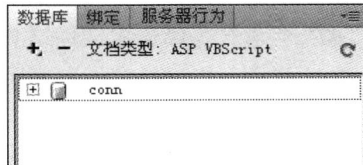

图 14.18 "数据库"面板中的 conn 连接

**Step 01** 打开"数据库"面板。

**Step 02** 展开 conn 连接，选中要查看的数据，单击鼠标右键，弹出的快捷菜单如图 14.19 所示。

**Step 03** 选择"查看数据"命令，打开"查看数据"对话框，即可查看表中的数据，如图 14.20 所示。

图 14.19　展开 conn 连接

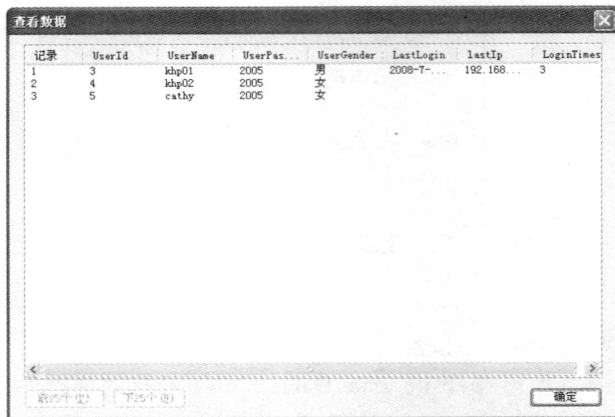

图 14.20　"查看数据"对话框

# 14.6 | 创建动态网页——登录页面

在前面的章节中我们已经知道如何创建一个静态的登录页面。在静态页面中加入 VBScript 代码即可创建一个动态的登录页面。本次练习使用的数据库是素材目录 mywebsite\data 文件夹中的 Data1.mdb 文件，涉及的表单是 userinfo。有 Access 基础的用户也可自己创建数据库。

**Step 01** 利用前面所学的知识，新建一个登录页面，并将其保存为 login.asp，显示效果如图 14.21 所示。

**Step 02** 在 Connection\conn.asp 文件中添加代码，最终效果如图 14.22 所示。添加的这些代码对应的功能是创建一个数据库连接 conn，只有创建这个连接，才能对数据库进行操作。

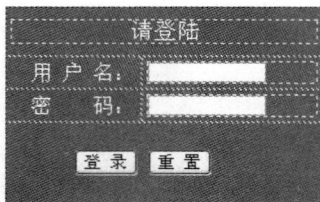

图 14.21　登录页面

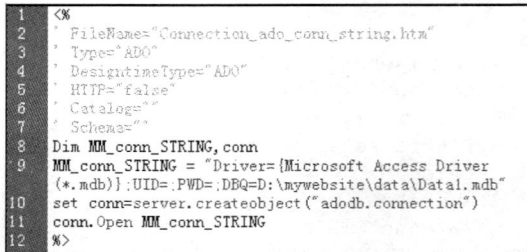

图 14.22　conn.asp 文件的最终代码

**Step 03** 包含数据库连接文件。打开 Dreamweaver CS5 的"拆分"视图，将光标定位在代码区域的第一行，然后选择"数据库"面板中的 conn 连接，单击鼠标右键，在弹出的快捷菜单中选择"插入代码"命令，如图 14.23 所示。在代码的第一行输入<!--#include file="../Connections/conn.asp"--> （连接文件代码），将../Connections 下的 conn.asp 包含到 login.asp 中（conn.asp 就是 14.5 节创建的数据库连接文件）。

**Step 04** 设置表单属性，如图 14.24 所示。

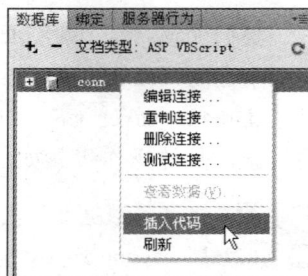

图 14.23　"插入代码"命令

图 14.24 设置表单属性

在代码区对应的代码是<form name=userinfo method=post action=login.asp>。熟练的用户可以在对应的代码区域直接进行设置。

**Step 05** 打开"服务器行为"面板，单击 + 按钮，在展开的菜单中选择"用户身份验证"|"登录用户"命令，如图 14.25 所示，打开"登录用户"对话框。

**Step 06** 在"登录用户"对话框中进行参数设置，如图 14.26 所示，然后单击"确定"按钮。此时，在"服务器行为"面板中就会出现"登录用户"连接，如图 14.27 所示。

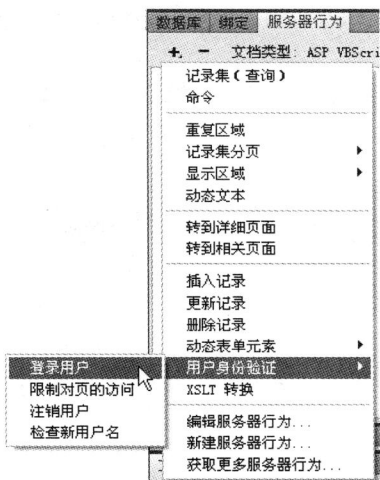

图 14.25 "服务器行为"面板

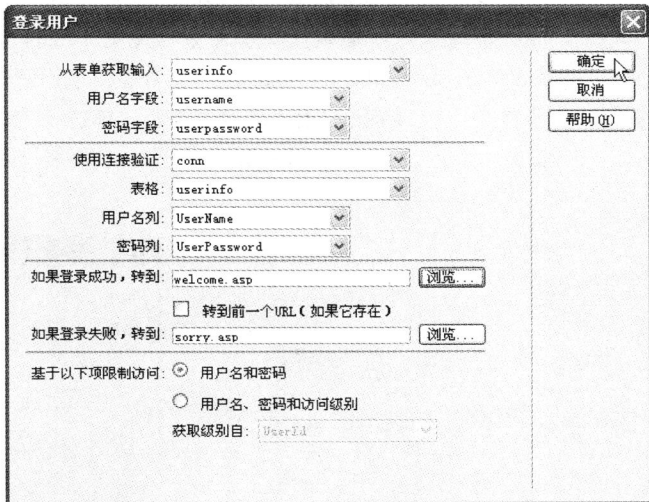

图 14.26 "登录用户"对话框

**Step 07** 选中"登录用户"连接，双击即可打开"登录用户"对话框，进行查看或者修改。

**Step 08** 创建登录成功页面 welcome.asp 和登录失败页面 sorry.asp、login.asp 所在的文件夹。根据"登录用户"对话框的设置，若登录成功就转到 welcome.asp 页面；若登录失败就转到 sorry.asp 页面。

图 14.27 "登录用户"连接

**Step 09** 在 Dreamweaver CS5 中，单击 login.asp 中的"在浏览器中预览/调试"按钮 ，即可运行页面。

## *14.7* 创建动态网页——新闻页面

大型的新闻网站上的网页都是动态的，网站管理员通过更新数据库数据来更新网站新闻。一般发布新闻的网站模式都是：新闻列表→详细新闻。下面通过 Dreamweaver CS5 来练习创建新闻列表和详细新闻 ASP 网页。

本节使用的数据库为 mywebsite\data 文件夹中的 Data1.mdb 文件，涉及的表单是 userinfo。有 Access 基础的用户也可自己创建数据库。

下面利用前面所学的知识使用 HTML 语言创建新闻列表和详细新闻网页。读者可以参考素材目录 asp 文件夹下的"listnews-原始文件.asp"和"news-原始文件.asp"文件。

## 14.7.1　创建新闻列表页面——listnews.asp

**Step 01** 用 Dreamweaver CS5 打开"listnews-原始文件.asp"文件，并将其另存为 listnews.asp 文件。

**Step 02** 包含数据库连接文件。打开 Dreamweaver CS5 的"拆分"视图，将光标定位在代码区域的第一行，然后选择"数据库"面板中的 conn 连接，单击鼠标右键，在弹出的快捷菜单中选择"插入代码"命令（见图 14.23），即可在代码的第一行输入<!--#include file="../Connections/conn.asp"-->（连接文件代码）。

**Step 03** 创建一个记录集。打开"绑定"面板，单击 ➕ 按钮，在展开的菜单中选择"记录集（查询）"命令，如图 14.28 所示。打开"记录集"对话框，在"记录集"对话框中进行设置，如图 14.29 所示。

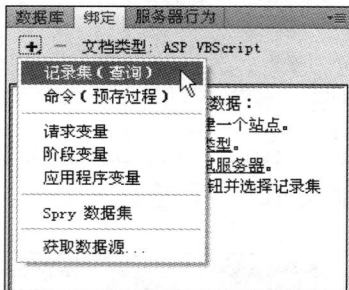

图 14.28　"绑定"面板　　　　　　图 14.29　"记录集"对话框

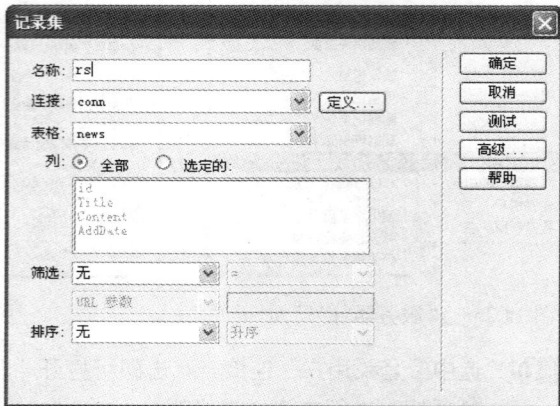

**Step 04** 单击"测试"按钮，测试无误后单击"确定"按钮。这样就创建了一个 rs 记录集，它的主要作用就是根据创建时所设置的条件（这里是按 AddDate 字段降序排列）记录表格（news）中的数据。

**Step 05** 显示记录集中的数据，即将记录集中的数据插入如图 14.30 所示的表单中。将光标定位到标题的下一行，单击"服务器行为"面板中的 ➕ 按钮，在展开的菜单中选择"动态文本"命令，如图 14.31 所示，打开"动态文本"对话框。

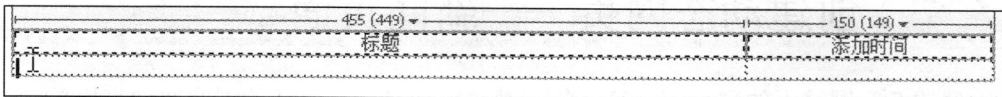

图 14.30　显示新闻的列表

**Step 06** 在"动态文本"对话框中，选择"记录集（rs）"中的 Title，如图 14.32 所示。单击"确定"按钮，即可将 Title 字段作为新闻标题插入到表中。

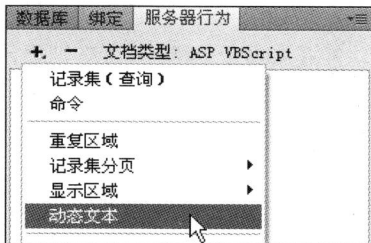

图 14.31　"动态文本"命令　　　　　　　图 14.32　"动态文本"对话框

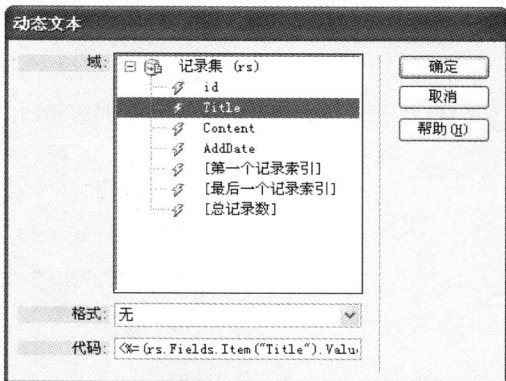

**Step 07** 将光标定位到添加时间的下一行，单击"服务器行为"面板中的 + 按钮，在展开的菜单中选择"动态文本"命令。在打开的"动态文本"对话框中，选择"记录集（rs）"中的 AddDate。单击"确定"按钮，即可将 AddDate 字段作为添加时间插入到表中。

**Step 08** 数据库中的数据（新闻）一般大于 1 条，因此需要不断重复 **Step 06** ~ **Step 07**，将数据输出。

**Step 09** 选中表中需要重复的区域或者代码区域中的蓝色部分，如图 14.33 所示，然后单击"服务器行为"面板中的 + 按钮，在展开的菜单中选择"重复区域"命令，如图 14.34 所示。打开"重复区域"对话框，进行参数设置，如图 14.35 所示，然后单击"确定"按钮。

```
<%
While ((Repeat1__numRows <> 0) AND (NOT rs.EOF))
%>
  <%=(rs.Fields.Item("Title").Value)%>
  <%
  Repeat1__index=Repeat1__index+1
  Repeat1__numRows=Repeat1__numRows-1
  rs.MoveNext()
Wend
%>
```

图 14.33　选中的代码和区域

此时再查看本步骤标识的蓝色代码区域，发现已经更新了代码。这段代码的功能是循环显示记录集中的所有数据。

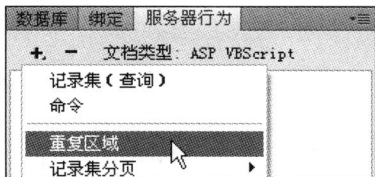

图 14.34　"重复区域"命令　　　　　　　图 14.35　"重复区域"对话框

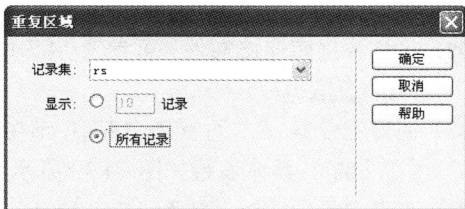

**Step 10** 避免数据为空时出现错误。当记录集中没有数据时，进行显示操作，可能会出现页面错误。为避免这种错误的发生，可以使用"如果记录集不为空则显示区域"命令。选取对应的显示区域，即列出新闻标题和添加时间的表，如图 14.36 所示。查看代码区域，蓝色部分应该涵盖<table></table>，然后单击"服务器行为"面板中的 + 按钮，在展开的菜单中选择"显示区域" | "如果记录集不为空则显示区域"命令，如图 14.37 所示。

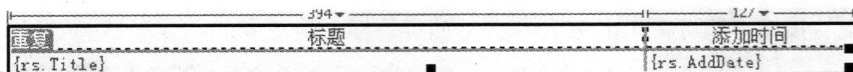

图 14.36　选中区域

**Step 11** 打开"如果记录集不为空则显示区域"对话框，在"记录集"下拉列表框中选择之前创建的记录集 rs，如图 14.38 所示。单击"确定"按钮，此时查看代码区域，将发现 <table></table> 前后新增了代码。代码完成的功能是如果记录集不为空则显示区域。单击"保存"按钮，完成新闻列表页面的创建。

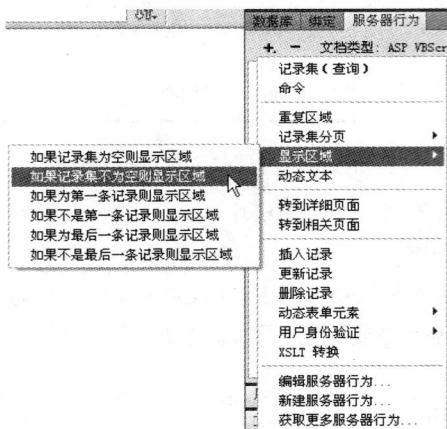

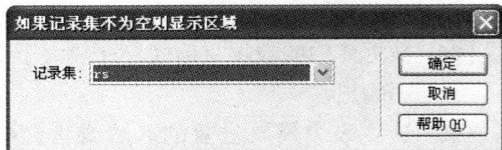

图 14.37　"如果记录集不为空则显示区域"命令　　图 14.38　"如果记录集不为空则显示区域"对话框

## 14.7.2　创建新闻页面——news.asp

网页 news.asp 的主要功能是显示一条新闻的详细信息。

**Step 01** 用 Dreamweaver CS5 打开"news-原始文件.asp"文件，并将其另存为 news.asp 文件。

**Step 02** 包含数据库连接文件，可参考 14.7.1 节中的 **Step 02**。

**Step 03** 创建记录集 rs，可参考 14.7.1 节中的 **Step 03**，具体设置如图 14.39 所示。

**Step 04** 在表中相应位置（如图 14.40 所示）放入记录集数据。例如，将光标定位在"新闻标题"行，单击"服务器行为"面板中的 **+** 按钮，在展开的菜单中选择"动态文本"命令，打开"动态文本"对话框。在"动态文本"对话框中选择"记录集（rs）"中的 Title，如图 14.41 所示，然后单击"确定"按钮。

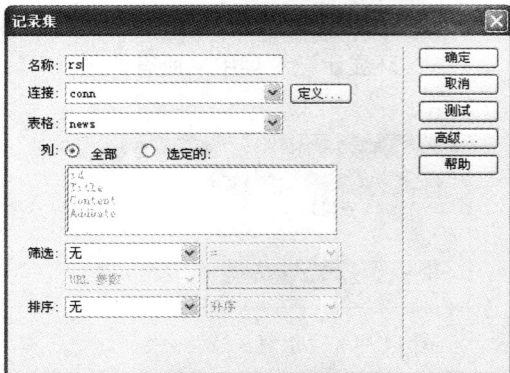

图 14.39　记录集参数设置

**Step 05** 将光标定位在"发布于"行，单击"服务器行为"面板中的 **+** 按钮，在展开的菜单中选择"动态文本"命令，打开"动态文本"对话框。在"动态文本"对话框中选择"记录集（rs）"中的 AddDate，如图 14.42 所示，然后单击"确定"按钮。

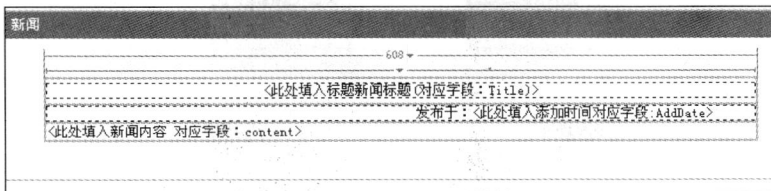

图 14.40　插入 "动态文本" 的区域

图 14.41　选择 Title

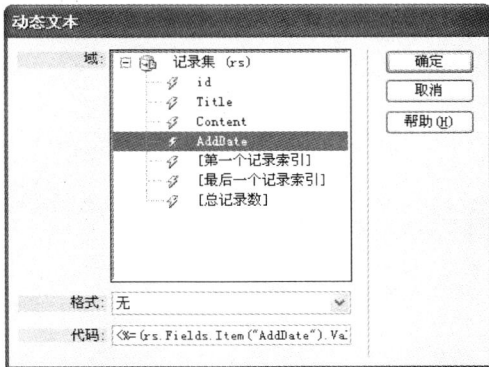

图 14.42　选择 AddDate

**Step 06** 将光标定位在 "新闻内容" 行，单击 "服务器行为" 面板中的 + 按钮，在展开的菜单中选择 "动态文本" 命令，打开 "动态文本" 对话框。在 "动态文本" 对话框中选择 "记录集（rs）" 中的 Content，如图 14.43 所示，然后单击 "确定" 按钮。

**Step 07** 避免数据为空时出现错误。当记录集中没有数据时，可能会出现页面错误。为避免这种错误的发生，可以使用 "如果记录集不为空则显示区域" 命令。选取对应的显示区域，查看代码区域，蓝色

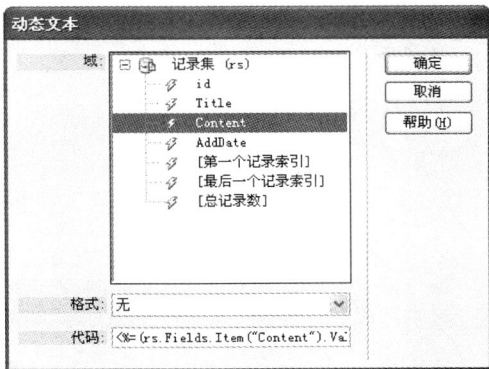

图 14.43　选择 Content

部分应该涵盖<table></table>，然后单击 "服务器行为" 面板中的 + 按钮，在展开的快捷菜单中选择 "显示区域" | "如果记录集不为空则显示区域" 命令。

**Step 08** 打开 "如果记录集不为空则显示区域" 对话框，在 "记录集" 下拉列表框中选择之前创建的记录集 rs，单击 "确定" 按钮。此时查看代码区域，将发现<table></table>前后新增了代码。代码完成的功能是如果记录集不为空则显示区域。

单击 "保存" 按钮，完成新闻页面的创建。

## 14.7.3　新闻列表页面到新闻页面的跳转

新闻列表页面只是罗列出新闻列表，若要看到新闻的详细内容，就需要跳转到新闻页面。一般是先在新闻中心浏览新闻列表中的标题，然后单击标题，进入新闻页面，查看新闻的详细内容。这个跳转过程的实现步骤如下。

**Step 01** 打开 14.7.1 节创建的 listnews.asp 文件（位于素材目录 mywebsite\asp 文件夹中）。

**Step 02** 将 Dreamweaver CS5 设置为"设计"视图或者"拆分"视图。

**Step 03** 选中标题列的{rs.Title}区域，如图 14.44 所示。

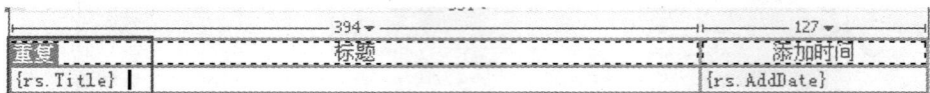

图 14.44　标题列的{rs.Title}区域

**Step 04** 单击"服务器行为"面板中的 ➕ 按钮，在展开的菜单中选择"转到详细页面"命令，如图 14.45 所示。打开"转到详细页面"对话框，进行参数设置，如图 14.46 所示。单击"确定"按钮，即可在{rs.Title}动态文本中插入一个跳转到 news.asp 的链接。

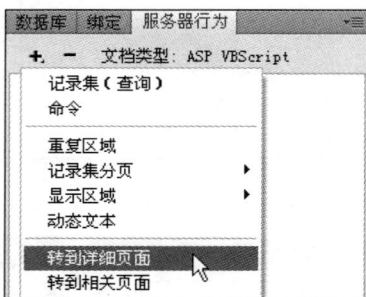

图 14.45　"转到详细页面"命令　　　　图 14.46　设置"转到详细页面"对话框

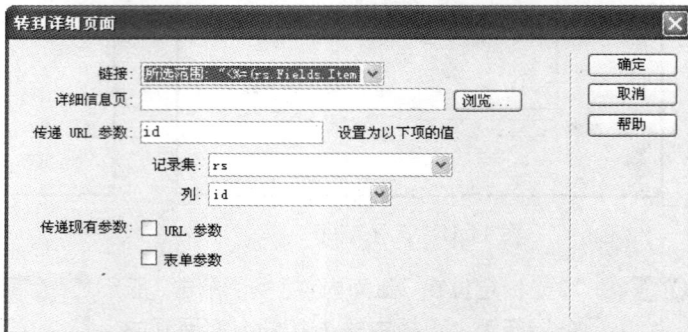

**Step 05** 单击"保存"按钮，保存 news.asp 文件。

**Step 06** 按 F12 键，或者单击"在浏览器中预览/调试"按钮 🌐，即可运行 news.asp。效果如图 14.47 所示。

图 14.47　新闻列表页面的最终效果

## *14.8* ASP 的学习方法

登录页面和新闻页面都是相对比较简单的 ASP 动态页面。要想获得更高的 ASP 网站开发技术，需要更多的学习，这样才能得心应手地设计与实现 ASP 网站。下面跟大家分享 ASP 的学习经验。

（1）充分利用 Dreamweaver CS5 的"拆分"视图。当我们想知道网页中的具体位置对应的功能如何实现时，用鼠标单击区域，即可看到对应的代码。

（2）掌握 ASP 的工作原理。

（3）熟悉 ASP 的 6 个对象，最主要的是 Response 和 Request，这样就可以随心所欲地控制网页变换和响应用户动作了。

（4）多动手，多实践。下载一个源代码，然后下载一个 VBScript 帮助，在源代码中遇到不认识的函数或者其他程序，都可以利用帮助来解决，这样学习效率很高。

（5）充分利用 Dreamweaver CS5 的"拆分"视图，学习其他人的编程思想。

（6）积累网络安全方面以及页面异常等问题的处理经验。

（7）在 ASP 论坛上与 ASP 爱好者进行学习、交流。

（8）找一本好的书，学习起来更容易。

## *14.9* 上机实训——购物网站

本章介绍了如何使用 Dreamweaver CS5 创建动态 ASP 页面，但是仅掌握这些知识是不够的。阅读相关的书籍，并结合本章知识，灵活使用 Dreamweaver CS5 创建 ASP 动态网页。

在掌握了一定的 ASP 知识后，试着创建一个完成简单网上购物流程的网站。

# 第15章

# 网站管理

　　站点制作完成并通过测试后，还有很多日常的管理工作，这些大多都由网站管理人员来完成。这些工作有的是一劳永逸的，如网站域名的申请、网站系统的配置等；还有一些是经常要做的工作，如链接的检查、网站文件管理等。

　　学习目标：学完本章后，应能对所制作的网站进行上传与下载，并对网站进行测试和发布，了解如何能提高网站访问量以及多人在线协作管理站点。

## 本章知识点

- ◎ 上传与下载
- ◎ 遮盖文件和文件夹
- ◎ 本地/远程站点文件管理
- ◎ 多人在线协作管理站点
- ◎ 网页内容的管理
- ◎ 网站测试
- ◎ 网站发布
- ◎ 提高网站访问量
- ◎ 申请域名
- ◎ 发布站点

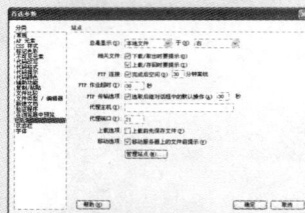

# 15.1 上传与下载

网页制作完成并且经过测试后，就要发布到 Web 服务器上去，这样才能让所有的人都能访问到。由于一般的 Web 服务器都允许使用 FTP 进行网站文件的管理，因此这里重点讲解如何使用 Dreamweaver CS5 内置的 FTP 功能来上传和下载网站文件。

## 15.1.1 设置服务器信息

发布站点时，Dreamweaver CS5 需要知道网站要发布到哪里，采用什么方式等信息，因此需要进行一些服务器信息的设置。

**Step 01** 在 Dreamweaver CS5 窗口中选择菜单命令"站点" | "管理站点"，此时将打开"管理站点"对话框，如图 15.1 所示。

**Step 02** 在左侧的站点列表中选中要修改的站点名称，然后单击"编辑"按钮，将打开"站点设置对象 mywebsite"对话框。

图 15.1 "管理站点"对话框

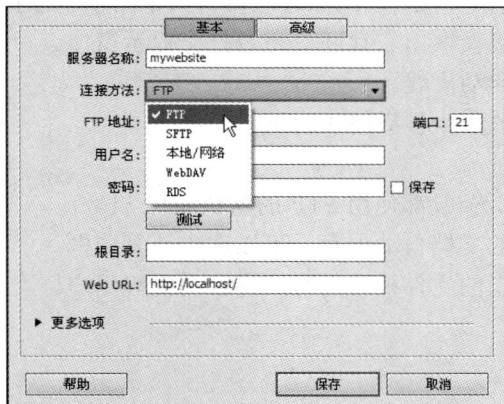

**Step 03** 在对话框左侧选择"服务器"选项，右侧将显示有关服务器的一些信息。编辑这个服务器，在弹出面板的"连接方法"中选择 FTP，如图 15.2 所示。此时，对话框中出现与 FTP 上传相关的各项参数，如图 15.3 所示。

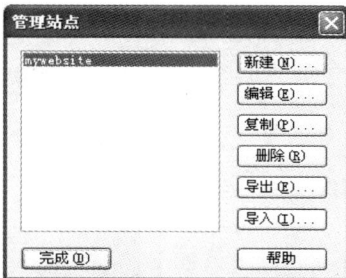

图 15.2 选择 FTP 作为上传方式

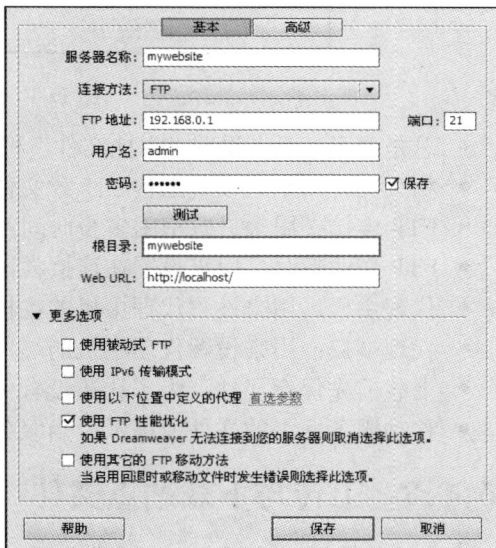

图 15.3 定义远程信息

**Step 04** 在"FTP 地址"文本框中输入上传站点文件的 FTP 主机名或者 IP 地址，这里输入 192.168.0.1，然后在"根目录"文本框中输入远程站点的主机目录名，该目录是服务器用来存储站点的文件夹名称，该名称由服务器管理员提供，这里输入 mywebsite。

**Step 05** 接下来是用来登录 FTP 服务器的用户名及密码，如果选中"保存"复选框，则每次与远程服务相连的时候都会自动输入密码。

> **提示** 如果用户申请的是网站空间，无论是免费还是租用的，空间提供商都会发给用户一封 E-mail，其中会告诉用户详细的上传方法和各种参数。如果用户所在公司自己有服务器来发布网站，这些参数可以从网管那里获取。

## 15.1.2 设置站点信息

选择菜单命令"编辑"|"首选参数"，打开"首选参数"对话框，然后切换到"站点"面板，如图 15.4 所示。

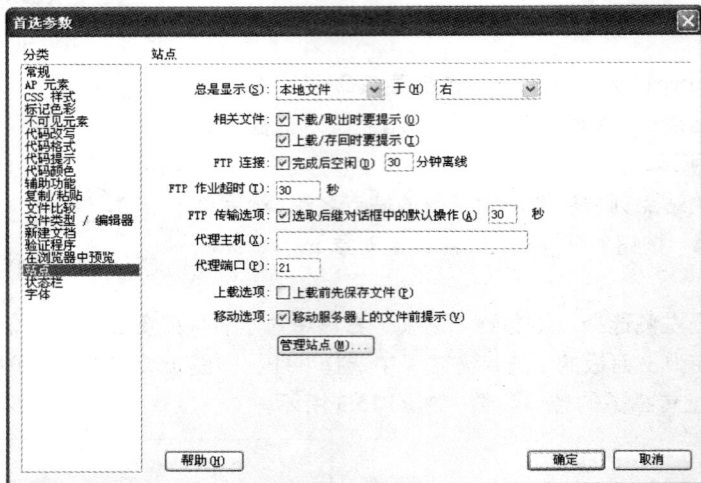

图 15.4 "站点"面板

- 总是显示：用来设置"本地文件"和"远程文件"在站点管理器窗口中的显示位置。
- 相关文件：用来设置上传、下载文件，以及取出、存回时是否打开提示窗口。
- FTP 连接：用来设置空闲多少时间就会自动离线。
- FTP 作业超时：用来设置在连接尝试失败多少秒后终止尝试。
- 代理主机：用来设置代理主机的主机地址。
- 代理端口：用来设置代理主机的端口号，一般都使用 FTP 的默认端口 21。
- 上载前先保存文件：为了让还没有保存的文档自动保存，可以选中该复选框。
- 移动服务器上的文件前提示：当服务器上的文件被移动时，将自动提醒用户。

## 15.1.3 上传与下载站点文件

当上面的设置完成后，在"文件"面板的"站点"窗口中单击工具栏上的"连接到远端主机"按钮 ，连上远程服务器。

如果 Dreamweaver CS5 成功连入服务器，"连接到远端主机"按钮会自动变为"切断"按钮，并且亮起一个小绿灯 。

如果只想上传本地站点中的一部分文件，可以先选择要上传的文件，然后在"文件"面板中单击工具栏上的"上传文件"按钮 ⇧。如果想将整个站点上传，可用快捷键 Ctrl+A 选中全部文件，再单击"上传文件"按钮，此时就会将整个站点上传到服务器上。

刚才是将文件上传到服务器，有时候也会有这样的情况：因为不小心，把本地站点中的某个文件给删掉了，此时怎么办呢？

由于远程服务器上已经有了一个备份，用户可以把它下载下来。在左侧远程站点文件列表中选中该文件，在"文件"面板中单击工具栏上的"获取文件"按钮 ⇩，这样就会下载所选文件及其相关文件。

> **提示** 除了 Dreamweaver 外，还有很多 FTP 软件。为什么我们要用 Dreamweaver 的内置功能，而不采用其他的 FTP 软件呢？
>
> 当更新一个文件时，除了该文件本身以外，很可能涉及其他图像文件或文本，使用 FTP 软件上传下载时只能上传下载选中的文件，而不包括相关联的其他文件。而使用 Dreamweaver 站点管理器，上传和下载时会将与选中文件相关联的所有文件上传和下载，这样可以尽可能地保持本地站点和远端站点文件的同步。

## *15.2* 遮盖文件和文件夹

网站中往往有很多源文件，如*.fla 和*.png 等。由于这些文件的体积一般很庞大，上传和下载非常耗费时间，而且它们并不会出现在网页上，因此完全可以不用上传这些文件。使用 Dreamweaver CS5 中的遮盖功能，可以将不想上传的文件屏蔽起来。

### 1. 启用遮盖

默认情况下，网站的遮盖都已经启用。如果用户曾经关闭过遮盖功能，可以重新打开"站点设置对象 mywebsite"对话框，并在"遮盖"面板中选中"启用遮盖"复选框，如图 15.5 所示。

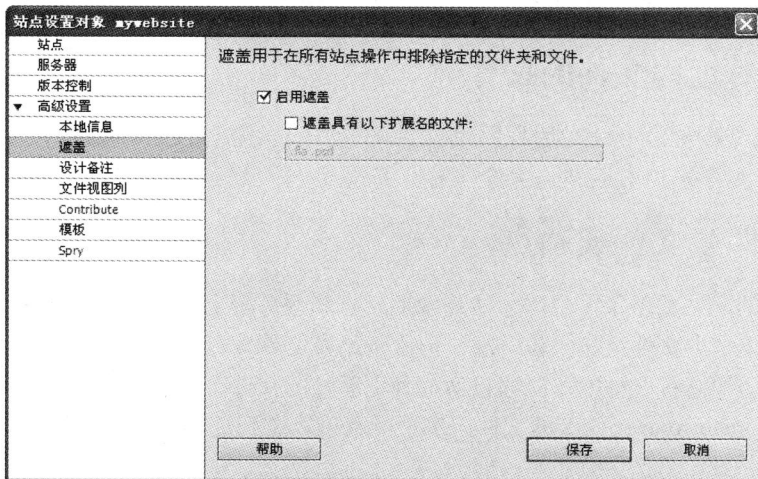

图 15.5　启用遮盖

### 2. 遮盖文件类型

由于 Dreamweaver CS5 默认情况下只对.png 和.fla 文件使用遮盖，如果用户还要遮盖其他的文档，采用的具体操作步骤如下。

**Step 01** 选中"遮盖具有以下扩展名的文件"复选框，然后在下面的文本框中输入不想上传的扩展名，如图 15.6 所示。

图 15.6 修改文件类型

**Step 02** 单击"确定"按钮，添加的文件类型将被遮盖，也就是说，上传时将不会自动上传该类文件。

如果想取消对某种文件的遮盖，可以在该文本框中删除被遮盖的文件类型名称。

如果想取消整个网站的遮盖，可在对话框中取消选中"启用遮盖"复选框。

### 3. 遮盖文件夹

除了遮盖文件外，还可以遮盖文件夹。在站点管理器中选中要遮盖的文件夹，然后单击鼠标右键，在弹出的快捷菜单中选择"遮盖"|"遮盖"命令，如图 15.7 所示。

被遮盖的文件夹和被遮盖的文件一样，上传和下载时不会自动被上传和下载。

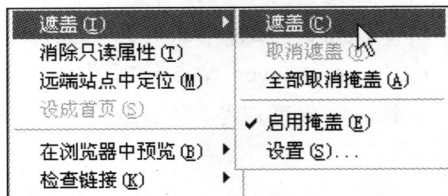

图 15.7 选择"遮盖"命令

> **提示** 遮盖除了在上传和下载时有效外，检查链接、同步、更新库和模板等操作时都会相应地被屏蔽。

如果想取消文件夹的遮盖，可以选中被遮盖的文件夹，单击鼠标右键，在弹出的快捷菜单中选择"遮盖"|"取消遮盖"命令。

## 15.3 本地/远程站点文件管理

### 15.3.1 对远程文件的操作

在站点管理器窗口中，对远程网站文件的操作（如新建文件、文件夹，删除文件，移动文件、文件夹等）和本地站点完全一样，这里不再赘述。

### 15.3.2 同步文件或站点

如果用户的网站更新了，怎样才能让本地站点和服务器上站点中的文件都是最新版本呢？我们当然可以将站点文件重新上传一次，但由于站点文件非常多，文件体积很大，上传一次所花的时间很长。如果有一种方法能够自动找到更新过的文件，只上传更新过的文件，就会节省大量的时间。Dreamweaver CS5 的文件同步功能就可以做到这一点。

**Step 01** 在"文件"面板中单击"展开以显示本地和远端站点"按钮，如图 15.8 所示，此时将展开站点管理器窗口。

**Step 02** 选中站点的根目录（也可以是部分文件或文件夹），然后单击鼠标右键，在弹出的快捷菜单中选择"同步"命令，此时将打开"同步文件"对话框，如图 15.9 所示。

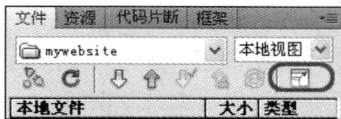

图 15.8　单击"展开以显示本地和远端站点"按钮　　　　图 15.9　　"同步文件"对话框

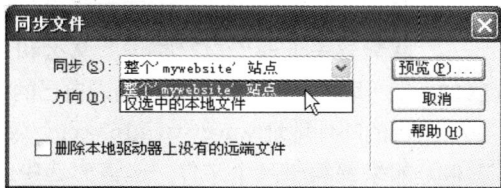

### 1. 同步

如果要同步整个站点，就应该在"同步"下拉列表框中选择"整个'mywebsite'站点"选项；如果只想上传选中的文件或文件夹，可以选择"仅选中的本地文件"选项。

这里选择"整个'mywebsite'站点"选项。

> **提示** 如果用户已经知道哪些文件做了改动，用同步选中文件的方法要快得多。但如果用户也不清楚到底站点做了哪些改动，采用同步整个站点的方法可以保证万无一失。

### 2. 方向

如果要将本地文件中的最新版本上传到远程服务器上，就应该在"方向"下拉列表框中选择"放置较新的文件到远程"选项，如图 15.10 所示。

如果要将远程文件中的最新版本下载到本地，就应该在"方向"下拉列表框中选择"从远程获得较新的文件"选项。

图 15.10　设置"同步文件"对话框

如果选择的是"获得和放置较新的文件"选项，就会将本地的新版文件上传到服务器，并将服务器上的新版文件下载，从而使两地完全同步。

### 3. 删除本地驱动器上没有的远端文件

如果选中了"删除本地驱动器上没有的远端文件"复选框，Dreamweaver CS5 将删除远程站点中有，但本地站点中没有的文件。通过这种方法可以删除远程站点中的垃圾文件。

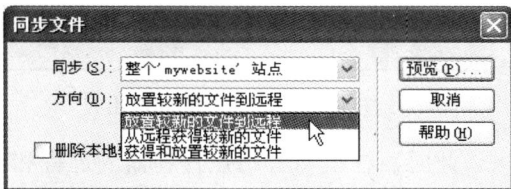

## *15.4*　多人在线协作管理站点

要制作和管理一个大型网站，单靠一个人的力量是远远不够的，需要多人在线协作。在这种情况下，如果一时疏忽或协作不好，很容易出现两个（或更多）人同时修改同一页面的情况，更新时相互覆盖，造成混乱，甚至使得长时间的工作成果付之东流。

用户可以利用 Dreamweaver CS5 提供的"存回/取出"功能实现对文件操作权限的控制。当某个制作人员在修改首页时，可以通过"取出"功能对自己正在编辑中的网页进行锁定，修改完后再用"存回"功能解锁。

**Step 01** 打开 "站点设置对象 mywebsite" 对话框，在对话框左侧选择 "服务器"，单击编辑现有服务器，然后在 "高级" 面板中选中 "启用存回和取出" 复选框，此时在下面出现了几个新的文本框。由于在线操作的人员很多，用户需要让别人知道是自己在操作，并需要告诉他们自己是谁，怎么和自己联系，这几个文本框就起这个作用。

**Step 02** 在 "取出名称" 文本框中输入自己的名字 wave_wu，在 "电子邮件地址" 文本框中输入自己的邮件地址 wave_wu@163.com，如图 15.11 所示，然后单击 "保存" 按钮关闭对话框。

**Step 03** 如果要编辑某个文件，应该先选中此文件，然后单击 "取出文件" 按钮，此时将打开 "相关文件" 对话框，询问是否要获取相关的文件，这里单击 "是" 按钮，如图 15.12 所示。

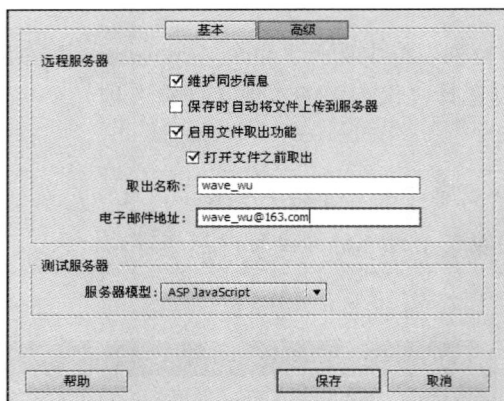

图 15.11　启用存回和取出　　　　　图 15.12　"相关文件" 对话框

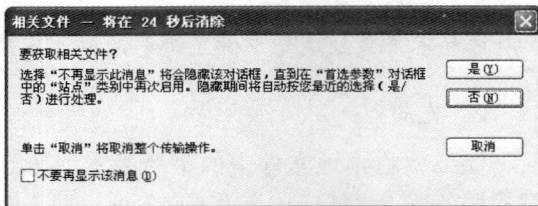

此时，在编辑者站点管理器的远程和本地端窗口中，该文件图标后面将跟随一个绿色的对钩（√），表示该文件已经被取出，在 "取出" 列中会显示编辑者的取出名称为 wave_wu，如图 15.13 所示。

此时，只有取出用户可以进行修改，其他的维护人员不能对它进行操作。其他维护者的站点管理器窗口中，将会看到一个红色的对钩（√），表示该文件已经被人编辑，当然，他们也能查看编辑者的名称。

**Step 04** 编辑完成后，将文件上传更新，单击 "存回文件" 按钮，解除对该文件的锁定，其他维护人员就又可以对该文件进行操作了。在存回过程中，在该文件图标后面出现一个灰色的锁状标识，表示此时文件为只读，防止改变它的内容，如图 15.14 所示。

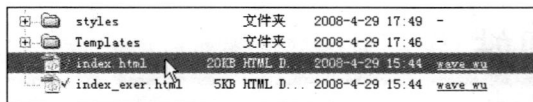

图 15.13　取出成功后的文件　　　　　图 15.14　存回后的文件

**提示** 为了保护所有维护者的工作，建议在编辑公用文件时，首先将该文件下载下来，以保证所要编辑的文件为最新版本，避免使用本地端的旧版本覆盖他人更新的新版本文件。

Dreamweaver CS5 会自动跟踪网站上"取出"和"存回"的情况，决定该文件是否可以被编辑。

> **注意** 编辑更新完成后，切记将文件存回，否则，即使用户退出 Dreamweaver CS5 甚至关闭计算机，他人仍然无法改动该文件。

# 15.5 网页内容的管理

## 15.5.1 检查网页链接

网站里的页面多了，链接也就多了，这就很难保证没有断链的现象。此时，用户可以用 Dreamweaver CS5 的检查链接功能，找到网页文件中链接可能有问题的页面。

**Step 01** 在 Dreamweaver CS5 中选择菜单命令"文件"|"检查页"|"检查链接"，此时将自动展开"结果"面板组中的"链接检查器"面板，如图 15.15 所示。

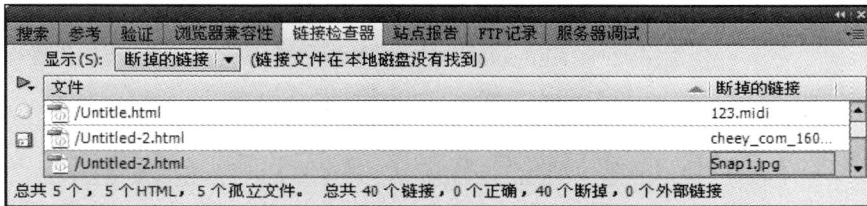

图 15.15　"链接检查器"面板

**Step 02** 在"显示"下拉列表框中可以选择要显示链接的类型，其中包括"断掉的链接"、"外部链接"、"孤立文件"3 项。选择不同的类型时，下面的列表中就会列出对应的链接。

如果要检查文件或文件夹的链接，在"文件"面板中选中要检查链接的文件或文件夹，然后在 Dreamweaver CS5 窗口中选择菜单命令"文件"|"检查页"|"检查链接"即可。

## 15.5.2 清理 HTML 代码

| 同步视频文件 | 同步教学文件\第 15 章\15.5.2 清理 HTML 代码.avi |
|---|---|

在编辑网页过程中，不可避免地产生冗长的 HTML 代码。不必要的代码会影响网页的下载速度和网页的兼容性，更糟糕的是，还会给编程人员的工作造成很大困难。所以，网页完成后需要想办法精简代码，使网页更加简洁。

图 15.16　"清理 HTML/XHTML"对话框

**Step 01** 选择菜单命令"命令"|"清理 HTML"，将打开"清理 HTML/XHTML"对话框，如图 15.16 所示。

**Step 02** 在"移除"选项组中有 5 个选项可以来清除不需要的代码，根据需要选择即可。"清理 HTML/XHTML"对话框中每项的具体作用如表 15.1 所示。

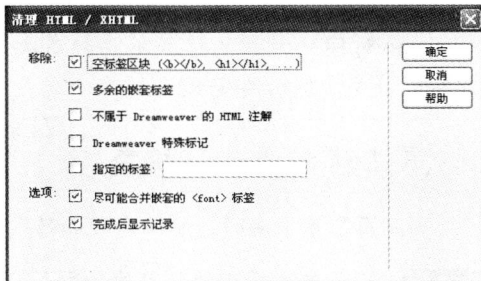

表15.1 "清理HTML/XHTML"对话框中各项的具体作用

| 各项内容 | 具体作用 |
| --- | --- |
| 空标签区块 | 用于清除没有包含任何内容的空标签。比如，选中后会删除<font size=2></font>这样的标签，但不会删除<font size=2>网站设计</font>这样的标签 |
| 多余的嵌套标签 | 用于清除多余的 HTML 标签 |
| 不属于 Dreamweaver 的 HTML 注解 | 用于删除所有非 Dreamweaver 自动生成的注释信息。Dreamweaver 自动生成的注释之前都有一段说明，表明该注释由 Dreamweaver 添加，Dreamweaver 就是根据这个特征来区分哪些注释是由它自动生成的，哪些注释不是由它生成的，并进行删除 |
| Dreamweaver 特殊标记 | 用于清除由 Dreamweaver 产生的注释；选中这一项会使应用过模板和库的网页脱离模板和库 |
| 指定的标签 | 在文本框中，用户可以输入想要清除的标签名称。这一项主要用于删除由其他可视化编辑器生成的标签、自定义标签等 |
| 尽可能合并嵌套的<font>标签 | 选中这一项后，会将文档中嵌套的<font>标记进行重新组合。比如，代码<font size="2"><font color="#ff0000">网站设计</font></font>，将被合并成<font size="2" color="#ff0000 ">网站设计</font> |
| 完成后显示记录 | 选中这一项，会在精简代码操作完成后，显示提示信息。比如，我们选中图 15.16 中的第 1、2 项，然后单击"确定"按钮，系统会打开一个对话框，告诉我们一共清除了几个空标签 |

如果网页是由 Word 文件另存成 HTML 文件的，那么可以选择菜单命令"命令"|"清理 Word 生成的 HTML"，这样可以专门清除由 Word 文件转换所产生的垃圾代码。

使用 Dreamweaver 可以有效地清除垃圾代码，但还是有很多代码必须手动去修改，因此防止垃圾的产生是最彻底的方法。

> 提示　怎样才能使代码最精简呢？这里给大家一些建议。
> - 网页结构应避免过于复杂。表格结构应该尽量简单，表格的嵌套要尽可能少。
> - 尽量少移动对象。频繁地移动图片、文本等对象会产生一些不必要的代码。
> - 避免重复定义对象格式。避免对已继承上级对象格式的对象再定义相同的格式。
> - 对同一对象的格式不要做多次修改。修改对象的格式，最好先删掉它原先的格式，然后再定义。

### 15.5.3 查找和替换文字

当网页数量很多时，利用查找和替换功能，可以大大减少手工修改的工作量。

Step 01 打开要进行查找和替换的网页，然后选择菜单命令"编辑"|"查找和替换"，此时将打开"查找和替换"对话框，如图 15.17 所示。

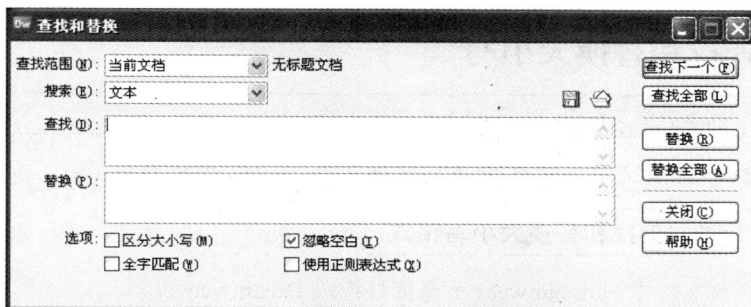

图 15.17    "查找和替换"对话框

- 查找范围：可以选择的有"所选文字"、"当前文档"、"整个当前本地站点"、"站点中选定的文件"以及"文件夹"等选项。如果想将整个站点中所有的"北京大学资产管理部"改为"北大资产管理部"，就可以选择"整个当前本地站点"选项；如果只想在当前文档中进行查找和替换，则应当选择"当前文档"选项。这两项在 Dreamweaver CS5 中用得最多。
- 搜索：用来确定查找内容的类别，如图 15.18 所示。
- 查找：用来确定要查找的具体内容，这里输入"北京大学资产管理部"，如图 15.19 所示。
- 替换：用来确定要替换成的具体内容，这里输入"北大资产管理部"，如图 15.19 所示。

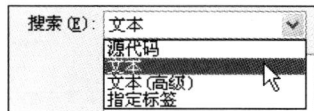

图 15.18    "搜索"下拉列表框

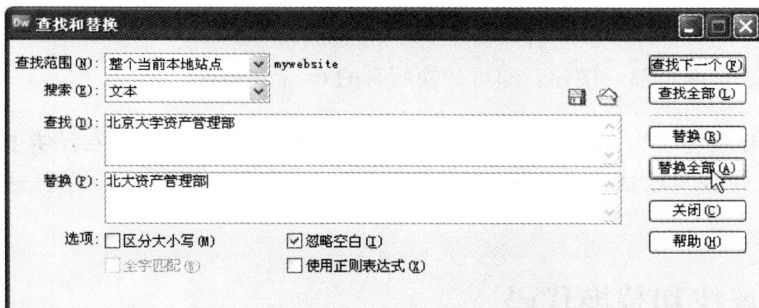

图 15.19  设置"查找和替换"对话框

**Step 02** 单击"替换全部"按钮，Dreamweaver CS5 将在整个站点的网页中进行查找和替换，当所有的替换完成后，将会自动展开"结果"面板组中的"搜索"面板，在其中可以看到替换后的结果，如图 15.20 所示。

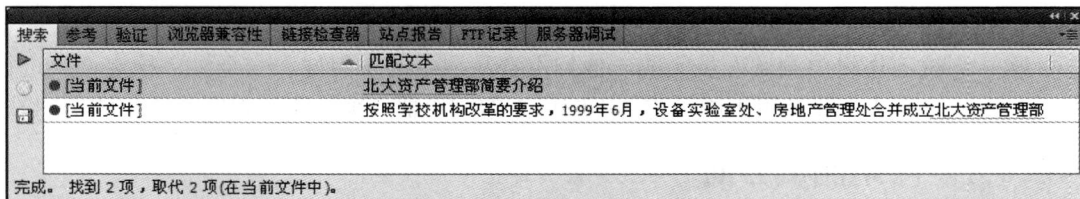

图 15.20    "搜索"面板

其中，"文件"列中的文件名前如果是红叉，代表该替换出现问题。

### 15.5.4　查找和替换大小写

| 同步视频文件 | 同步教学文件\第 15 章\15.5.4 查找和替换大小写.avi |
|---|---|

学会了查找和替换文字，那么查找和替换大小写也就非常容易了。

#### 课堂实训 15.1　查找和替换大小写格式

将站点内所有文件中的 dreamweaver 全部替换成 Dreamweaver。

**Step 01** 打开站点内的任何一个网页，按下快捷键 Ctrl+F，打开"查找和替换"对话框。

**Step 02** 在"查找"文本框中输入 dreamweaver，在"替换"文本框中输入 Dreamweaver。和普通文本替换有区别的是，要选中"区分大小写"复选框，如图 15.21 所示。

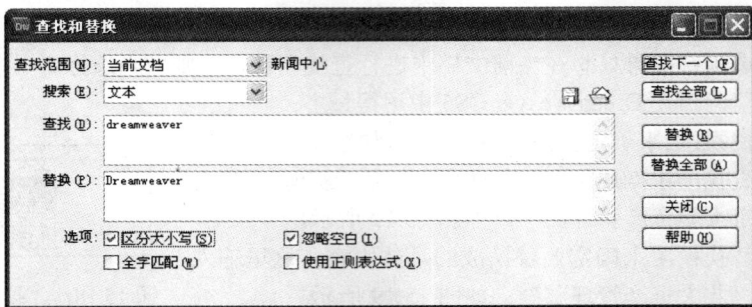

图 15.21　选中"区分大小写"复选框

**Step 03** 单击"替换全部"按钮，即可替换所有的 dreamweaver。

> **注意**　慎用"替换全部"按钮，因为替换操作是不能撤销的。建议在没有把握时，先用"查找下一个"按钮试一下，如果查找正确，再单击"替换"按钮，这种方法比较保险。

### 15.5.5　查找和替换代码

如果想要替换的不是普通文本而是 HTML 代码，可以在"搜索"下拉列表框中选择"源代码"选项（见图 15.18），然后再进行查找和替换。

## 15.6　网站测试

网站测试工作将由测试人员完成，他们主要从网站的实用性、安全性、稳定性上进行测试。测试的方法主要是用不同版本、不同厂方的浏览器，来检测是否能够正常浏览网站。

### 15.6.1　网站测试方向

具体而言，主要从以下几个方面进行测试。

● 功能是否完整，是否达到了客户要求。

- 网页中内容的校对。
- 网页之间的链接是否正确。
- HTML 代码编写是否规范。
- Script 脚本程序是否正确。
- 代码的兼容性。
- 网页在不同分辨率下的显示状态。
- ASP 脚本功能是否精炼、完整、没有安全漏洞。
- 数据库结构是否需要进一步调整。

## 15.6.2　常见错误信息

在调试时，我们经常会看到一些错误信息，如果不知道这些内容是什么意思，要解决问题也就无从下手。下面将网页上常见的错误列举出来，以供大家参考，如表 15.2 所示。

表15.2　常见错误信息及出错原因

| 编号 | 错误信息 | 出错原因 |
| --- | --- | --- |
| 1 | AN UNEXPECTED WEB ERROR OCCURRED | 这个错误信息表示可能出现了无法预测的错误，没有进一步的解释 |
| 2 | BAD FILE REQUEST | 用户可能在网页上填写表单时输入了不正确的信息，导致程序在处理资料时出现错误。用户可以单击浏览器上的"返回"按钮修改资料 |
| 3 | 401 UNAUTHORIZED（没有授权） | 它表示用户必须有一个用户名和密码才能访问，一般出现在网校之类的营业性网站上 |
| 4 | 403 FORBIDDEN PAGES\ （拒绝访问页面） | 用户访问的页面虽然存在，但只允许有权限的人访问。如果用户有权限，可以重新输入用户名和密码 |
| 5 | 404 NOT FOUND | 最常见的出错信息。通常是因为用户要访问的页面不存在了，此时可以在地址栏中重新输入新的地址后按 Enter 键 |
| 6 | 500 SERVER ERROR | 这个信息是由于网页程序设计错误而产生的，需要管理员修改程序 |
| 7 | 503 SERVICE UNAVAILABLE | 要访问的网页可能存在，但暂时不能访问。这通常是由网站服务器太忙引起的，可以等一段时间之后再访问 |
| 8 | CANNOT ADD FORM SUBMISSION RESULT TO BOOKMARK LIST | 一些并不是长期存放的档案，例如天网搜索出的页面上的网址是不能被存储到 Bookmark 上的，如果试图保存起来就会产生这个错误 |
| 9 | CONNECTION PROFUSED BY HOST | 另外一个类似 403 FORBIDDEN PAGES 的信息，是由网站用户注册问题引起的 |
| 10 | NOT FOUND | 用户想找的网页已不存在，可能是用户输入了错误的 URL 或者这个网站已经搬家了 |

（续表）

| 编号 | 错误信息 | 出错原因 |
|---|---|---|
| 11 | SITE UNAVAILABLE | 产生这个信息有很多可能，用户太多、网站因维修而关闭、电话线噪音太大或者网站根本不存在都有可能导致这种信息的出现 |
| 12 | FAILED DNS LOOKUP | 用户输入的地址不能解析成 IP 地址。这种错误通常是由于网站负荷太重造成的 |
| 13 | FILE CONTAINS NO DATA | 所访问的页面是存在的，但当前文件为空白。通常是因为该页面正由网页制作者上传，可稍后再试 |
| 14 | HELPER APPLICATION NOT FOUND | 用户若想观看一些需要 "HELPER APPLICATION" 的档案，浏览器可能会打开这个信息，意思是找不到指定的帮助文件了 |
| 15 | TOO MANY USER | 网站已经饱和，不能接受更多用户了，可以等一段时间之后再连接 |
| 16 | UNABLE TO CREATE HOST | 表示用户所输入的网址或其他 URL 不能找到所要的目标位置，用户可能是输错了字或该网站并不存在，也有可能是用户的网络连接出了问题 |
| 17 | HOST UNKNOWN | 无法找到主机，网站可能已经转移走了 |
| 18 | NNTP SERVER ERROR | 如果用户的网页浏览器不能找到新闻组的服务器，此信息就会打开。原因可能是该服务器已关闭，或用户输入了错误的服务器名称 |
| 19 | TCP ERROR ENCOUNTERED WHILE SENDING REQUEST TO SERVER | 当网络传送一些不合法或不完整的资料时，就会产生这种错误，再尝试连接一次即可 |

## *15.7* 网站发布

为了更好地理解网站发布功能，下面介绍一下网站管理员是怎样将网站发布到网络中的。目前，网络中最为常见的网站服务器发布软件是 Windows 系统中的互联网信息服务器（Internet Information Server，IIS），使用它可以发布网站、建立 FTP 站点、创建新闻服务和发送邮件，它可以运行在 Windows 2000 Server、Windows 2000 Advanced Server、Windows.net Server、Windows 2000 Professional 以及 Windows XP 上，这 5 种平台中的配置方法基本相似。

本例中选用 Windows XP 中的 IIS 作为网站服务器发布软件。

### 15.7.1 网络配置

| 同步视频文件 | 同步教学文件\第 15 章\15.7.1 网络配置.avi |
|---|---|

**Step 01** 在桌面上选中 "网上邻居" 图标，然后右击，在弹出的快捷菜单中选择 "属性" 命令。

在打开的"网络连接"窗口中选中"本地连接"图标，然后右击，在弹出的快捷菜单中选择"属性"命令，如图 15.22 所示。

**Step 02** 此时将打开"本地连接 属性"对话框。如果用户的系统正常，"此连接使用下列项目"列表框中会包含一个名为"Internet 协议（TCP/IP）"的选项，如图 15.23 所示。

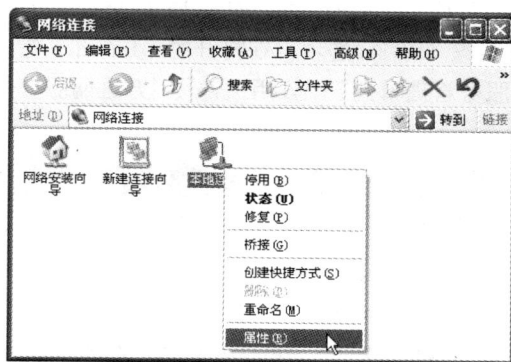

图 15.22 "本地连接"的"属性"命令

图 15.23 "本地连接 属性"对话框

**Step 03** 双击该选项，将打开"Internet 协议（TCP/IP）属性"对话框，在其中选中"使用下面的 IP 地址"单选按钮，如图 15.24 所示。

**Step 04** 在"IP 地址"文本框中输入本机的 IP 地址，如果该服务器是在局域网中，请让网络管理员为用户分配一个；如果该主机位于 Internet，并已经申请了一个静态的 IP 地址，请输入此静态 IP 地址。这里输入 192.168.0.1，如图 15.25 所示。

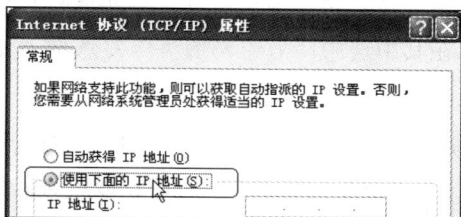

图 15.24 "Internet 协议（TCP/IP）属性"
对话框

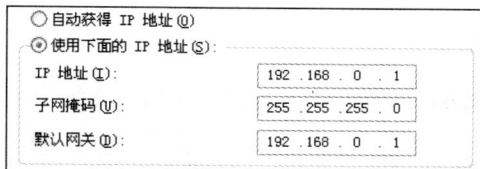

图 15.25 设置"Internet 协议（TCP/IP）属性"
对话框

**Step 05** "子网掩码"是一组 32 位数值，IP 包的接收方可由此区分网络 ID 和主机 ID。通常连入 Internet 的子网掩码可设为 255.255.255.0，如图 15.25 所示。

**Step 06** "默认网关"是计算机访问网络时第 1 台可访问主机的 IP 地址，如果该服务器是在局域网中，则需要询问网络管理员；如果该主机位于 Internet，请询问提供静态 IP 地址的网络服务商。这里设为自身的 IP 地址 192.168.0.1，如图 15.25 所示。

**Step 07** 在"首选 DNS 服务器"文本框中输入 DNS 服务器的 IP 地址，"备用 DNS 服务器"文本框中要输入的是在无法访问首选 DNS 服务器时，才会启用的 DNS 服务器的 IP 地址。

如果不清楚 DNS 服务器的地址，可以将这两项设为空。当访问网络时，计算机将自动从连入的网络中找到能够解析域名的服务器，只是时间会稍长一些。

## 15.7.2 安装与配置 IIS

| 同步视频文件 | 同步教学文件\第 15 章\15.7.2 安装与配置 IIS.avi |
|---|---|

**Step 01** 将 Windows XP 系统的安装盘放到光驱中，然后打开"控制面板"窗口，在其中双击"添加或删除程序"图标。在打开的"添加或删除程序"对话框中单击左侧的"添加/删除 Windows 组件"按钮，将打开"Windows 组件向导"对话框，如图 15.26 所示。

**Step 02** 双击"组件"列表框中的"Internet 信息服务（IIS）"选项，在打开的"Internet 信息服务（IIS）"对话框中选中"Internet 信息服务管理单元"、"公用文件"、"万维网服务"、"文档"几个复选框，如图 15.27 所示。

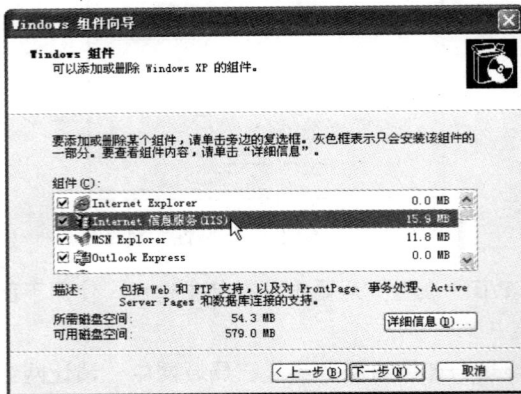

图 15.26 "Windows 组件向导"对话框 　　图 15.27 "Internet 信息服务（IIS）"对话框

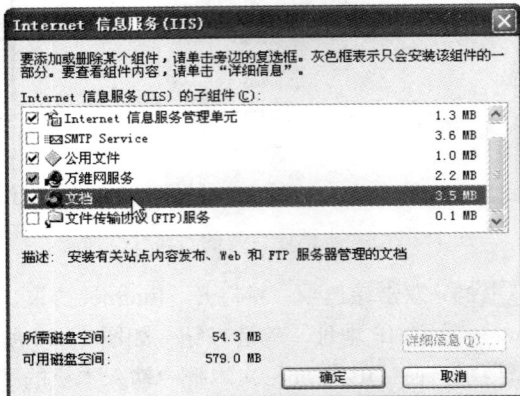

　　其中，"万维网服务"复选框为灰色，表示该选项还有子选项，而且部分选项没有被选中。双击该选项，将打开"万维网服务"对话框，在其中选中"万维网服务"复选框，如图 15.28 所示。

**Step 03** 连续单击"确定"按钮，关闭"万维网服务"和"Internet 信息服务（IIS）"对话框，然后在"Windows 组件向导"对话框中单击"下一步"按钮。此时将开始复制文件并配置选中的各项服务，如图 15.29 所示。

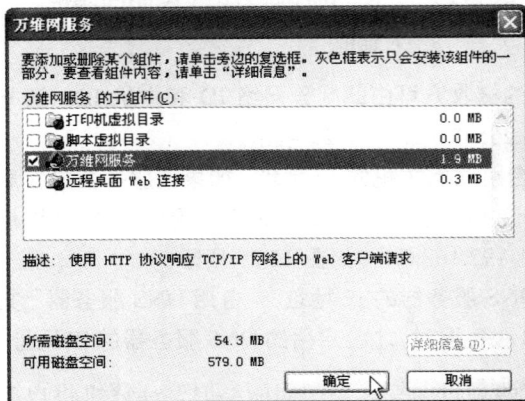

图 15.28 "万维网服务"对话框 　　图 15.29 正在配置组件

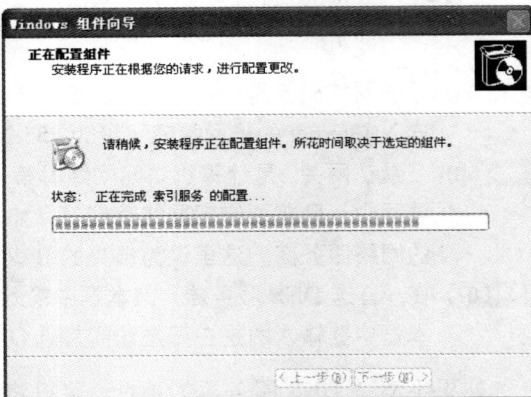

**Step 04** 几分钟后将打开"完成 Windows 组件向导"对话框，单击其中的"确定"按钮结束 IIS
组件的安装。

## 15.7.3　打开 IIS

| 同步视频文件 | 同步教学文件\第 15 章\15.7.3 打开 IIS.avi |
| --- | --- |

　　IIS 安装成功后，在"控制面板"窗口中双击"管理工具"图标，在打开的"管理工具"窗口中双击"Internet 信息服务"快捷方式图标，如图 15.30 所示。此时将打开"Internet 信息服务"管理器，如图 15.31所示。

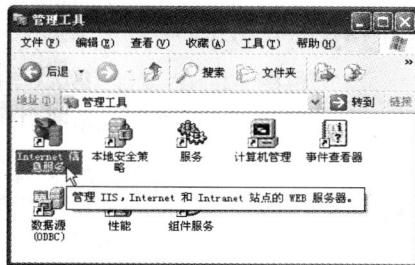

图 15.30　"管理工具"窗口

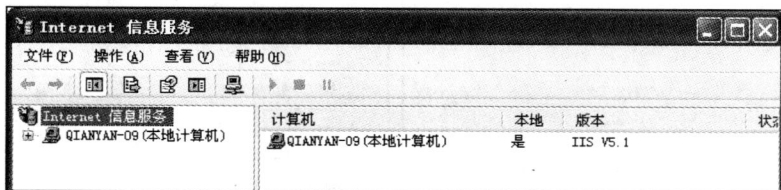

图 15.31　"Internet 信息服务"管理器

## 15.7.4　设置网站和主目录

| 同步视频文件 | 同步教学文件\第 15 章\15.7.4 设置网站和主目录.avi |
| --- | --- |

**Step 01** 在"Internet 信息服务"管理器中展开"本地计算机"|"网站"|"默认网站"，然后在"默认网站"上单击鼠标右键，在弹出的快捷菜单中选择"属性"命令，如图 15.32所示。

图 15.32　选择"属性"命令

**Step 02** 此时将打开"默认站点 属性"对话框，默认显示的是"网站"选项卡，在其中的设置如图 15.33 所示。

**Step 03** 在"描述"文本框中输入该站点的名称"北大资产管理部"。"IP 地址"是 Web 服务器绑定的 IP 地址，默认值是"全部未分配"，建议不要改动。默认情况下，Web 服务器会绑定在本机的所有 IP 上，包括拨号上网得到的动态 IP。"TCP 端口"默认值为 80，用户可以根据自己的需要进行改动，这里保持默认。其余的选项保持默认。

**Step 04** 单击"主目录"标签切换到"主目录"选项卡，选中"此计算机上的目录"单选按钮后，单击"本地路径"文本框右侧的"浏览"按钮，如图 15.34 所示。

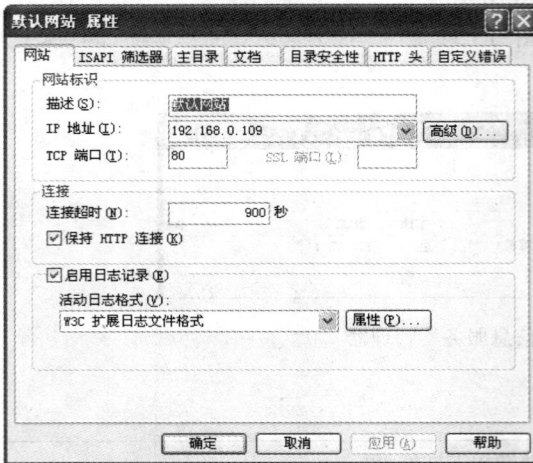

图 15.33 "网站"选项卡　　　　　　　图 15.34 "主目录"选项卡

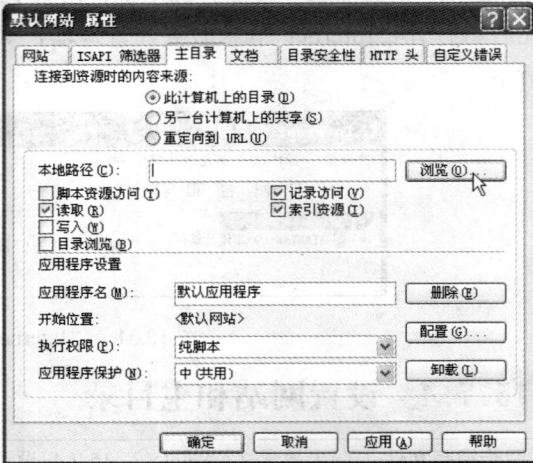

**Step 05** 在打开的"浏览文件夹"对话框中，找到创建的目录 D:\MyWebsite，如图 15.35 所示。

**Step 06** 单击"确定"按钮关闭该对话框，此时"主目录"选项卡中的路径变为 D:\MyWebsite，如图 15.36 所示。

图 15.35 "浏览文件夹"对话框　　　　图 15.36 设置后的"主目录"选项卡

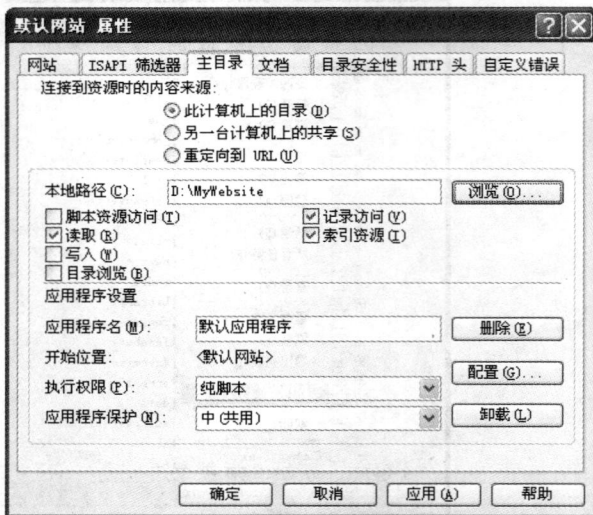

## 15.7.5 设置默认文档

| 同步视频文件 | 同步教学文件\第 15 章\15.7.5 设置默认文档.avi |
|---|---|

当用户在浏览新浪网时，只要在地址栏中输入 http://www.sina.com.cn 并按 Enter 键确认，就能打开新浪网的首页，并不需要输入网页的文件名。这是因为设置了默认文档的缘故，这样当浏览器请求没有指定文件名的文档时，会将默认文档返回给浏览器。

在"默认网站 属性"对话框中单击"文档"标签切换到"文档"选项卡，如图 15.37 所示。

默认文档列表框中现在有 4 个文件名，当访问者用域名或 IP 地址访问网站时，IIS 将在站点主目录下首先寻找名为 Default.asp 的文档。如果找到了该文档，就会将该文档返回给访问者的浏览器；如果没找到，就会继续寻找列表框中的下一个文件 Default.htm，如果所有列表框中的文件都没有找到，就会显示一个错误信息页面，如图 15.38 所示。

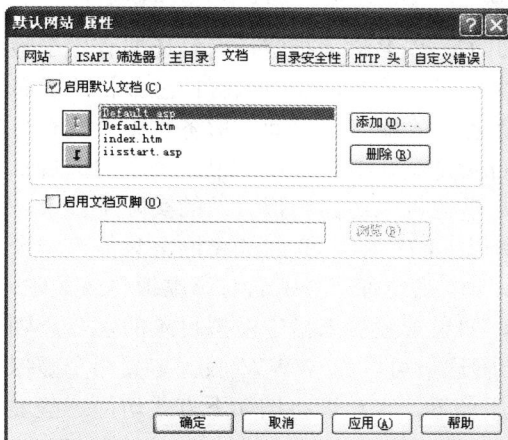

图 15.37　"文档"选项卡　　　　　　　图 15.38　错误信息页面

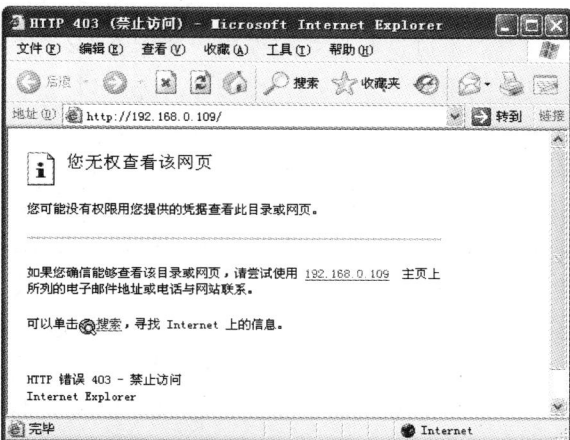

但如果文件 Default.asp 和 Default.htm 同时存在，将首先返回列表框中前面的文件 Default.asp。

## 15.7.6 设置文档目录权限

| 同步视频文件 | 同步教学文件\第 15 章\15.7.6 设置文档目录权限.avi |
|---|---|

**Step 01** 在"默认网站 属性"对话框中单击"目录安全性"标签切换到"目录安全性"选项卡，如图 15.39 所示。

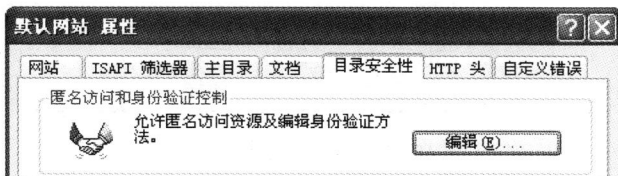

图 15.39　"目录安全性"选项卡

**Step 02** 单击"匿名访问和身份验证控制"选项组中的"编辑"按钮，将打开"身份验证方法"对话框，如图 15.40 所示。

**Step 03** 在其中应确保已选中了"匿名访问"复选框；将匿名用户名修改为 IUSR_QIANYAN-09（其中 QIANYAN-09 为计算机名）；另外，还要选中"允许 IIS 控制密码"复选框。通过这样的设置，才能保证 Internet 用户都有访问该网站的权限。

### 15.7.7 创建虚拟目录

图 15.40　"身份验证方法"对话框

每个 Internet 服务都可以从多个目录中发布。每个目录既可以位于本地驱动器上，也可以分布在网络上，不过这些目录应使用"通用命名约定（UNC）"名称来指定，而且还要有用于验证权限的用户名和密码。虚拟服务器可以有一个主目录，此外，还可以有任意数目的发布目录。这些另外的发布目录被称为虚拟目录。为简化客户端 URL 地址，服务将整个发布目录集合，以单个目录树的形式呈现给客户端。主目录是此虚拟目录树的根，每个虚拟目录在寻址时就好像是主目录的一个子目录一样。客户端也可以访问虚拟目录的实际子目录。只有万维网（WWW）服务才支持虚拟服务器。所以，FTP 服务和 gopher 服务只能有一个主目录。在 Internet 服务管理器中定义一个虚拟目录时，就会有一个别名与该虚拟目录关联。客户端在访问虚拟目录中的信息时会使用该别名。如果管理员未指定虚拟目录的别名，则 Internet 服务管理器会自动生成一个别名。例如，管理员可以为 WWW 服务定义两个虚拟目录：C:\WWWRoot 和 D:\Webdata。如果是本地服务器，客户端将按如下方式访问这些虚拟目录：http://localhost/WWWRoot 和 http://localhost/data。

现在 Windows XP 系统中安装的是 IIS 5.1。在 IIS 5.1 中创建虚拟目录，具体操作步骤如下。

**Step 01** 选择"开始"菜单中的"控制面板"命令，打开"控制面板"窗口。双击"管理工具"图标，打开"管理工具"窗口，如图 15.41 所示。

图 15.41　"管理工具"窗口

**Step 02** 双击"Internet 信息服务"图标，打开"Internet 信息服务"窗口。展开服务器的名称，如图 15.42 所示。

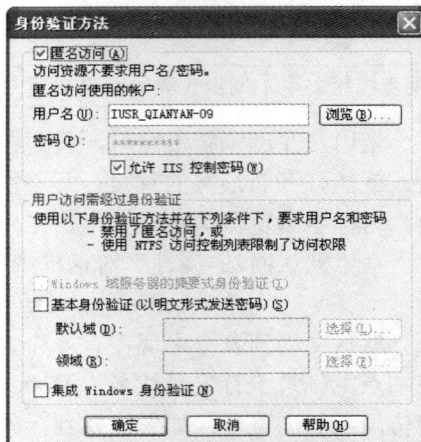

**Step 03** 在左侧窗格中，右击"默认网站"，在弹出的快捷菜单中选择"新建"｜"虚拟目录"命令，打开"虚拟目录创建向导"对话框，如图 15.43 所示。单击"下一步"按钮，打开"虚拟目录创建向导"对话框之 2。

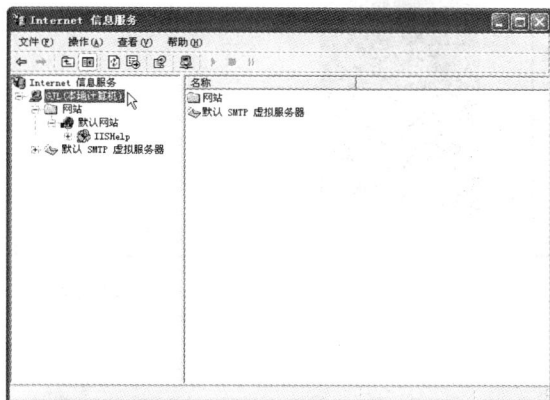

图 15.42　"Internet 信息服务"窗口

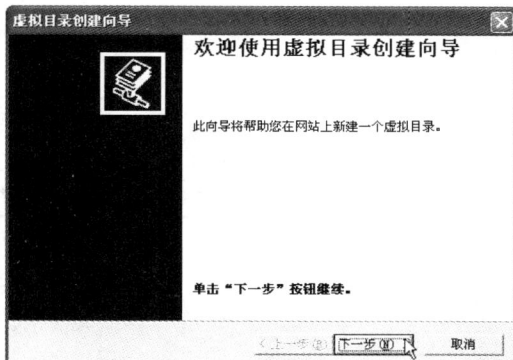

图 15.43　"虚拟目录创建向导"对话框之 1

**Step 04** 在"虚拟目录创建向导"对话框之 2 中，为虚拟目录输入别名或名称（如 mywebsite），如图 15.44 所示，然后单击"下一步"按钮，打开"虚拟目录创建向导"对话框之 3。

**Step 05** 在"虚拟目录创建向导"对话框之 3 中，单击"浏览"按钮，定位到为了存放内容而创建的内容文件夹，如图 15.45 所示。单击"下一步"按钮，打开"虚拟目录创建向导"对话框之 4。

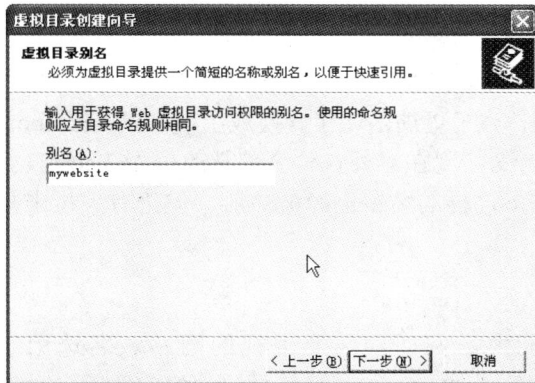

图 15.44　"虚拟目录创建向导"对话框之 2

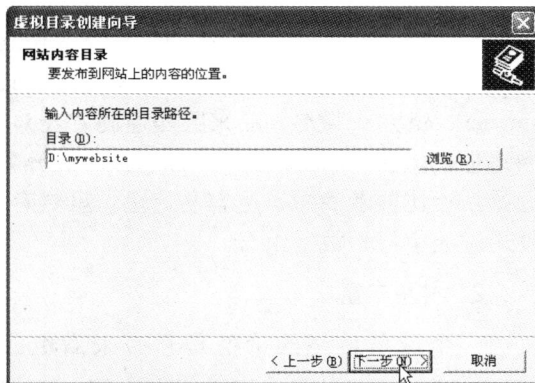

图 15.45　"虚拟目录创建向导"对话框之 3

**Step 06** 在"虚拟目录创建向导"对话框之 4 中，选中"读取"和"运行脚本（如 ASP）"复选框，并务必取消选中其他复选框，如图 15.46 所示。单击"下一步"按钮，打开"虚拟目录创建向导"对话框之 5，如图 15.47 所示，然后单击"完成"按钮，即可创建一个名为 mywebsite 的虚拟目录。

**Step 07** 对于 ASP 内容，用户可能希望确认是否创建了一个应用程序。为此，请右击新的虚拟目录，然后在弹出的快捷菜单中选择"属性"命令。

**Step 08** 在"虚拟目录"选项卡上，确保该虚拟目录的名称列在应用程序设置下的应用程序名框中。如果没有，请单击创建。注意，应用程序名不一定与虚拟目录别名相匹配。

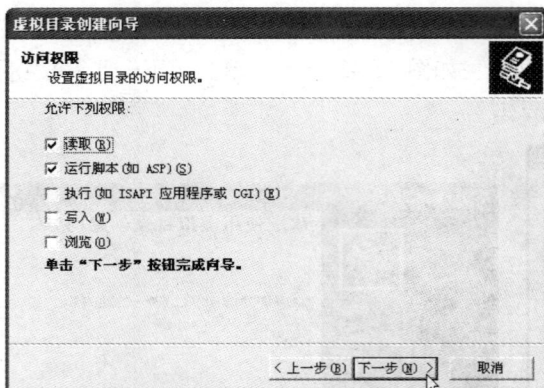

图 15.46 "虚拟目录创建向导"对话框之 4

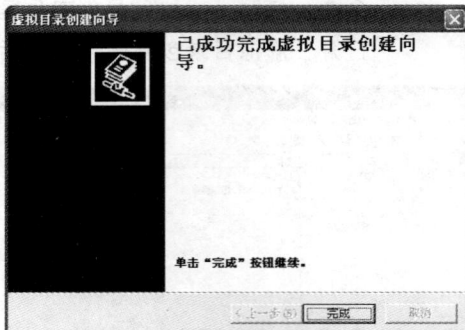

图 15.47 "虚拟目录创建向导"对话框之 5

**Step 09** 关闭"属性"对话框。

# *15.8* 提高网站访问量

## 15.8.1 注册一个好名字

要想让网友访问自己的网站，首先得让他们记住自己的网站，因此，有一个好名字是很重要的。怎样算是一个好名字？总的来说，好的网站名字必须做到简单明了、内涵丰富，当然还必须有吸引力。

### 1. 简单明了

这一点是显而易见的，要让人记住就必须简单。众所周知的新浪网，它的前身是用 sinanet.com 这个域名，后来跟四通利方合并后，为了更简洁明了，换成了现在的 sina.com。网易也把以前的 nease.net 和 netease.com 弃置一旁，现在对外宣传全部都改用 163.com，原因是后者比前者简短，更容易记忆。虽然有许多这样的名字已经被注册，但仍有大量未被使用过的字母、数字组合。

### 2. 内涵丰富

一个域名最终的价值是它带来商机的能力。例如，凤凰卫视的网站域名选用了 phoenix.com，为什么不用更简单的 ptv.com 呢？虽然 ptv.com 简单易记，但它缺乏一种深刻的含义，容易跟 atv.com、ktv.com 等混淆。phoenix.com 除了可以贴切地译为"凤凰"之外，还体现出了凤凰卫视的企业文化。

另外，有的域名还带有一种人情味，如 5i5j.com 就表达了对家的热爱，因此能引起很多人的共鸣，mycar.com 能给人一种很亲切的感觉。

## 15.8.2 去搜索引擎注册

除了上面提到的自动搜索的搜索引擎外，还有很多搜索引擎是需要注册的，sohu 就是最典型的例子。

一般搜索引擎的注册分为商务网站和个人网站两类。如果用户选择了商务网站注册，在搜索得到的列表中它将显示在个人网站的前面，但同时用户也需交纳一定的费用；如果选择的是个人网站，这种注册是免费的，但也很难在众多的站点中找到用户注册的站点。

**提示** 用户可以登录 http://add.sohu.com 访问搜狐主页，了解详细的注册方法。

表 15.3 中列出的是当今常用的搜索引擎网站的主要功能及简要介绍。

**表15.3　常用搜索引擎网站的主要功能及简要介绍**

| 站名 | 主要功能 | 范围 | 简要介绍 |
|---|---|---|---|
| 雅虎 | 分类目录、网站检索、全文检索 | 全球 | 收录非常丰富、分类科学细密、归类准确、提要简练严格、部分网站无提要。英文版网站功能十分齐全 |
| 搜狐 | 分类目录、网站检索 | 大陆 | 收录丰富、分类科学、类目缜密、网站提要或简或无，提供新闻等其他服务 |
| 新浪 | 分类目录、网站检索 | 全球 | 收录比较丰富、分类合理、网站提要或有或无，检索部分与"四通"相同 |
| 天网 | 全文检索、新闻组、FTP 检索 | 大陆 | 北大计算机系开发的无分类查询引擎，更新较快、功能规范，能很快搜取大量的 FTP 站点和网页 |

### 15.8.3　友情链接

与相关或有业务往来的站点交换友情链接，是提高访问量的一个有效途径。比如，"北大资产管理部"网站就可以和北大其他部门、其他兄弟院校、教育管理部门等单位交换链接。要想让他人给我们做友情链接，我们当然也必须在自己的页面中添加他人网站的链接。我们在首页左下方就放上了很多网站的链接，如图 15.48 所示。

图 15.48　网站首页上的友情链接

如果友情链接的站点比较少，一般在主页不是很显眼的位置放上文字或者图片的链接就可以了；如果链接站点很多，可以单独制作一个网页。

# 15.9　申请域名

### 15.9.1　IP 地址

通过超文本传输协议，客户端浏览器可以找到服务器，而且服务器也可以知道是谁在申请页面。网络中的计算机那么多，我们怎么知道哪台计算机就是发出请求的主机呢？这就需要给全世界所有联上网络的计算机都设置一个编号，这个编号就是 IP 地址。这个编号是用 4 组十进制数字表示，每组数字取值范围为 0~255，一组数字与另一组数字之间用英文句点作为分隔符。

比如，北京大学的 WWW 服务器的 IP 地址是 162.105.129.12。在 IE 浏览器的地址栏中，直接输入 http://162.105.129.12 也可以访问北大网站首页。

## 15.9.2 域名管理系统

对于用户而言，最大的问题是 IP 地址非常难记，很不形象。为了让主机地址好记且比较形象，1985 年提出了域名管理系统 DNS（Domain Name System）方案，该系统提出了一套比较完善的解决方案。这里的域名指的就是 sohu.com、263.net 这样的名称，比如，新东方的主机域名就是 www.getjob.com.cn。其中，cn 代表的是中国，一般最高层域名都是国家代号，com 代表组织机构性质，getjob 代表网站设计的注册名称，www 代表网站服务器的主机名。

比较规范的命名格式为"主机名.组织机构注册名.组织机构性质.最高层域名"。这就好像我们的家庭住址，比如，用户住在中国北京市海淀区中关村大街 11 号。

一般情况下，发布网站的主机名都叫 WWW，这也就是为什么网上的域名大多是以 www 开头的原因。当然也不排除有很多网站为了让名字更容易记住，使用的是更短的名称，比如 263.net。

组织机构注册名最好用公司的名称，组织机构性质目前主要有以下 5 种。

- com：商业组织、公司，如 sohu.com。
- edu：教研机构，如 pku.edu.cn。
- gov：政府部门，如 beijing.gov.cn。
- net：网络服务商，如 263.net。
- org：非盈利组织。

最高层域名一般是每一个国家或地区的域名，如 CN（中国）、JP（日本）、UK（英国）、US（美国）、HK（中国香港）、TW（中国台湾）等。这里的中国香港和中国台湾由于历史原因，是作为单独的地区出现的，我们希望也坚信有这么一天，在中国台湾和中国香港的各种机构申请域名时，都可以非常自豪地申请到以.cn 结尾的域名。

## 15.9.3 域名注册步骤

关于网站域名的注册有两种情况，主要和用户公司目前的网络状况有关。

如果用户所在的公司已经有了公司的域名，而且配置了网络中的域控制器，此时可以通过 DNS 服务添加一个新的网站域名，这部分内容一般由公司的网络工程师或者系统管理员来完成。

如果用户所在的公司还没有申请域名，就必须向域名注册单位提出申请。具体的注册方法一般有两种，一种是通过 E-mail 方式进行注册，另外一种是在线填写注册申请表。通过 E-mail 申请就是将要申请域名的相关数据，全部以邮件的形式发送到域名服务商那里，他们会根据用户提供的信息开通新的域名。但如果用户对要填写什么内容不是很熟悉，最好采用如下在线申请的方式。

### 1. 填写申请表

首先登录到域名注册网站，在域名服务项目中打开域名申请表页面，然后填写域名申请。当申请表提交后，注册服务器会检查是否已经有单位注册或预注册，如果没有其他单位注册或预注册，就会告诉用户现在还没有其他用户要注册该域名，可以申请；如果已经有单位注册或预注册了用户使用的名称，用户需要返回上一步重新开始注册，直到没有这个域名为止。

### 2. 材料审核

申请提交成功后，用户需要邮寄域名申请材料或亲自递交申请材料，如果材料不合格，一般域名管理公司会电话通知原因或者发出 E-mail；如果材料合格，将进入注册材料的审核。

经过审核后，用户会收到是否通过的通知。如果通过，用户就可以交费并获得域名注册证；如果没有通过，他们会通知用户具体的原因，此时用户还要重新申请。

### 3. 交费发证

一般交费会有一定的期限，用户需要及时将注册费用送到域名注册公司。交费后他们会发给用户一个域名注册证，这是有法律效应的文件。

一般域名注册公司会在收到申请材料后的 5 个工作日内开通域名，收费后 10 个工作日内寄出注册证。目前比较著名的域名服务商有 263、163 等。

## 15.10 上机实训——发布站点

（1）如果个人或个人所在的公司没有自己的网站发布服务器，可以申请一个网站空间，然后按照网站空间提供商提供的 FTP 登录管理信息，利用 Dreamweaver CS5 上传站点文件并进行远程管理。

（2）如果个人或个人所在的公司有自己的网站发布服务器，可以将站点文件直接拿到服务器上用 IIS 进行发布。

# 第16章

# 常用技巧

　　网站制作中有很多技巧性的东西，这里集中做一些介绍，希望对读者有一些帮助。这些技巧主要包括如何学习别人的优秀作品和如何提高建站效率这两个方面的内容。

　　学习目标：**掌握常用技巧，提高建站效率。**

## 本章知识点

◎　学习优秀网页的方法

◎　网页设计中的技巧性代码

◎　导入 Word 文档

◎　网站设计的基本步骤

◎　网上相册

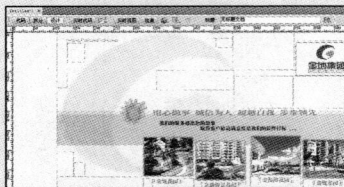

# 16.1 学习优秀网页的方法

网上有些网页制作得很精美，我们很自然地就想知道别人是怎么做的。比如，当看到如图 16.1 所示的页面时，首先要做的就是将它保存到自己的硬盘上。

图 16.1 保存下来的页面

**课堂实训 16.1 用 Dreamweaver CS5 查看、分析网页**

| 同步视频文件 | 同步教学文件\第 16 章\课堂实训 16.1 用 Dreamweaver CS5 查看、分析网页.avi |
|---|---|

**Step 01** 双击打开素材目录 mywebsite\exercise\skills 下的网页文件 home.htm，并将其在浏览器中打开，然后在浏览器中选择菜单命令 "文件" | "另存为"，此时将打开 "保存网页" 对话框，如图 16.2 所示。

图 16.2 "保存网页" 对话框

**Step 02** 在该对话框中选择 "保存类型" 为 "网页，全部"，并在 "文件名" 文本框中输入文件名，这里取名为 home，选择保存位置后将网页保存起来。这样在用户设置的硬盘目录中，除了刚才输入的 HTML 文档外，还有一个文件夹，其中放置的是网页中用到的图片文件等，如图 16.3 所示。

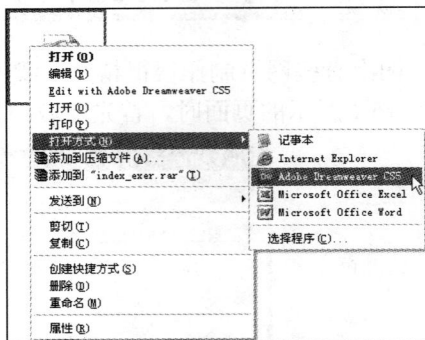

**Step 03** 下面用 Dreamweaver CS5 打开网页。选中 home.htm，然后单击鼠标右键，在弹出的快捷菜单中选择"打开方式"| Adobe Dreamweaver CS5 命令，如图 16.4 所示。

图 16.3　保存下来的网页文件　　　　　图 16.4　使用 Dreamweaver CS5 打开

在 Dreamweaver CS5 编辑窗口中打开的网页如图 16.5 所示。

图 16.5　编辑窗口中的网页

**Step 04** 通过这种方式，可以很清楚地看出整个页面的表格结构，用户可以学习其他设计师是怎样用表格实现页面结构的。单击"拆分"按钮，然后单击设计区页面的某个位置，还能在代码区看到对应的代码。

## *16.2* 网页设计中的技巧性代码

### 1. 加入收藏，设为首页

在首页**<body></body>**之间的相应位置添加如下代码。

```
<a href="javascript:window.external.AddFavorite('http://www.baidu.com','百度')">加入收藏</a>
<a href="#" onClick="this.style.behavior='url(#default#homepage)';this.setHomePage
('http://www.baidu.com');">设为首页</a>
```

### 2. 2s 后关闭当前页

在首页**<head></head>**之间添加如下代码。

```
<script language="JavaScript">
<!-
setTimeout('window.close();',2000);
 -->
</script>
```

### 3. 在 IE 地址栏前换成自己的图标

在首页<head></head>之间添加如下代码。

```
<link rel="Shortcut Icon" href="favicon.ico">
```

### 4. 在收藏夹中显示出个性图标

在首页<head></head>之间添加如下代码。

```
<link rel="Bookmark" href="favicon.ico">
```

### 5. 改变滚动条颜色

在首页<head></head>之间添加如下代码。

```
<style>
body{
    scrollbar-face-color:147faf; scrollbar-shadow-color:147faf;
    scrollbar-highlight-color:147faf; scrollbar-3dlight-color:ffffff;
    scrollbar-darkshadow-color:ffffff; scrollbar-track-color:ffffff;
    scrollbar-arrow-color:ffffff;
    }
</style>
```

其中，

- scrollbar-face-color 表示滚动条正面的颜色。
- scrollbar-shadow-color 表示滚动条右斜面的颜色。
- scrollbar-highlight-color 表示滚动条左斜面的颜色。
- scrollbar-3dlight-color 表示滚动条上边和左边边沿的颜色。
- scrollbar-darkshadow-color 表示滚动条下边和右边边沿的颜色。
- scrollbar-track-color 表示滚动条底板的颜色。
- scrollbar-arrow-color 表示滚动条两端箭头的颜色。

### 6. 鼠标移到单元格上时改变颜色

在要改变颜色的<table></table>之间添加如下代码。

```
<table width=200><tr>
<td bgcolor="#738278"  style="cursor:hand"
onMouseOver="this.style.backgroundColor='red'"
onMouseOut="this.style.background='#738278'">移过来</td>
</tr></table>
```

## 16.3 导入 Word 文档

| 同步视频文件 | 同步教学文件\第 16 章\16.3 导入 Word 文档.avi |
|---|---|

在 Dreamweaver CS5 中选择菜单命令"文件"|"导入"|"Word 文档"，就可以导入 Microsoft Word 文档。

课堂实训 16.2　在 Dreamweaver CS5 中导入 Word 文档

**Step 01** 打开 Dreamweaver CS5 后，新建一个网页，然后选择菜单命令"文件"|"导入"|"Word 文档"，如图 16.6 所示。

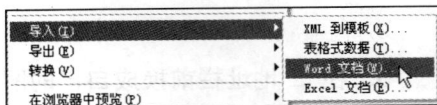

**Step 02** 在打开的"打开"对话框中，找到站点目录 mywebsite\exercise\skills 下的 Word 文档"用 Dreamweaver 查看网页"，如图 16.7 所示。

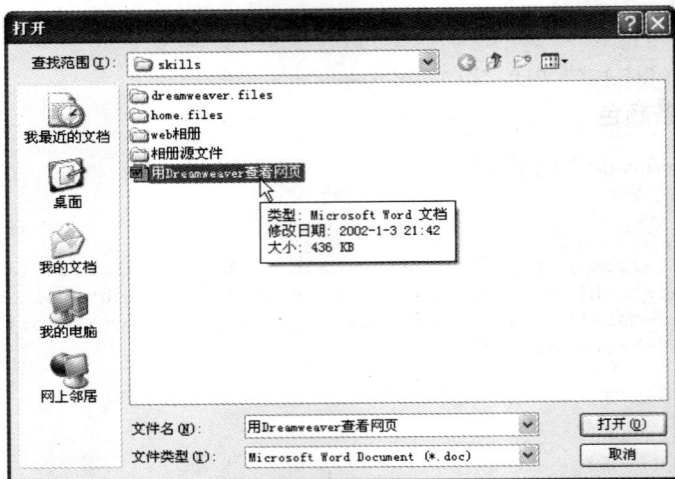

图 16.6　选择菜单命令

图 16.7　"打开"对话框

**Step 03** 选中该文档后单击"打开"按钮，就可以将 Word 文档中的内容导入到网页中。

**Step 04** 保存文件后，Dreamweaver CS5 会将 Word 文档中的图像存放在站点的根目录下，如图 16.8 所示。

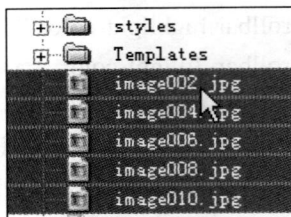

**Step 05** 如果用户觉得图像文件的位置不合适，可以在 Dreamweaver CS5 的"文件"面板中重新设置图像文件的位置。

图 16.8　本地站点根目录下新生成的图片文件

# 16.4 网站设计的基本步骤

　　网站制作的知识在本书前面的章节中已经讲述完毕，学习了这么多，想不想马上完成一个作品呢？大家要了解网站设计的基本要求，才能独立地设计自己想要的网站，下面讲解下网站设计的基本步骤。

　　**第一步**：客户提出网站建设申请。

　　（1）客户根据自身情况提出网站建设基本要求。

（2）提供相关文本及图片资料。

- 公司文字资料、公司图片资料。
- 网站实现功能需求。
- 网站基本设计要求。

**第二步**：制定网站建设方案。

（1）双方就网站建设内容进行协商，修改、补充，并达成共识。

（2）为客户制定《网站建设方案》。

（3）双方确定网站建设方案的具体细节及价格。

**第三步**：签署协议，支付预付款。

（1）双方签订《网站建设协议》。

（2）客户提供更为详尽的图片资料（如需拍照，我方可免费上门进行数码拍摄）。

**第四步**：客户审核初稿，经确认后定稿。

（1）根据《网站建设方案》完成初稿设计。

- 首页风格设计。
- 功能栏目设定。
- 网站架构图。

（2）客户审核确认初稿设计。

（3）我方完成整体网站制作。

**第五步**：网站测试、客户网上浏览、验收、支付余款。

（1）客户根据协议及内容进行验收工作。

（2）验收合格，由客户签发《网站建设验收合格确认书》。

（3）客户支付余款。

（4）我方为客户开通协议内容服务。

**第六步**：网站后期维护工作。

（1）向客户提供《网站维护说明书》。

（2）我方根据《网站建设协议》及《网站维护说明书》相关条款对客户网站进行维护和更新。

## 16.5 上机实训——网上相册

（1）在网络上收集一些漂亮的网页，并将它们转换为效果图。

（2）收集一些自己的照片，然后创建一个网站相册。

（3）练习使用 Dreamweaver CS5 的配色方案来进行网页的色彩搭配。